大学物理实验

（第二版）

主　编	朱道云	庞　玮	吴　肖
副主编	冯军勤	陈　峻	郭天葵
	钟会林	周述苍	宋瑞杰
	吕　华		
参　编	林　建	李彩生	李璐琳
	胡　峰	牟中飞	杨燕婷
	张少锋	张文雪	吕昊鹏
	周春生	周誉昌	
主　审	吴福根		

北京大学出版社

PEKING UNIVERSITY PRESS

内 容 简 介

本书是根据教育部编制的 2023 年版的《理工科类大学物理实验课程教学基本要求》,结合当前物理实验教学改革的实际和编者多年大学物理实验的教学实践经验编写而成的.全书共 26 个实验,内容涉及力学、热学、光学、电磁学、声学及近代物理学.本书从基本物理实验原理、基本物理实验方法、数据测量与处理、误差分析等方面入手,注重对学生进行基本的物理实验技能训练,使学生逐步具备运用基本物理实验原理与实验方法、采用现代工程与信息技术手段进行相应的实验研究与分析的能力.

本书可作为高等学校各类工科专业和理科非物理专业的物理实验教学用书.

前言

　　物理学及物理实验是自然科学的重要基础,是培养高素质人才必须具备的自然科学素养之一.许多现代高新技术是随着以物理学及物理实验为代表的基础学科的成长而发展起来的.大学物理实验课程是高等学校基础教学的一个重要组成部分,同时又是理工科学生进入大学后接受系统的实验技能训练的开端,对后续课程的学习具有重要的启发性和指导性.大学物理实验的思想、基本原理、基本方法、设计技巧及创意性是培养学生科学实验素养和创新能力的重要基础,它们在培养学生严谨的科学态度和工作作风、提高其实验技能以及加深其对物理理论的理解等方面均起着十分重要的作用.

　　党的二十大报告对"加快建设教育强国、科技强国、人才强国"作出了全面而系统的部署.推进教育资源数字化是新时代加快建设教育强国的总体方向和重点任务之一.教育资源数字化对满足学生个性化、选择性的需求可提供强大的支撑.在高等教育数字化转型背景下,本书第二版重构了教材内容,嵌入了数字信息化课程资源,线上线下相结合,为学生自主学习、按需学习提供了全方位的服务.

　　本书是根据教育部编制的2023年版的《理工科类大学物理实验课程教学基本要求》的精神,结合地方理工科大学的特色和要求,在使用多年的大学物理实验教材的基础上重新编写而成的.全书系统地介绍了大学物理实验的课程任务与基本要求、测量误差与有效数字、实验数据处理的常用方法等,并在参阅许多资料的基础上编排了26个实验,内容涉及力学、热学、光学、电磁学、声学及近代物理学.本书编写力求做到实验原理简明扼要、实验公式推导完整、实验方法清晰合理、数据处理科学规范.编写时既遵照实验的基础性、实践性,又兼顾实验的综合性、设计性、创意性(研究性).本书充分考虑阅读和教学的选择性,各部分的内容基本上是相互独立的,读者可根据不同学校、专业的特点及实际需要,灵活选择实验内容.

　　在本书再版之际,编者要感谢多年来为广东工业大学实验教学部大学物理实验中心的建设和发展以及为实验教材的编写付出了艰苦努力的各位领导和老师.本书的编写得到了广东省实验教学示范中心建设经费的资助,在此表示感谢.同时,还要感谢广东工业大学实验室与设备管理处、教务处、物理与光电工程学院的大力支持.另外,一些兄弟院校的实验教材也为本书的编写提供了很好的借鉴,教材中未能一一列出,在此一并向其作者表示衷心的谢意.

　　本书由广东工业大学实验教学部大学物理实验中心组织编写,由吴福根主审,朱道云、庞玮、吴肖担任主编，并负责统稿，冯军勤、陈峻、郭天葵、钟会林、周述苍、宋瑞杰、吕华担任副主编．参加本书编写的还有林建、李彩生、李璐琳、胡峰、牟中飞、杨燕婷、张少锋、张文雪、吕昊鹏、周春生、周誉昌等老师．袁晓辉、苏梓涵、沈辉、谷任盟、龚维安提供了版式和装帧设计方案，在此一并表示感谢．

　　由于编者水平有限，书中或有不足之处，恳请读者批评指正，以便校正．

编　者
2023 年 9 月

目录

绪论 ·· 1

实验一　用拉伸法测量弹性模量 ··· 23

实验二　弹簧振子周期经验公式探究 ··································· 31

实验三　用落体法测转动惯量 ··· 37

实验四　用拉脱法测定液体的表面张力系数 ························ 42

实验五　用模拟法测绘静电场 ··· 47

实验六　数字示波器的使用 ·· 53

实验七　分光计的使用和三棱镜折射率的测定 ···················· 65

实验八　牛顿环干涉现象的研究和测量 ······························ 75

实验九　旋光性溶液浓度的测量 ·· 83

实验十　用分光计测定光栅常数 ·· 88

实验十一　用冷却法测量金属的比热容 ······························ 93

实验十二　迈克耳孙干涉仪 ··· 100

实验十三　超声波在空气中传播速度的测定 ······················· 108

实验十四　电子电荷的测定——密立根油滴实验 ·················· 115

实验十五　弗兰克-赫兹实验 ··· 123

实验十六　光电效应的研究及普朗克常量的测量 …………………… 129

实验十七　铁磁材料的磁滞回线和基本磁化曲线 …………………… 135

实验十八　电子和场 ………………………………………………… 143

实验十九　光导纤维中光速的实验测定 …………………………… 154

实验二十　半导体热敏电阻温度特性的研究 ……………………… 162

实验二十一　超声光栅法测定超声波的波速 ……………………… 169

实验二十二　电表的改装与校准 …………………………………… 174

实验二十三　利用霍尔效应测量磁场分布和磁阻效应 …………… 182

实验二十四　用落球法测定液体的黏度系数 ……………………… 190

实验二十五　数字化探究实验:弹簧振子的简谐振动 …………… 198

实验二十六　数字化探究实验:单摆法测量重力加速度 ………… 204

附录 ………………………………………………………………… 211

　　附录 1　TBS1102C 型数字示波器 ……………………………… 211

　　附录 2　DSOX 1202A 型数字示波器及 TFG 6920A 型函数信号发生器 …… 213

　　附录 3　迈克耳孙干涉仪的结构及调整 ……………………… 219

　　附录 4　测微目镜 ……………………………………………… 221

　　附录 5　力学基本测量仪器 …………………………………… 222

　　附录 6　测量不确定度 ………………………………………… 226

绪论

一、物理实验课程的性质、目的和任务

物理实验是一门独立设置的对高等学校理工科学生进行科学实验基本训练的必修基础课程,是学生进入大学后接受系统实验方法和实验技能训练的开端,是理工科专业的学生进行科学实验训练的重要基础课程.物理实验是科学与技术的结合,物理学主要研究科学规律,而实验用技术手段来显示规律.因此,要注意物理思想与物理方法的教育与教学,将科学素质与实验技能培养相结合.物理实验是综合运用知识的实践,力学、热学、声学、电磁学、光学、原子物理学、近代物理学及现代技术都有物理实验,这是任何其他课程都不能代替的.物理实验是一门创造性思维的科学,它将创造性思维与实践紧密结合起来.物理实验教学与物理理论教学具有同等重要的地位,两者既有深刻的内在联系,又有各自的任务和作用.

大学物理实验是在中学物理实验的基础上,按照循序渐进的原则,培养学生科学实验的素养(科学思维、科学态度、科学方法),理论联系实际和实事求是的科学作风,严肃认真的工作态度,主动研究的探索精神,以及遵守纪律、爱护公物的优良品德.学习物理实验的基本原理、基本规律、实验验证、实验方法、实验技能,培养综合应用知识的能力,熟悉常用实验仪器的使用方法,观察和分析物理现象,正确地记录数据和处理数据,撰写合格的实验报告,掌握新知识和新技术,培养创造性思维、创新意识、创造能力、实验能力,是大学物理实验的主要目的和任务.

实验前,学生必须仔细阅读教材,必要时可以到实验室了解实验仪器,明确实验目的,理解实验原理和步骤,写好实验报告中的预习内容.它一般包括:

(1)实验名称.

(2)实验目的.

(3)实验仪器(包括型号、规格).

(4)实验原理.

这是预习内容的主要部分.做实验之前要了解仪器的型号、规格、精度级别(准确度等级)及使用方法,实验时正确地调整仪器、连接线路.操作时要严格遵守操作规程和安全制度,记录数据必须实事求是,不准抄袭他人的数据和实验报告,否则按零分处理.原

始数据要用签字笔或圆珠笔记录在实验报告册的数据记录表格中，不得用铅笔书写，不得涂改.实验完毕，原始数据须交指导老师检查审阅并签字认可.最后整理好实验仪器，保持室内整洁.

一份完整的实验报告除了预习内容外，课后还要在此基础上补充以下内容：

（5）实验步骤.

（6）数据记录和数据处理.

（7）实验总结（包括实验创新与体会，必要时还要进行误差分析）.

二、误差、有效数字和数据处理

（一）前言

物理学是研究物质运动最基础的规律和物质基本结构的科学.物理学从本质上说是一门实验科学，尽管物理学本身可以在一定限度内从理论上用逻辑推理的方法获得新的理论，但最终都要依靠实验提供精确的实验结果来验证.物理学领域内的大部分成果都是理论和实验密切结合的结晶.

从 1901 年颁发第一届诺贝尔物理学奖至今，120 多年中已有 220 多名获奖者，其中因实验物理学方面的伟大发现或发明而获奖的占 2/3 以上，如 1901 年首届诺贝尔物理学奖获得者伦琴、1902 年的塞曼、1903 年的贝可勒尔和居里夫妇等.这些实验方面的发现已被公认为物理学发展中的十分伟大的成就，可见实验物理在物理学发展中处于重要地位.

1. 实验物理学和实验方法的分类

实验物理学和实验方法从不同的角度有不同的分类.

（1）天然实验和模拟实验.

① 天然实验.利用天然物理现象进行研究的实验称为天然实验.例如，开普勒总结出行星绕日运动的三大规律，物理学家在宇宙线中发现正电子、μ 子、π 介子、K 介子等.

② 模拟实验.人为地创造出一种条件，按照预定计划，以确定顺序重现一系列物理过程或物理现象的实验称为模拟实验，如伽利略斜面实验.

（2）定性实验和定量实验.

① 定性实验.定性实验对研究的重点问题不需要做量的测定，只需要判断某些物理现象是否存在及了解其特性，其目的是弄清楚物理现象的成因和规律.例如，劳厄在 1912 年做了 X 射线通过晶体发生衍射的实验，定性地提出晶体内原子的间距与 X 射线的波长属于同一数量级.

② 定量实验.定量实验对研究的问题需要做出精确的测定，确定物理现象各种具体参数、各种现象之间具体的数量关系，以及通过数量来表明某些规律.例如，库仑通过定量实验，在 1785 年总结出库仑定律，但关于库仑定律的定量实验研究迄今仍未停止，其测量精度越来越高.若以 $\dfrac{1}{r^{2+\delta}}$ 来表示其平方反比规律（δ 为指数偏差，r 为两点电荷之间的距离），1971 年的测量结果是 $\delta < 2.7 \times 10^{-16}$，平方反比关系已精确到小数点后第 16 位.

此外，实验方法还有数量级估计法、量纲分析法、比较法、积累放大法、转换测量法、模拟法、归纳法、干涉法、计算机虚拟法、列表法、图解法、逐差法、最小二乘法等.

2. 测量

要进行定量实验,就离不开测量.所谓测量,就是把待测的物理量与一个被选作标准的同类物理量进行比较,以确定它是标准量的多少倍.这个标准量称为该物理量的单位,这个倍数称为该量的数值,一个物理量由数值和单位组成,如 2.3 cm,24.6 ℃等.

测量是人类认识物质世界和改造物质世界的重要手段之一.通过测量,人们对客观事物获得了数量上的概念,做到了"胸中有数",建立起各种定理和定律.可以说,测量是打开自然科学中"未知"宝库的一把钥匙,甚至有人说"没有测量就没有科学".测量可分为直接测量和间接测量,直接测量又分为单次测量和多次测量.能从量具、仪器的刻度直接读得待测量的大小的测量,称为直接测量.例如,用米尺量度物体的长度,用天平称衡物体的质量等.大多数物理量无法由仪器直接读出数据,都需要进行间接测量.所谓间接测量,就是先经过直接测量得到一些量值,再通过一定的数学公式计算才能得出结果的测量.例如,用单摆测重力加速度 g,根据公式 $g = 4\pi^2 \dfrac{L}{T^2}$,要先测出直接测量量(摆长 L 和周期 T),才能计算得到间接测量量 g.对两个直接测量量摆长 L 和周期 T 多次测得的结果求平均值,那么重力加速度的计算公式为

$$\overline{g} = 4\pi^2 \frac{\dfrac{1}{n}\sum\limits_{i=1}^{n} L_i}{\left(\dfrac{1}{m}\sum\limits_{i=1}^{m} T_i\right)^2} = 4\pi^2 \frac{\overline{L}}{\overline{T^2}}. \tag{0-1}$$

3. 误差

测量技术的水平、测量结果的可靠性、测量工作的价值全取决于精确度,也就是测量误差的大小.

误差公理:实验结果都具有误差,误差自始至终存在于一切科学实验的过程中,而且贯穿整个测量过程的始终.误差的存在是绝对的,误差的大小则是相对的.

研究误差的理论就称为误差理论.误差之所以上升到理论研究,是因为误差常常会歪曲客观现象,使精确度降低,而测量的精确度不仅对工程技术和工业产品的质量起着监督和保证的作用,而且往往还是工程成败、产品优劣的一项决定性因素.所以,我们必须分析实验测量时产生误差的原因和性质,正确处理数据,以消除、抵消和减小误差.误差理论可以帮助人们正确地组织实验和测量,合理地设计仪器,选定仪器及测量方法,使人们能以最经济的方式获得最有效的结果.测量精确度的提高,以及对测量误差的深入研究,往往也成为科学新发现和具有根本性的技术革新的前导.对一个国家的科学技术和现代化生产来说,测量技术水平是衡量其进步程度的重要标志之一.

在实验测量与计算中,因仪器分辨能力的限制,得到的数据是近似值,而诸如 π,e,$\sqrt{2}$ 这样的无理数,计算时也只能用近似值表示,这些近似值的取值正确与否,对保证质量和减少人力、物力的消耗有着极为密切的关系.

(二)误差的来源和分类

误差从不同的角度有不同的分类.按其来源和性质可分为以下三类.

1. 系统误差（固定误差）

在同一条件下多次测量同一量时误差的绝对值和符号保持恒定，或其值总以某一确定规律偏离真值，这类误差称为系统误差.

产生系统误差的原因有仪器本身的缺陷，理论公式和测量方法的近似性，环境的改变和个人存在的不良测量习惯，等等. 系统误差具体还可按下述方式进一步划分.

（1）按误差变化与否分类.

① 恒定系统误差：恒正，恒负.

② 可变系统误差：线性，周期性，复杂规律.

（2）按误差掌握程度分类.

① 已定系统误差.

② 未定系统误差.

③ 定向系统误差.

④ 定值系统误差.

（3）按误差来源分类.

① 工具误差.

② 装置误差.

③ 人身误差.

④ 外界误差.

⑤ 方法误差.

实验条件一经确定，系统误差客观上便是一个恒定值，不能通过多次测量取平均值来减小或消除. 但如果能找出产生系统误差的原因，就能采用适当的方法来减小或消除它的影响，或对结果进行修正. 实验时要注意消除系统误差，即从直接测量值到运算过程值，再到最后结果，逐级消除系统误差.

消除系统误差称为修正，是重要的实验技术. 直接测量值的修正常用于：电表和螺旋测微器的零点校正，电表刻度校正，交换法消除电桥 1∶1 挡和天平的不等臂误差，双游标消除分光计的偏心差，等等.

2. 随机误差（偶然误差）

在相同的实验条件下即使每次都消除了系统误差（假定已全部消除），多次测量同一量时，每次测量值还可能不一样，误差的绝对值的变化时大时小，符号时正时负，具有偶然性而没有确定的规律，也不可以预知，但具有抵偿性，这类误差称为随机误差.

随机误差主要是由于各种未知的偶然因素对实验者、仪器、被测物理量的影响而产生的. 理论和实验都表明，当测量次数足够大时，随机误差服从统计规律，且具有以下特点：

① 单峰性. 绝对值小的误差出现的概率比绝对值大的误差出现的概率大.

② 有界性. 绝对值很大的误差出现的概率趋于零.

③ 对称性. 绝对值相等的正、负误差出现的概率相等.

④ 抵偿性. 随机误差在各次测量中的单个无规律性，导致了它们的和有正、负相消的机会，随着测量次数的增大，随机误差的算术平均值逐渐减小而趋于零，即

$$\overline{\Delta x} = \lim_{n \to \infty} \frac{\sum\limits_{i=1}^{n} \Delta x_i}{n} = 0. \tag{0-2}$$

因此,多次测量的平均值的随机误差比单次测量的随机误差小,增大测量次数可以减小随机误差.

必须注意,误差的性质是可以在一定的条件下相互转化的.例如,尺子的分划误差,对于制造尺子来说是随机误差,但将它作为基准尺检定成批尺子时,该分划误差使得成批测量结果始终长些或短些,就成为系统误差.各分划线的误差大小、正负不一样,如果均匀地用尺子的各个不同位置测量一定的长度,则误差时大时小、时正时负,随机化了.在实际的科学实验中,人们常利用这些特点来减小实验结果的误差.例如,当实验条件稳定且系统误差可掌握时,就尽量保持在相同条件下做实验,以便修正系统误差;当系统误差未能掌握时,就可以均匀改变物理条件(如尺子的位置)使系统误差随机化,以便得到抵偿部分误差后的实验结果.

3. 过失误差(粗大误差)

明显歪曲测量结果的误差称为过失误差.

含有过失误差的测量值称为异常值.正确的结果不应包含过失误差,即所有的异常值都要剔除.

(三)基本概念

1. 真值

在某一时刻和位置或状态下,某量的效应体现出的客观值或实际值称为真值.

测量的目的就是尽力得到真值.

(1)绝对真值——永远不可知.

通过有限的实验手段是不能得到真值的,测量值总是真值的近似值.根据误差公理,想知道真值就必须测量它,而测量它又需要某种参考作为标准,这样就陷入了无穷的循环之中.因此,绝对真值是不可知的.但是,随着人类认知的推移和发展,测量值可以无限地逐渐逼近它.

(2)理论真值——仅存在于纯理论之中.

由于绝对真值不可知,故可从理论中定义一些真值,这样的真值便称为理论真值.例如,平面三角形三个内角之和恒为180°,这样的参考标准实际上不存在,它只存在于纯理论之中,因为无论采用多精密的仪器和多科学的手段,其测量的结果都不会正好等于180°,而只能无限靠近它.此外,还有理论设计值和理论公式表达值等.

(3)指定真值——国际计量大会的决议.

由于绝对真值不可知,理论真值又仅存在于纯理论之中,因此一般由国家或国际组织设立各种尽可能维持不变的实验基准和标器,指定以它们的数值作为参考标准.

由国际计量大会决议的国际单位制的7个基本单位定义如下.

① 时间的单位:秒(s).

当铯-133原子不受干扰的基态超精细能级跃迁频率以单位 $Hz(s^{-1})$ 表示时,取其固定数值为 9 192 631 770 来定义秒.

② 长度的单位:米(m).

当真空中光速 c 以单位 m·s^{-1} 表示时,取其固定数值为 299 792 458 来定义米.

③ 质量的单位:千克(kg).

当普朗克常量 h 以单位 J·s(kg·m^2·s^{-1})表示时,取其固定数值为 6.626 070 15× 10^{-34} 来定义千克.

④ 电流的单位:安[培](A).

当元电荷 e 以单位 C(A·s)表示时,取其固定数值为 1.602 176 634×10^{-19} 来定义 安[培].

⑤ 热力学温度的单位:开[尔文](K).

当玻尔兹曼常量 k 以单位 J·K^{-1}(kg·m^2·s^{-2}·K^{-1})表示时,取其固定数值为 1.380 649×10^{-23} 来定义开[尔文].

⑥ 物质的量的单位:摩[尔](mol).

1 mol 精确包含 6.022 140 76×10^{23} 个基本单元. 该数为以单位 mol^{-1} 表示的阿伏伽 德罗常量 N_A 的固定数值. 一个系统的物质的量,符号 n,是该系统包含的特定基本单元 数的量度. 基本单元可以是原子、分子、离子、电子、其他任意粒子或粒子的特定组合.

⑦ 发光强度的单位:坎[德拉](cd).

当频率为 540×10^{12} Hz 的单色辐射的光视效能 K_{cd} 以单位 lm·W^{-1}(cd·sr·W^{-1} 或 cd·sr·kg^{-1}·m^{-2}·s^3)表示时,取其固定数值为 683 来定义坎[德拉].

凡满足以上条件复现出的量值都是真值.

(4) 标准器相对真值——准真值.

当高一级标准器的误差与低一级标准器的误差相比为其 $\frac{1}{3}\sim\frac{1}{20}$ 时,则可以认为前者 是后者的相对真值.

2. 近真值

(1) 算术平均值.

由于测量误差的存在,在测量中真值是不知道的. 对某一物理量进行多次测量,每次 测量的结果有可能比真值偏大,也有可能偏小. 统计理论可以证明,在条件不变的情况下 进行多次测量时,算术平均值便接近真值.

设某物理量的测量值为 $x_1,x_2,\cdots,x_n$,算术平均值定义为

$$\bar{x}=\frac{1}{n}\sum_{i=1}^{n}x_i. \tag{0-3}$$

$\bar{x}$ 为该物理量的最佳值,我们就以 $\bar{x}$ 作为测量结果的最佳值.

$\bar{x}$ 偏离真值多大呢? 或者说,最佳值的误差多大呢? 通常用平均偏差和标准偏差来 估算 $\bar{x}$ 的误差.

(2) 偏差的处理.

测量值与真值的差称为测量值的误差,即

$$\Delta x=x-x_0, \tag{0-4}$$

式中 x_0 为真值,x 为测量值.

偏差是指测量值与其算术平均值之差, 即

$$d_i = x_i - \overline{x}. \tag{0-5}$$

① 平均偏差.

对各次测量的偏差求算术平均值, 即

$$\overline{d} = \frac{d_1 + d_2 + \cdots + d_n}{n} = \frac{1}{n}\sum_{i=1}^{n} d_i, \tag{0-6}$$

式中 n 为测量次数, d_i 为第 i 次测量的偏差.

将式(0-5)代入式(0-6), 得

$$\overline{d} = \sum_{i=1}^{n} \frac{x_i - \overline{x}}{n} = \overline{x} - \overline{x} = 0. \tag{0-7}$$

可见, 偏差的平均值不能用于反映测量的准确程度. 因此我们定义绝对偏差, 即某次测量值 x_i 与算术平均值 $\overline{x}$ 之差的绝对值

$$\Delta x_i = |x_i - \overline{x}|, \tag{0-8}$$

并将平均偏差定义为

$$\overline{\Delta x} = \lim_{n \to \infty} \frac{\sum_{i=1}^{n} |x_i - \overline{x}|}{n}. \tag{0-9}$$

由于式(0-9)中出现了绝对值符号, 因此它在统计分析中使用起来并不方便.

测量结果可表示为

$$x = \overline{x} \pm \overline{\Delta x}. \tag{0-10}$$

最佳值的误差以平均值的算术平均绝对偏差表示, 这种方式比较简单, 但它的缺点是无法表示出各次测量值之间彼此符合的情况. 因为在一组测量值中偏差彼此接近的情况下与另一组测量值中偏差有大、中、小的情况下, 所得平均值可能相同.

② 标准偏差.

测量值的标准偏差定义为各测量值误差的平方和的均值的平方根, 即

$$\sigma = \sqrt{\frac{\sum_{i=1}^{n}(x_i - x_0)^2}{n}} \quad (n \to \infty). \tag{0-11}$$

实际上, 因实验条件和测量次数的限制, 真值是得不到的, 因此从式(0-11)不能直接求出 σ, 通常真值 x_0 由算术平均值 $\overline{x}$ 来代替. 可以证明, n 次测量的标准偏差为

$$\sigma_x = \sqrt{\frac{\sum_{i=1}^{n}(x_i - \overline{x})^2}{n-1}} \quad (n \text{ 有限}), \tag{0-12}$$

n 次测量的算术平均值 $\overline{x}$ 的标准偏差为

$$\sigma_{\overline{x}} = \frac{\sigma_x}{\sqrt{n}} = \sqrt{\frac{\sum_{i=1}^{n}(x_i - \overline{x})^2}{n(n-1)}}. \tag{0-13}$$

实验中, 式(0-13)用得最多、最普遍. 用标准偏差表示的测量结果为

$$x = \overline{x} \pm \sigma_{\overline{x}}. \tag{0-14}$$

标准偏差一般在 $n > 5$ 时才能更真实地反映客观规律. 在同样条件下,有

$$\overline{\Delta x} > \sigma_x. \tag{0-15}$$

(3) 测量结果的评价.

① 置信区间.

以分布密度 $f(x)$ 为纵坐标, x 为横坐标,标准正态分布如图 0-1 所示. 标准偏差是对一组测量数据可靠性的估计,根据高斯误差理论可以证明,任一测量值的误差,落在

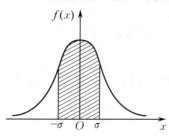

$[-\sigma, \sigma]$ 置信区间的概率为 68.3%. 标准偏差 σ 小,占此组测量数据 68.3% 的数据在小范围 $[x-\sigma, x+\sigma]$ 出现,因此这组数据可靠性就大;反之,测量不大可靠. 还可以证明,任一测量值的误差落在 $[-2\sigma, 2\sigma]$ 置信区间的概率为 95.5%,落在 $[-3\sigma, 3\sigma]$ 置信区间的概率为 99.7%. 因此,一般将 2σ 称为界限误差. 测量结果中若某一测量值与平均值之偏差的绝对值大于 2σ,应将其当作异常值而舍去.

图 0-1 标准正态分布图

例 1 已知某一物体的长度经 16 次测量,测量值分别为 $x_1 = 1.99$ cm, $x_2 = 2.02$ cm, $x_3 = 2.01$ cm, $x_4 = 1.97$ cm, $x_5 = 1.96$ cm, $x_6 = 2.04$ cm, $x_7 = 2.01$ cm, $x_8 = 2.02$ cm, $x_9 = 1.99$ cm, $x_{10} = 1.98$ cm, $x_{11} = 1.99$ cm, $x_{12} = 2.03$ cm, $x_{13} = 2.01$ cm, $x_{14} = 1.98$ cm, $x_{15} = 2.10$ cm, $x_{16} = 1.90$ cm,求长度的算术平均值和标准偏差.

解 16 次测量的长度的算术平均值为

$$\overline{x} = \frac{1}{n}\sum_{i=1}^{n} x_i = \frac{1}{16}\sum_{i=1}^{16} x_i = \frac{x_1 + x_2 + \cdots + x_{16}}{16} = 2.00 \text{ cm}.$$

16 次测量的标准偏差为

$$\sigma_x = \sqrt{\frac{\sum_{i=1}^{n}(x_i - \overline{x})^2}{n-1}} = \sqrt{\frac{\sum_{i=1}^{16}(x_i - \overline{x})^2}{16-1}}$$

$$= \sqrt{\frac{(x_1 - \overline{x})^2 + (x_2 - \overline{x})^2 + \cdots + (x_{16} - \overline{x})^2}{16-1}}$$

$$\approx 0.043 \text{ cm}.$$

因为 $2\sigma_x \approx 0.086$ cm,而

$$|x_{15} - \overline{x}| = |2.10 - 2.00| \text{ cm} = 0.10 \text{ cm} > 2\sigma_x,$$
$$|x_{16} - \overline{x}| = |1.90 - 2.00| \text{ cm} = 0.10 \text{ cm} > 2\sigma_x,$$

其余

$$|x_1 - \overline{x}| = |1.99 - 2.00| \text{ cm} = 0.01 \text{ cm} < 2\sigma_x,$$
$$|x_2 - \overline{x}| = |2.02 - 2.00| \text{ cm} = 0.02 \text{ cm} < 2\sigma_x,$$
$$\cdots\cdots$$
$$|x_{14} - \overline{x}| = |1.98 - 2.00| \text{ cm} = 0.02 \text{ cm} < 2\sigma_x,$$

所以将所测数据 x_{15} 和 x_{16} 作为异常值而舍去，再重复上述步骤.

14 次测量的长度的算术平均值为

$$\bar{x}=\frac{1}{n}\sum_{i=1}^{n}x_i=\frac{1}{14}\sum_{i=1}^{14}x_i=\frac{x_1+x_2+\cdots+x_{14}}{14}=2.00\ \text{cm}.$$

14 次测量的标准偏差为

$$\sigma_x=\sqrt{\frac{\sum\limits_{i=1}^{n}(x_i-\bar{x})^2}{n-1}}=\sqrt{\frac{\sum\limits_{i=1}^{14}(x_i-\bar{x})^2}{14-1}}$$

$$=\sqrt{\frac{(x_1-\bar{x})^2+(x_2-\bar{x})^2+\cdots+(x_{14}-\bar{x})^2}{14-1}}$$

$$\approx 0.024\ \text{cm}.$$

因为 $2\sigma_x \approx 0.048\ \text{cm}$，而

$$|x_1-\bar{x}|=|1.99-2.00|\ \text{cm}=0.01\ \text{cm}<2\sigma_x,$$

$$|x_2-\bar{x}|=|2.02-2.00|\ \text{cm}=0.02\ \text{cm}<2\sigma_x,$$

$$\cdots\cdots$$

$$|x_{14}-\bar{x}|=|1.98-2.00|\ \text{cm}=0.02\ \text{cm}<2\sigma_x,$$

所以 14 次测量的算术平均值 $\bar{x}$ 的标准偏差为

$$\sigma_{\bar{x}}=\frac{\sigma_x}{\sqrt{n}}=\sqrt{\frac{\sum\limits_{i=1}^{n}(x_i-\bar{x})^2}{n(n-1)}}=\sqrt{\frac{\sum\limits_{i=1}^{14}(x_i-\bar{x})^2}{14(14-1)}}\approx\frac{0.024}{\sqrt{14}}\ \text{cm}$$

$$\approx 0.006\ \text{cm}\approx 0.01\ \text{cm}.$$

因此

$$x=\bar{x}\pm\sigma_{\bar{x}}=(2.00\pm0.01)\ \text{cm}.$$

② 精度.

应该指出，在正确的结果中（无过失误差），把误差分为系统误差与随机误差是研究误差的需要. 对于一个具体的测量中出现的误差，应是系统误差和随机误差的综合. 精度包括精密度、准确度和精确度. 精密度只与随机误差有关；准确度只与系统误差有关；精确度的高低则反映系统误差和随机误差的总体效应.

以 3 个人打靶为例，打靶的结果与系统误差、随机误差、精密度、准确度、精确度之间的关系如图 0-2 所示. 精密度低在图像上表现为数据随机性、离散性较高；准确度低在图像上表现为数据整体有一定幅度的偏离.

③ 测量的不确定度.

当前，在严格的计量工作中，开始用不确定度来表示测量误差可能出现的范围，详见附录 6.

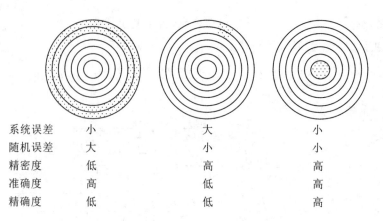

系统误差	小	大	小
随机误差	大	小	小
精密度	低	高	高
准确度	高	低	高
精确度	低	低	高

图 0-2   打靶结果与误差和精度的关系

3. 直接测量的结果及误差的估算

（1）多次测量.

详见"近真值"中的内容.

（2）单次测量的误差处理.

实验中，有的测量受到环境条件的限制不可能进行多次（也有实验不需要多次测量），只能进行一次，即所谓单次测量. 单次测量 $x_测$ 的误差属于未定系统误差，在精度要求不高的实验中，常取仪器最小分度值 d 的一半或直接用仪器误差来表示最大误差，按随机误差处理，即

$$x = x_测 \pm \frac{d}{2} \tag{0-16}$$

或

$$x = x_测 \pm \Delta_仪. \tag{0-17}$$

在精度要求较高的实验或计算间接测量的标准偏差时，个别量只进行了一次测量，这时就需要知道单次测量的标准偏差. 根据统计理论可以证明，单次测量的标准偏差为

$$\sigma = \frac{\Delta_仪}{\sqrt{3}}. \tag{0-18}$$

当测量仪器的准确度等级较低（如 0.5 级或更差的电表）时，测量仪器经校准后，其最大误差减小 $\frac{1}{2}$，剩余的随机误差为

$$\sigma = \frac{\Delta_仪}{2\sqrt{3}}. \tag{0-19}$$

式（0-17）、式（0-18）、式（0-19）中，$\Delta_仪$ 是仪器出厂鉴定书或仪器上标注的仪器误差. 所谓仪器误差，是指在正确使用下，测量值和被测物理量之间可能产生的最大误差. 如果没有注明，应根据仪器的准确度等级进行计算，即

$$\Delta_仪 = 量程 \times 准确度等级 \times 1\%. \tag{0-20}$$

（3）相对误差.

为了全面评价一个测量结果的优劣，还需要看测量量本身的大小. 为此，要引入相对

误差的概念,其定义为

$$E_{\overline{\Delta x}} = \frac{\overline{\Delta x}}{x} \times 100\% \quad \text{或} \quad E_{\sigma_{\overline{x}}} = \frac{\sigma_{\overline{x}}}{x} \times 100\%. \tag{0-21}$$

实验结果的好坏主要取决于相对误差. 当被测量有公认理论值(或标准值)时,常把测量值与理论值(或标准值)进行比较,并用相对偏差来表示:

$$E_x = \frac{\text{测量值} - \text{理论值(或标准值)}}{\text{理论值(或标准值)}} \times 100\%. \tag{0-22}$$

式(0-22)的计算结果,正值代表偏大,负值代表偏小.

4. 间接测量的结果及误差的估算

间接测量的结果(最佳值),是把各直接测量的最佳值代入相应的函数式中计算而得到的.

因为各直接测量存在误差,所以间接测量也必然有误差. 这种由直接测量值的误差影响到间接测量值的误差的现象称为误差的传递. 下面简单介绍算术平均误差和标准偏差的传递.

(1) 算术平均误差(最大不确定度)的传递.

设间接测量量 N 与各直接测量量 $x, y, z, \cdots$ 之间的函数关系为

$$N = f(x, y, z, \cdots), \tag{0-23}$$

各直接测量值为

$$x = \overline{x} \pm \overline{\Delta x}, \quad y = \overline{y} \pm \overline{\Delta y}, \quad z = \overline{z} \pm \overline{\Delta z}, \quad \cdots, \tag{0-24}$$

则 N 的测量结果应表示为

$$N = \overline{N} \pm \overline{\Delta N} = f(\overline{x}, \overline{y}, \overline{z}, \cdots) \pm \overline{\Delta N}, \tag{0-25}$$

式中 $\overline{N}$ 是把各直接测量量的最佳值 $\overline{x}, \overline{y}, \overline{z}, \cdots$ 代入式(0-23)而得到的,$\overline{\Delta N}$ 的计算式可按如下方法获得.

对式(0-23)求全微分,得

$$\mathrm{d}N = \frac{\partial f}{\partial x}\mathrm{d}x + \frac{\partial f}{\partial y}\mathrm{d}y + \frac{\partial f}{\partial z}\mathrm{d}z + \cdots, \tag{0-26}$$

把变量 $\mathrm{d}x, \mathrm{d}y, \mathrm{d}z, \cdots$ 视为最大误差,记作 $\overline{\Delta x}, \overline{\Delta y}, \overline{\Delta z}, \cdots$,考虑最不利的情况,取各项的绝对值,有

$$\overline{\Delta N} = \left|\frac{\partial f}{\partial x}\overline{\Delta x}\right| + \left|\frac{\partial f}{\partial y}\overline{\Delta y}\right| + \left|\frac{\partial f}{\partial z}\overline{\Delta z}\right| + \cdots, \tag{0-27}$$

式中考虑了误差相互加强的情况.

为了计算间接测量的相对误差,可对式(0-23)取对数后,再求全微分,即

$$\ln N = \ln f(x, y, z, \cdots), \tag{0-28}$$

$$\frac{\mathrm{d}N}{N} = \frac{\partial \ln f}{\partial x}\mathrm{d}x + \frac{\partial \ln f}{\partial y}\mathrm{d}y + \frac{\partial \ln f}{\partial z}\mathrm{d}z + \cdots. \tag{0-29}$$

把微分号改为误差号,取各项绝对值,得间接测量的相对误差,即

$$E_N = \frac{\overline{\Delta N}}{N} = \left|\frac{\partial \ln f}{\partial x}\overline{\Delta x}\right| + \left|\frac{\partial \ln f}{\partial y}\overline{\Delta y}\right| + \left|\frac{\partial \ln z}{\partial z}\overline{\Delta z}\right| + \cdots. \tag{0-30}$$

测量次数在 5 次以下的,可采用绝对误差表示.

（2）标准偏差的传递与间接测量量的不确定度的传递.

上述算术平均误差的传递考虑了各直接测量误差同时出现最坏的情况.实际中出现这种情况的概率不大,这样做往往夸大了间接测量的误差.为了更真实地反映各直接测量误差对间接测量误差的贡献,我们常用标准偏差的传递公式.

可以证明,间接测量值的标准偏差等于各直接测量值标准偏差的贡献的平方和的开方,即标准偏差的传递公式为

$$\sigma_N = \sqrt{\left(\frac{\partial f}{\partial x}\right)^2 \cdot \sigma_x^2 + \left(\frac{\partial f}{\partial y}\right)^2 \cdot \sigma_y^2 + \left(\frac{\partial f}{\partial z}\right)^2 \cdot \sigma_z^2 + \cdots}, \tag{0-31}$$

其相对误差传递公式为

$$E_N = \frac{\sigma_N}{N} = \sqrt{\left(\frac{\partial f}{\partial x}\right)^2 \cdot \left(\frac{\sigma_x}{f}\right)^2 + \left(\frac{\partial f}{\partial y}\right)^2 \cdot \left(\frac{\sigma_y}{f}\right)^2 + \left(\frac{\partial f}{\partial z}\right)^2 \cdot \left(\frac{\sigma_z}{f}\right)^2 + \cdots}. \tag{0-32}$$

按式(0-31)、式(0-32)求间接测量值的标准偏差时,各直接测量量的误差均应为标准偏差.若直接测量中出现非标准偏差,则计算出的间接误差也是非标准偏差,其值将比标准偏差大.

若用各直接测量值的平均值的标准偏差 $\sigma_{\bar{x}}, \sigma_{\bar{y}}, \sigma_{\bar{z}}, \cdots$ 代入式(0-31),则计算出的误差应为间接测量值的平均值的标准偏差 $\sigma_{\bar{N}}$.

（3）常用函数的误差传递公式.

总结上述两种误差传递,并将其传递公式列于表0-1中.

表 0-1 两种误差传递方式

$N = f(x,y,z,\cdots) \rightarrow \bar{N} = f(\bar{x},\bar{y},\bar{z},\cdots)$	
算术平均误差的传递	标准偏差的传递
$x = \bar{x} \pm \overline{\Delta x}, y = \bar{y} \pm \overline{\Delta y}, z = \bar{z} \pm \overline{\Delta z}, \cdots$	$x = \bar{x} \pm \sigma_{\bar{x}}, y = \bar{y} \pm \sigma_{\bar{y}}, z = \bar{z} \pm \sigma_{\bar{z}}, \cdots$
$N = \bar{N} \pm \overline{\Delta N}$	$N = \bar{N} \pm \sigma_{\bar{N}}$
$\overline{\Delta N} = \left|\frac{\partial f}{\partial x}\overline{\Delta x}\right| + \left|\frac{\partial f}{\partial y}\overline{\Delta y}\right| + \left|\frac{\partial f}{\partial z}\overline{\Delta z}\right| + \cdots$	$\sigma_{\bar{N}} = \sqrt{\left(\frac{\partial f}{\partial x}\right)^2 \cdot \sigma_{\bar{x}}^2 + \left(\frac{\partial f}{\partial y}\right)^2 \cdot \sigma_{\bar{y}}^2 + \left(\frac{\partial f}{\partial z}\right)^2 \cdot \sigma_{\bar{z}}^2 + \cdots}$
$E_N = \frac{\overline{\Delta N}}{N}$	$E_N = \frac{\sigma_{\bar{N}}}{N}$

可以看到,具体的误差传递公式与原函数有关.下面给出一些常用函数在两种误差传递方式中的具体误差传递公式,如表0-2所示.

表 0-2 常用函数误差传递公式

函数关系式	最大误差合成(传递)公式	标准偏差传递公式
$N = x + y$	$\Delta N = \Delta x + \Delta y$	$\sigma_N = \sqrt{\sigma_x^2 + \sigma_y^2}$
$N = x - y$	$\Delta N = \Delta x + \Delta y$	$\sigma_N = \sqrt{\sigma_x^2 + \sigma_y^2}$
$N = x \cdot y$	$\frac{\Delta N}{N} = \frac{\Delta x}{x} + \frac{\Delta y}{y}$	$\frac{\sigma_N}{N} = \sqrt{\left(\frac{\sigma_x}{x}\right)^2 + \left(\frac{\sigma_y}{y}\right)^2}$
$N = \frac{x}{y}$	$\frac{\Delta N}{N} = \frac{\Delta x}{x} + \frac{\Delta y}{y}$	$\frac{\sigma_N}{N} = \sqrt{\left(\frac{\sigma_x}{x}\right)^2 + \left(\frac{\sigma_y}{y}\right)^2}$

函数关系式	最大误差合成(传递)公式	标准偏差传递公式
$N = \dfrac{x^k y^m}{z^n}$	$\dfrac{\Delta N}{N} = k\dfrac{\Delta x}{x} + m\dfrac{\Delta y}{y} + n\dfrac{\Delta z}{z}$	$\dfrac{\sigma_N}{N} = \sqrt{k^2\left(\dfrac{\sigma_x}{x}\right)^2 + m^2\left(\dfrac{\sigma_y}{y}\right)^2 + n^2\left(\dfrac{\sigma_z}{z}\right)^2}$
$N = kx$	$\Delta N = k\Delta x,\ \dfrac{\Delta N}{N} = \dfrac{\Delta x}{x}$	$\sigma_N = k\sigma_x,\ \dfrac{\sigma_N}{N} = \dfrac{\sigma_x}{x}$
$N = \sqrt[k]{x}$	$\dfrac{\Delta N}{N} = \dfrac{1}{k}\dfrac{\Delta x}{x}$	$\dfrac{\sigma_N}{N} = \dfrac{1}{k}\dfrac{\sigma_x}{x}$
$N = \sin x$	$\Delta N = |\cos x|\Delta x$	$\sigma_N = |\cos x|\sigma_x$
$N = \ln x$	$\Delta N = \dfrac{\Delta x}{x}$	$\sigma_N = \dfrac{\sigma_x}{x}$

(四)有效数字及其运算法则

有效数字及其运算法则,对于物理实验乃至将来从事科学实验,都非常重要,必须很好地掌握.

我们知道,

$$测量结果 = 数值 + 单位,$$

而

$$数值 = 观测值 \pm 误差,$$
$$观测值 = 准确数 + 可疑数,$$

对于观测值来说,

$$全部准确数 + 1\ 位可疑数 = 有效数字.$$

1. 直接测量的有效数字

用量具或仪器直接读取测量值时,所得到的数值都含有准确数和可疑数. 如图 0 - 3 所示,用最小刻度为 1 mm 的尺子去量一物体长度 L,L 在 7.8 cm 至 7.9 cm 之间,凭经验,我们可以把读数估读为 7.84 cm 或 7.85 cm. 这两个数中,7.8 是准确的,0.04 和 0.05 都是估读的,因此是可疑的.

图 0 - 3　数据读取示意图

可疑数虽不准确,却是有意义的. 直接测量值的准确数和最后一位(估读的)可疑数合称为有效数字. 图 0 - 3 中的读数结果 7.84 cm 和 7.85 cm 都是三位有效数字. 直接读数时,必须在该仪器的最小刻度后估读一位,这一位即为可疑数.

2. 有效数字的注意事项

① 有效数字的位数与所用仪器的精度有关. 例如,用米尺测量一物体的长度,得 2.6 mm,为两位有效数字;用游标卡尺测量,得 2.64 mm,为三位有效数字;用螺旋测微器测量,得 2.643 mm,为四位有效数字.

例2 如图 0-4 所示,用两把精度不同的尺子测同一物体.

解 读数为 3.$\underline{8}$ cm(加下画线的为可疑数),两位有效数字,3.7＜3.8＜3.9,精确到 1 cm.

读数为 3.7$\underline{9}$ cm,三位有效数字,3.78＜3.79＜3.80,精确到 1 mm.

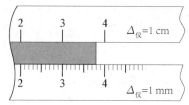

图 0-4　两把尺子测同一物体

在有效数字意义上,4 cm,4.0 cm,4.00 cm 都是不同的.

② 数值中间的"0"与末尾的"0"均为有效数字. 例如,12.04 mm 为四位有效数字,3.00 V 为三位有效数字. 小数点后的"0"不能随意舍弃,也不得为了表示个位的位置而在有效数字后面补 0.

③ 数字前面的"0"不是有效数字. 例如,0.0012 m 前面的 3 个"0"不是有效数字,习惯上将其写成 1.2×10^{-3} m(两位有效数字).

④ 变换单位和指数幂时,不能改变有效数字的位数. 例如,1.2×10^{-3} m 可表示为 1.2×10^{3} μm(仍为两位有效数字),而不能写成 1200 μm(这样就成为四位有效数字了). 较好的表示是 1.2 mm 或 1.2×10^{-3} m.

⑤ 测量结果截取的有效数字位数由绝对误差决定. 规定:绝对误差只取一位有效数字,相对误差最多可以取两位. 测量结果的有效数字最末位应与误差所在位对齐. 例如,$L=(6.24\pm0.02)$ cm 是正确的,而 $L=(6.2\pm0.02)$ cm 和 $L=(6.243\pm0.02)$ cm 都是错误的.

3. 舍入规则

通用的尾数舍入规则是"**四舍六入,五看奇偶,前奇入,前偶舍**",即:尾数小于 5 则舍;尾数大于 5 则入;尾数等于 5 则看前面数字的奇偶,前面是奇数则入,前面是偶数则舍,也就是把尾数凑成偶数. 例如,12.$\underline{27}$ 舍入为 12.3,6.$\underline{44}$ 舍入为 6.4,13.$\underline{35}$ 舍入为 13.$\underline{4}$,46.$\underline{45}$ 舍入为 46.4,等等(加下画线的为可疑数).

注意:如果 5 后面有非零数字,则无论 5 前面是奇数还是偶数,都须进位.

4. 有效数字的运算规则

为了准确有效地进行运算,必须遵守有效数字的一些运算规则. 有效数字运算总的原则是:由误差决定有效数字的位数;运算过程的中间数据,可以保留一位或两位可疑数,以免过早地引入舍入误差;最后结果只能按一次舍入规则保留一位可疑数.

下面介绍一些运算规则.

(1) 有效数字相加减.

例3 25.$\underline{3}$＋4.2$\underline{4}$＝29.$\underline{54}$＝29.$\underline{5}$ 应按 25.$\underline{3}$＋4.$\underline{2}$＝29.$\underline{5}$ 计算;

37.$\underline{9}$－5.6$\underline{2}$＝32.$\underline{28}$＝32.$\underline{3}$ 应按 37.$\underline{9}$－5.$\underline{6}$＝32.$\underline{3}$ 计算;

71.$\underline{4}$＋0.75$\underline{3}$＝72.1$\underline{53}$＝72.$\underline{2}$ 应按 71.$\underline{4}$＋0.$\underline{8}$＝72.$\underline{2}$ 计算.

结论:几个数相加减,其和(或差)在小数点后所应保留的位数跟参与运算的诸数中小数点后位数最少的一个相同.

（2）有效数字相乘除.

例 4　$3.8\underline{5}\times9.7\underline{3}=37.4\underline{6}=37.5$；

$52\underline{8}\div12\underline{1}=4.3\underline{64}=4.36$；

$39.\underline{3}\times4.084=160.\underline{5}=160$.

结论：几个数相乘除，所得的结果的有效数字的位数一般与诸因子中有效数字的位数最少的一个相同，一般不可以多一位或少一位.

（3）乘方与开方.

例 5　$25.\underline{5}^2=650$，$\sqrt{19.\underline{38}}=4.402$.

结论：某数的乘方（或开方）的有效数字位数应与底数（该数值）的有效数字相同.

最恰当的方法是，先算出绝对误差，确定绝对误差中的可疑数，最后再确定测量结果的有效数字.

（4）函数运算.

一般来说，函数运算后的有效数字的位数应根据误差分析来确定. 在物理实验中，为了简便和统一，对常用的对数函数、指数函数和三角函数做如下规定.

① 对数函数运算后的有效数字的位数与真数的位数相同.

例 6　$\lg 1.983\approx0.297\,322\,714$，取成 $0.297\,3$；

$\lg 1\,983\approx3.297\,322\,714$，取成 3.297.

自然对数也按上述规定同样处理.

② 指数函数运算后的有效数字的位数可与指数的小数点后的位数相同（包括紧接小数点后的零）.

例 7　$10^{6.25}\approx1\,778\,279.41$，取成 1.8×10^6；

$10^{0.003\,5}\approx1.008\,091\,61$，取成 1.008.

对 e^x，也可参照上述规定处理. 指数为整数时，有效数字取 1 位.

③ 当 $0<\theta<90°$时，$\sin\theta$ 和 $\cos\theta$ 都介于 0 和 1 之间，三角函数的取位随角度的有效数字而定. 用分光计读角度时，应读到 $1'$，此时应取四位有效数字.

例 8　$\sin 30°00'=0.5$，取成 $0.500\,0$；

$\cos 20°16'\approx0.938\,090\,615$，取成 $0.938\,1$.

（5）正确数.

在运算过程中可能碰到一种特定的数——正确数. 例如，将半径化为直径 $d=2r$ 时出现的倍数 2，它不是由测量得来的；还有实验测量次数 n，它总是正整数，没有可疑部分. 正确数不适用有效数字的运算规则，只需由其他测量值的有效数字的多少来决定运算结果的有效数字.

（6）常数.

我们还可能碰到一些常数，如 π，g 之类，它们的有效数字一般与测量的有效数字的位数相同. 例如，圆周长 $L=2\pi R$，当 $R=2.356$ mm 时，π 应取 3.142.

（五）数据处理基本方法

在科学实验中，要对数据进行处理，常用的方法有列表法、作图法、逐差法、最小二乘法等.

1. 列表法

列表法是把相关的物理量用表格列出来，使之一目了然. 这样可及时发现和分析数据是否合理，找出各物理量间的规律.

列表时一般应注意以下几点.

① 要有表题，说明是哪些物理量之间的关系.

② 要注明表中各符号的物理意义，标明单位. 若各栏物理量的单位不同，则单位写在各栏内；若各栏物理量的单位相同，则单位写在右上角.

③ 各数据要反映测量值的有效数字.

④ 必要时可以对某项目进行说明.

下面以表 0-3 举例说明列表法.

表 0-3 测量某电阻丝的电阻与温度的关系

测量次序	1	2	3	4	5	6	7	8
温度 $t/℃$	15.5	21.2	27.0	31.1	35.0	40.3	45.0	49.7
电阻 R/Ω	28.09	28.68	29.25	29.68	30.05	30.60	31.08	31.55

2. 作图法

作图法是物理实验处理数据的常用方法. 作出一张正确、实用、美观的图线是实验技能训练中的基本功，应很好地掌握.

（1）作图规则.

作图之前，要用表格记录有关数据，再按下列要求操作.

① 选用合适的坐标纸. 常用的作图坐标纸有直角坐标纸和对数坐标纸. 物理实验常用直角坐标纸，要求满纸作图.

② 确定坐标轴及坐标轴标度. 通常以横坐标表示自变量，以纵坐标表示因变量. 要标明坐标轴方向、物理量符号和单位. 对坐标轴标度时应使数据的最末位准确数与坐标纸中最小分格对应. 可疑数在图中应是估计的. 为了使图线尽量充满坐标纸，坐标轴的起点不一定要从零开始. 描点时，在坐标纸的对应位置用铅笔描上"＋"号，"＋"的交点应是数据最佳值点. 如果在一张坐标纸上要画几条曲线，可用"＋""－""△"等符号加以区别，各符号的中心应为对应数据的最佳值点.

③ 画线时用透明曲线板、直尺等把数据点连成光滑曲线（校准曲线一般连成折线，除此以外，其他一般都画成曲线）. 连线时要反复移动曲线板或直尺，使各数据点差不多均匀分布在曲线两侧. 采用"连四画三"（每次选取四个连续点，按曲线板上与其轨迹相吻合部分画出前三个点的曲线，并从第三个点开始再次选取新的连续点）或"连三画二"的方法. 偏离特别大的点，要慎重考虑后才可除去. 若需要将曲线延伸，则应画成虚线. 有时还要标明图线的名称或标明当时所处的温度、气压等. 图线画好后，把它附在实验报告上.

图 0-5 是根据表 0-3 画出的 R-t 关系图.

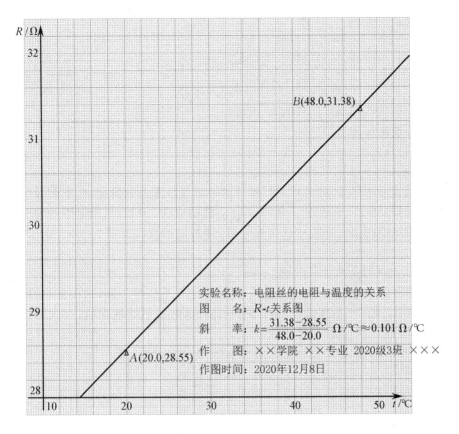

图 0-5　R-t 关系图

（2）用图解法求图线参数.

用解析的方法可求得图线的一些参数或图线方程.

① 用直线图求斜率 k 和截距 b.

如果图线是直线，它应满足 $y=kx+b$ 关系. 在直线上选较远的两点（但不取在直线上的原始数据点），把这两点坐标值代入直线方程，得直线的斜率为

$$k=\frac{y_2-y_1}{x_2-x_1},\qquad(0-33)$$

k 的单位由 x,y 的单位决定.

如果横坐标起点为零，截距可由图中直接读出；如果横坐标起点不为零，则截距为

$$b=\frac{x_2y_1-x_1y_2}{x_2-x_1}.\qquad(0-34)$$

由 k,b 的值，可求得直线方程.

例 9　测一电阻丝在不同温度下的电阻值，数据如表 0-3 所示. 试作 R-t 图，并求斜率与截距.

解　作图时以自变量 t 为横轴，因变量 R 为纵轴；横轴 t 的变化范围约 40 ℃，可在坐标纸上取 200 mm，即用 5 mm 表示 1 ℃；纵轴 R 的变化范围约 4 Ω，可在坐标纸上取 200 mm，即用 5 mm 表示 0.1 Ω，如图 0-5 所示. 电阻丝与温度呈线性关系，满足关系式

$$R = b + kt.$$

在图上取两点（非测量点），可得

$$k = \frac{31.38 - 28.55}{48.0 - 20.0}\ \Omega/\text{℃} \approx 0.101\ \Omega/\text{℃},$$

$$b = \frac{48.0 \times 28.55 - 20.0 \times 31.38}{48.0 - 20.0}\ \Omega \approx 26.53\ \Omega.$$

所以电阻与温度的关系为

$$R = 26.53 + 0.101t.$$

② 外推法.

如果知道直线的斜率，就可以用外推法求得测量范围外的数据点. 所谓外推法，就是把图线向外延伸，利用一自变量 x 值求函数 y 值的方法. 例如，测量电阻的温度系数时，如果在测量时电阻的温度系数可认为是常数，则可以把直线外推到 $0\ \text{℃}$，而求得 $0\ \text{℃}$ 时的电阻 R_0.

③ 函数关系线性化和曲线改直.

有些非线性的函数关系，可经过适当变换，使之具有线性关系，这种方法称为函数关系线性化. 如果原来的函数关系是用曲线表示的，函数关系线性化后，可以用直线表示，这称为"曲线改直".

例 10 已知 $y = \alpha x^k$，式中 α, k 均为常数. 两边取对数，得

$$\lg y = \lg \alpha + k \lg x.$$

以 $\lg x$ 为自变量，$\lg y$ 为函数，则得斜率为 k、截距为 $b = \lg \alpha$ 的直线.

例 11 单摆周期 $T = 2\pi\sqrt{\dfrac{l}{g}}$，式中 g 为重力加速度（常数），l 为摆长. 两边平方，得 $T^2 = \dfrac{4\pi^2}{g} l$，则得到以 l 为自变量、T^2 为函数的直线，其斜率为 $\dfrac{4\pi^2}{g}$.

3. 逐差法

逐差法是物理实验中经常采用的一种处理数据的方法，必须灵活掌握. 在普遍情况下，如果一元函数能写成多项式形式，即

$$y = a_0 + a_1 x \tag{0-35}$$

或

$$y = a_0 + a_1 x + a_2 x^2 \tag{0-36}$$

或

$$y = a_0 + a_1 x + a_2 x^2 + a_3 x^3 \tag{0-37}$$

……

而且自变量 x 是等间距变化的，则可以用逐差法处理数据. 用逐差法处理数据可以检验函数是否为多项式形式，将对应于各个自变量 x_i 的函数值 y_i 逐项相减（逐差），如果相减一次（一次逐差）得一常数，则说明 y 是 x 的一次函数（线性函数）；如果相减两次（二次逐差）得一常数，则说明 y 是 x 的二次函数；其余类推.

用逐差法处理数据还可以求得多项式的系数值. 用逐差法求系数值时，需把数据分成前、后两组，然后将前、后两组的对应项相减（逐差）. 例如，共有 $n = 2k$ 个数据，以一次函数 $y_1 = a_0 + a_1 x$ 为例，有

$$\begin{cases} y_1 = a_0 + a_1 x, \\ y_2 = a_0 + a_1(2x), \\ \quad \cdots\cdots \\ y_i = a_0 + a_1(ix), \\ \quad \cdots\cdots \\ y_k = a_0 + a_1(kx), \\ y_{k+1} = a_0 + a_1(k+1)x, \\ \quad \cdots\cdots \\ y_{k+i} = a_0 + a_1(k+i)x, \\ \quad \cdots\cdots \\ y_{2k} = a_0 + a_1(2k)x, \end{cases} \tag{0-38}$$

隔 k 项相减,有

$$\delta_{y_i} = y_{k+i} - y_i = a_1 kx, \tag{0-39}$$

共有 k 个 δ_{y_i},即 δ_{y_i} $(i=1,2,\cdots,k)$. 于是 a_1 的平均值为

$$\overline{a_1} = \frac{\overline{\delta_{y_i}}}{kx} = \frac{1}{k^2 x} \sum_{i=1}^{k} \delta_{y_i}. \tag{0-40}$$

把 $\overline{a_1}$ 代入每组数据,都可以求得一个 a_0,共有 $2k$ 组,即

$$a_{0i} = y_i - \overline{a_1}(ix) \quad (i=1,2,\cdots,2k), \tag{0-41}$$

取平均值,有

$$\overline{a_0} = \frac{1}{2k} \sum_{i=1}^{2k} a_{0i} = \frac{1}{2k} \left(\sum_{i=1}^{2k} y_i - \overline{a_1} x \sum_{i=1}^{2k} i \right). \tag{0-42}$$

对于二次或二次以上多项式,也可以写出其系数的普遍表达式来.

综上所述,本教材逐差法的应用条件为一元函数多项式形式和自变量等间距变化.

例 12　有符合上述条件的测量值 $x_i (i=1,2,\cdots,8)$,求其增量 Δx 的平均值.

解　如果简单地计算每一个 Δx 相加的算术平均值,则

$$\overline{\Delta x} = \frac{(x_2 - x_1) + (x_3 - x_2) + \cdots + (x_8 - x_7)}{7} = \frac{x_8 - x_1}{7},$$

结果只有头尾两个数据 x_1 和 x_8 有用,中间六个数据 $x_2, x_3, \cdots, x_7$ 则相互抵消.

要想充分地、最大限度地利用所测得的数据,保持多次测量的优点,减小测量误差,则必须使用逐差法求 Δx 的平均值. 逐差法中数据分组及逐差法示例如表 0-4 所示.

表 0-4　逐差法中数据分组及逐差法示例

x_i	x_{4+i}	$y_i = x_{4+i} - x_i$
x_1	x_5	$y_1 = x_5 - x_1$
x_2	x_6	$y_2 = x_6 - x_2$
x_3	x_7	$y_3 = x_7 - x_3$
x_4	x_8	$y_4 = x_8 - x_4$

$$\overline{\Delta x} = \frac{1}{4}\overline{y} = \frac{1}{4 \times 4}\sum_{i=1}^{4}y_i = \frac{(x_5 - x_1) + (x_6 - x_2) + (x_7 - x_3) + (x_8 - x_4)}{16},$$

式中 $\overline{y}$ 是自变量间隔为 4 的增量的平均值.

如有 $x_1, x_2, \cdots, x_n$ 共 n 个测量值，$n = 2i$ 为偶数，则

$$\overline{\Delta x} = \frac{(x_{i+1} - x_1) + (x_{i+2} - x_2) + \cdots + (x_n - x_i)}{i^2}.$$

下面以胡克定律求弹簧的劲度系数 k 为例来进一步说明.

用弹簧振子测弹簧的劲度系数，振子质量为 $m, 2m, \cdots, 8m$ 时，测得伸长的位置坐标为 $x_1, x_2, \cdots, x_8$，根据胡克定律 $F = kx$，得

$$k = \frac{(nm - im)g}{\overline{\Delta x'}} = \frac{(8m - 4m)g}{\overline{\Delta x'}} = \frac{4mg}{\overline{\Delta x'}},$$

式中 $n = 8, i = 4$，$\overline{\Delta x'}$ 是自变量间隔为 4 的增量的平均值. 如果要将 $\overline{\Delta x'}$ 化成自变量间隔为 1 的增量的平均值，则

$$\overline{\Delta x} = \frac{1}{4}\overline{\Delta x'} = \frac{1}{4 \times 4}\sum_{i=1}^{4}(x_{i+4} - x_i) = \frac{(x_5 - x_1) + (x_6 - x_2) + (x_7 - x_3) + (x_8 - x_4)}{4 \times 4},$$

$$k = \frac{(nm - im)g}{\overline{\Delta x'}} = \frac{(8m - 4m)g}{\overline{\Delta x'}} = \frac{4mg}{\overline{\Delta x'}} = \frac{mg}{\overline{\Delta x'}/4} = \frac{mg}{\overline{\Delta x}}.$$

例 13 用弹簧振子的周期公式求弹簧的劲度系数 $k_{弹}$ 和等效质量 m_0.

解 已知弹簧振子的周期 $T = 2\pi\sqrt{\dfrac{m_l + m_0}{k_{弹}}}$，写成 $T^2 = \dfrac{4\pi^2}{k_{弹}}(m_l + m_0) = a_0 + a_1 m_l$，

即 T^2 是 m_l 的线性函数，m_l 是弹簧振子的质量，m_0 是弹簧的等效质量. 实验中测得数据如表 0-5 所示.

表 0-5 弹簧振子的质量和周期数据表

i	0	1	2	3	4	5	6	7
m_{li}/kg(准确值)	0.000	0.005	0.010	0.015	0.020	0.025	0.030	0.035
T_i^2/s^2	0.558	1.000	1.462	1.855	2.307	2.756	3.140	3.543
$\delta_{T_i^2} = (T_{i+4}^2 - T_i^2)/\text{s}^2$	1.749	1.756	1.678	1.688				

与 $y_i = a_0 + a_1(ix)$ 比较，有

$$y_i = T_i^2, \quad x = 0.005 \text{ kg}, \quad a_1 = \frac{4\pi^2}{k_{弹}}, \quad a_0 = \frac{4\pi^2}{k_{弹}}m_0.$$

参考式(0-40)和式(0-42)，取 $i = 0 \sim 7$，求和项数为 8，有

$$\overline{a_1} = 85.89 \text{ m/N}, \quad \overline{a_0} = 0.574 \text{ 6 s}^2,$$

$$k_{弹} = \frac{4\pi^2}{\overline{a_1}} = 0.459 \text{ 6 N/m},$$

$$m_0 = \frac{k_{弹}}{4\pi^2}\overline{a_0} = 6.689 \times 10^{-3} \text{ kg} = 6.689 \text{ g}.$$

4. 最小二乘法（线性回归法）

最小二乘法是一种比较精确的曲线拟合法，其主要原理是：假定一条最佳的拟合曲

线,使各测量值与这条拟合曲线上对应点之差的平方和最小. 为了方便,通常假定自变量是准确的,因变量的各个值带有测量误差. 以直线方程求斜率和截距,通常称为一元线性回归.

现有自变量 $x_1, x_2, \cdots, x_n$ 对应的因变量分别为 $y_1, y_2, \cdots, y_n$,要求其一元线性回归方程 $y = kx + b$. 由于实验过程中总有误差存在,y_i 与 $kx_i + b$ 总相差 $\mathrm{d}y_i = kx_i + b - y_i$. 要使

$$\sum_{i=1}^{n} (\mathrm{d}y_i)^2 = \sum_{i=1}^{n} [y_i - (b + kx_i)]^2$$

最小,必须满足下列条件:

$$\begin{cases} \dfrac{\partial \left[\sum\limits_{i=1}^{n} (\mathrm{d}y_i)^2 \right]}{\partial k} = 0, \\[4mm] \dfrac{\partial \left[\sum\limits_{i=1}^{n} (\mathrm{d}y_i)^2 \right]}{\partial b} = 0. \end{cases} \qquad (0-43)$$

解得

$$k = \frac{n \sum\limits_{i=1}^{n} x_i y_i - \sum\limits_{i=1}^{n} x_i \cdot \sum\limits_{i=1}^{n} y_i}{n \sum\limits_{i=1}^{n} x_i^2 - \left(\sum\limits_{i=1}^{n} x_i \right)^2}, \qquad (0-44)$$

$$b = \frac{1}{n} \sum_{i=1}^{n} y_i - \frac{k}{n} \sum_{i=1}^{n} x_i. \qquad (0-45)$$

定义

$$\overline{x} = \frac{1}{n} \sum_{i=1}^{n} x_i, \quad \overline{y} = \frac{1}{n} \sum_{i=1}^{n} y_i, \quad \overline{x^2} = \frac{1}{n} \sum_{i=1}^{n} x_i^2, \quad \overline{y^2} = \frac{1}{n} \sum_{i=1}^{n} y_i^2, \quad \overline{xy} = \frac{1}{n} \sum_{i=1}^{n} x_i y_i, \qquad (0-46)$$

则有

$$k = \frac{\overline{xy} - \overline{x} \cdot \overline{y}}{\overline{x^2} - \overline{x}^2}, \qquad (0-47)$$

$$b = \overline{y} - k\overline{x}. \qquad (0-48)$$

为了判断所得线性回归公式是否合理,测量数据是否靠近拟合曲线,现引入相关系数这一概念. 相关系数用 r 表示,其定义式为

$$r = \frac{\overline{xy} - \overline{x} \cdot \overline{y}}{\sqrt{(\overline{x^2} - \overline{x}^2) \cdot (\overline{y^2} - \overline{y}^2)}}. \qquad (0-49)$$

相关系数 r 值在 1 和 -1 之间. $|r|$ 越接近 1,说明线性越好;$|r|$ 接近零,表明 x, y 间不符合线性相关,必须用其他关系式重新拟合. 用最小二乘法处理数据,在理论上比较严格和可靠. 当函数形式确定后,结果是唯一的,不会因人因地而异,且能用相关系数来检验所设函数关系是否合理,拟合函数关系是否符合线性,适合用计算机处理数据,得到最佳值和误差.

三、练习

1. 下列测量结果对吗？如有错误，试改正.

(1) $L=(10.43\pm0.059)$ mA；

(2) $V=(8.9\pm0.1)$ cm^3；

(3) $L=(20\,500\pm4\times10^2)$ km；

(4) $F=(5\,275\pm38.4)$ N；

(5) $y=3.457\,963$ nm$\pm0.000\,653\,2$ nm.

2. 求下列各间接测量值的标准偏差、标准偏差的相对误差和测量结果的最终表达式：

(1) $m=m_1-m_2$，式中 $m_1=(25.3\pm0.2)$ g，$m_2=(9.0\pm0.3)$ g；

(2) $U=IR$，式中 $I=(0.20\pm0.02)$ A，$R=(350\pm2)$ Ω；

(3) $S=\dfrac{\pi D^2}{4}$，式中 $D=(2.15\pm0.01)$ mm.

3. 测量某电阻阻值，测 5 次的数值分别为 4.89 Ω，4.86 Ω，5.03 Ω，4.87 Ω，5.00 Ω，求电阻的平均值、标准偏差、标准偏差的相对误差，并写出结果表达式.

4. 一圆柱体，测得其直径 $d=(2.04\pm0.01)$ cm，高 $h=(4.12\pm0.01)$ cm，质量 $m=(149.10\pm0.05)$ g.

(1) 计算圆柱体的密度.

(2) 计算密度的标准偏差、标准偏差的相对误差，写出测量结果的最终表达式.

5. 用尺子测量正方形边长 5 次，结果分别为 2.01 cm，2.00 cm，2.04 cm，1.98 cm，1.97 cm. 试求该正方形的周长和面积的平均值、标准偏差、标准偏差的相对误差，并写出测量结果的最终表达式.

6. 按有效数字运算规则计算下列结果：

(1) 86.302＋8.34；

(2) 150.51－3.5；

(3) 101×0.100；

(4) 290.3÷0.10；

(5) 412×1\,650÷(12.6－10.6).

7. 把最小二乘法的计算公式编程后输入计算机并保存，以便书写实验报告时使用. 实验报告中需体现计算过程和结果.

弹性模量是表征在弹性限度内物质材料抗拉或抗压的物理量,用于描述固体材料的抗形变能力.

测量弹性模量的方法一般有拉伸法、梁弯曲法、振动法、内耗法等,近年来,还出现了利用光纤位移传感器、莫尔条纹、电涡流传感器和波动传递(微波或超声波)等实验技术和方法来测量弹性模量.本实验采用拉伸法测量弹性模量,实验中提供了一种测量微小长度改变的方法,即光杠杆法.光杠杆法被广泛地应用于多种测量技术中,很多高灵敏度的测量仪器,如冲击电流计和光点反射检流计,也采用了光杠杆法.

实验目的

1. 学会用拉伸法测量金属丝的弹性模量.
2. 掌握用光杠杆测量微小长度变化的原理和方法以及基本长度测量工具的使用方法.
3. 学习用逐差法、作图法处理数据.

实验仪器

弹性模量仪、数字拉力计、光杠杆、望远镜、标尺、螺旋测微器、游标卡尺、钢卷尺.

实验原理

设金属丝的原长为 L,横截面积为 S,沿长度方向施力 F 后,长度方向的伸长量为 ΔL,则金属丝单位面积上受到的垂直作用力 $\sigma = \dfrac{F}{S}$,称为正应力;金属丝的相对伸长量 $\varepsilon = \dfrac{\Delta L}{L}$,称为线应变.实验结果指出,在弹性范围内,由胡克定律可知物体的正应力与线应变成正比,即

$$\sigma = E\varepsilon \tag{1-1}$$

或

$$\frac{F}{S}=E\,\frac{\Delta L}{L}. \tag{1-2}$$

比例系数 E 即为金属丝的弹性模量（单位：Pa 或 N·m^{-2}），它表征材料本身的性质，E 越大的材料，要使它发生一定的相对形变所需的单位横截面积上的作用力就越大.

由式（1-2）可知

$$E=\frac{F/S}{\Delta L/L}. \tag{1-3}$$

对于直径为 d 的圆柱形金属丝，其弹性模量为

$$E=\frac{F/S}{\Delta L/L}=\frac{F/\left(\frac{1}{4}\pi d^{2}\right)}{\Delta L/L}=\frac{4FL}{\pi d^{2}\Delta L}, \tag{1-4}$$

式中 L（金属丝原长）可由钢卷尺测量，d（金属丝直径）可由螺旋测微器测量，F（外力）可由实验中数字拉力计上显示的质量 m 求出，即 $F=mg$（g 为重力加速度），而 ΔL 是一个微小长度变化（mm 级）.本实验采用光杠杆法来精确测量 ΔL.

光杠杆法的主要思路是利用平面反射镜转动，将微小的角位移放大成较大的线位移后进行测量.仪器利用光杠杆组件实现放大测量功能.光杠杆组件由反射镜、与反射镜联动的动足、标尺等部件组成.光杠杆放大原理如图 1-1 所示.

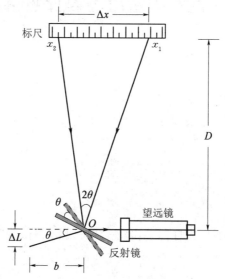

图 1-1　光杠杆放大原理图

开始时，使望远镜对齐反射镜的中心位置，反射镜的法线与水平方向成一夹角，在望远镜中恰能看到标尺刻度 x_1 的像.动足足尖放置在夹紧金属丝的夹头的表面上，当金属丝受力后，产生微小长度变化 ΔL，与反射镜联动的动足足尖下降，从而带动反射镜转动相应的角度 θ，根据光的反射定律可知，在出射光线（进入望远镜的光线）不变的情况下，入射光线转动了 2θ，此时望远镜中看到标尺刻度为 x_2.

实验中 $b\gg\Delta L$，所以 θ 甚至 2θ 会很小.从图 1-1 中的几何关系我们可以看出，当 2θ

很小时,近似有

$$\Delta L = b \cdot \theta, \quad \Delta x = D \cdot 2\theta,$$

故有

$$\Delta x = \frac{2D}{b} \cdot \Delta L, \tag{1-5}$$

式中 $\frac{2D}{b}$ 称为光杠杆的放大倍数,D 是反射镜中心到标尺的垂直距离.仪器中 $D \gg b$,这样一来,便能把一微小长度变化 ΔL 放大成较大的容易测量的位移 Δx.将式(1-5)代入式(1-4),有

$$E = \frac{8FLD}{\pi d^2 b} \cdot \frac{1}{\Delta x} = \frac{8mgLD}{\pi d^2 b} \cdot \frac{1}{\Delta x}, \tag{1-6}$$

式中各物理量的单位为国际单位.于是,可以通过测量式(1-6)右边的各参量得到被测金属丝的弹性模量.

📖 **仪器描述**

近距转镜弹性模量仪如图 1-2 所示.

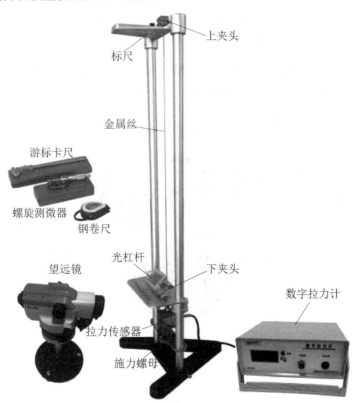

图 1-2　近距转镜弹性模量仪

1. 实验架

实验架是测量金属丝弹性模量的主要平台.金属丝一端穿过横梁被上夹头夹紧,另一端被下夹头夹紧,并与拉力传感器相连.拉力传感器经螺栓穿过下台板与施力螺母相连.施力螺母采用旋转加力方式,加力简单、直观、稳定.拉力传感器输出拉力信号,数字拉力计显示金属丝受到的拉力值(以质量显示).实验架含有最大加力限制功能,实验中数字拉力计实际最大加力示数不应超过 13.00 kg.

2. 光杠杆组件

光杠杆组件包括光杠杆和标尺.光杠杆上有反射镜和与反射镜联动的动足等结构.光杠杆结构如图 1-3 所示.图中,a,o,c 分别为三个尖状足,a,c 为前足,o 为后足(动足).实验中 a,c 不动,o 随着金属丝伸长或缩短而向下或向上移动,锁紧螺钉用于固定反射镜的角度.三个足构成一个三角形,两前足连线的高 b 称为光杠杆常数(与图 1-1 中的 b 相同),b 的大小可根据需求改变.

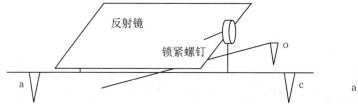
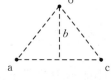

图 1-3 光杠杆结构示意图

3. 望远镜组件

如图 1-4 所示,望远镜组件包括升降支架、目镜调节旋钮、物镜调节旋钮、水平调节旋钮(带水准仪)、左右微调旋钮[含有目镜十字分划线(纵线和横线),镜身可 360°转动].通过升降支架可调升降、水平转动及俯仰倾角.

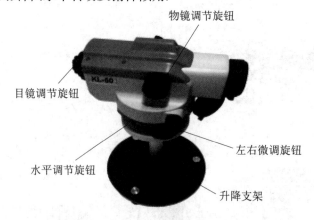

图 1-4 望远镜组件

4. 数字拉力计

电源:220 V/50 Hz.

显示范围:0~±19.99 kg(三位半数码显示).

显示分辨率:0.01 kg.

显示清零功能：短按"清零"按钮，显示清零.

背光源接口：用于给标尺背光源供电.

传感器接口：为拉力传感器提供工作电源，并接收来自拉力传感器的信号.

数字拉力计面板如图1-5所示.

图1-5 数字拉力计面板

5. 测量工具

实验过程中需用到的测量工具及其相关参数、用途，如表1-1所示.

表1-1 测量工具及其相关参数、用途

量具名称	量程	分辨率	用于测量
标尺	80.0 mm	1 mm	Δx
钢卷尺	3 000.0 mm	1 mm	L，D
游标卡尺	150.00 mm	0.02 mm	b
螺旋测微器	25.000 mm	0.01 mm	d
数字拉力计	20.00 kg	0.01 kg	m

实验步骤

（1）将拉力传感器信号线接入数字拉力计信号接口，用背光源接线连接数字拉力计背光源接口和标尺背光源电源插孔.

（2）打开数字拉力计电源开关，预热10 min. 背光源应被点亮，标尺刻度清晰可见. 数字拉力计面板上显示此时加在金属丝上的力. 旋松光杠杆动足上的锁紧螺钉，调节光杠杆动足至适当长度（以动足足尖能尽量贴近但不贴靠金属丝，同时两前足能置于台板上的同一凹槽中为宜），用三足尖在平板纸上压三个浅浅的痕迹，通过画细线的方式画出两前足连线的高（光杠杆常数），然后用游标卡尺测量光杠杆常数b，并将实验数据记入表1-2.

（3）将光杠杆置于台板上，使动足足尖贴近金属丝，且动足足尖应在金属丝正前方.

（4）旋转施力螺母，将金属丝原本存在弯折的地方拉直（需注意数字拉力计显示应小于2.00 kg）. 用钢卷尺测量金属丝的原长L，钢卷尺的始端放在金属丝上夹头的下表面，另一端对齐下夹头的上表面，将实验数据记入表1-2.

（5）用钢卷尺测量反射镜中心到标尺的垂直距离D，钢卷尺的始端放在标尺板上表面，另一端对齐反射镜中心，将实验数据记入表1-2.

（6）用螺旋测微器测量不同位置、不同方向的金属丝直径d_i（至少5处），注意测量前记下螺旋测微器的零点值 d_0，将实验数据记入表 1-3.

（7）将望远镜移近并正对实验架台板（望远镜前沿与台板边缘的距离在 0～30 cm 均可）. 调节望远镜，使其正对反射镜中心，然后仔细调节反射镜的角度，直到从望远镜中看到标尺背光源发出的明亮的光.

（8）调节目镜调节旋钮，使十字分划线清晰可见. 调节物镜调节旋钮，使视野中标尺的像清晰可见. 转动望远镜镜身，使十字分划线横线与标尺刻度线平行，然后再次调节，使视野中标尺的像清晰可见.

（9）点按数字拉力计上的"清零"按钮，记录此时对齐十字分划线横线的刻度值 x_1^+.

（10）缓慢旋转施力螺母，逐渐增大金属丝的拉力，每隔 $1.00(\pm 0.02)$ kg 记录一次标尺的刻度 x_i^+，加力至选定的最大值，记录数据后再加 0.50 kg 左右（不超过 1.00 kg，且不记录数据）. 然后反向旋转施力螺母至选定的最大值，并记录数据，同样，逐渐减小金属丝的拉力，每隔 $1.00(\pm 0.02)$ kg 记录一次标尺的刻度 x_i^-，直到拉力为 $0.00(\pm 0.02)$ kg. 将以上数据记录于表 1-4 的对应位置. 重复测量两个完整的循环，记录相应的数据.

（11）实验完成后，旋松施力螺母，使金属丝自由伸长，并关闭数字拉力计.

注 光杠杆、望远镜和标尺所构成的光学系统一经调好，在实验过程中就不可再移动，否则所测的数据无效，须重新调节与测量.

数据记录与处理

（1）记录一次性测量数据（见表 1-2）.

表 1-2　一次性测量数据

b/cm	L/cm	D/cm

（2）将相关数据记入表 1-3 和表 1-4，并利用逐差法处理数据.

表 1-3　　测量直径记录表格　　　　　　　　单位：cm

测量次序	1	2	3	4	5	平均值
$d_i - d_0$						$\overline{d} =$
$\lvert (d_i - d_0) - \overline{d} \rvert$						$\overline{\Delta d} =$
$d_0 =$						

注：d_i 是每次读数值，d_0 是零点值.

表 1-4　观察伸长记录表格

i	m_i/kg	第一次/cm 增拉力 x_i^+	减拉力 x_i^-	第二次/cm 增拉力 x_i^+	减拉力 x_i^-	平均 $\overline{x_i}$/cm	$\delta_i = (\overline{x_{i+4}} - \overline{x_i})$/cm	$\Delta \delta_i = \lvert \delta_i - \overline{\delta} \rvert$/cm
1	0.00							
2	1.00							
3	2.00							
4	3.00							

i	m_i/kg	第一次/cm		第二次/cm		平均	$\delta_i=(\overline{x_{i+4}}-\overline{x_i})$	$\Delta\delta_i=\mid\delta_i-\overline{\delta}\mid$
		增拉力 x_i^+	减拉力 x_i^-	增拉力 x_i^+	减拉力 x_i^-	$\overline{x_i}$/cm	/cm	/cm
5	4.00							
6	5.00					$\overline{\delta}=\dfrac{1}{4}\sum\limits_{i=1}^{4}\delta_i$	$\overline{\Delta\delta}=\dfrac{1}{4}\sum\limits_{i=1}^{4}\Delta\delta_i$
7	6.00						$=$	$=$
8	7.00							

各测量值结果表示如下:

$$\delta=\overline{\delta}\pm\overline{\Delta\delta}=\underline{\quad}\pm\underline{\quad}\text{ cm}, \quad d=\overline{d}\pm\overline{\Delta d}=\underline{\quad}\pm\underline{\quad}\text{ cm},$$

$$L=\underline{\quad}\pm0.1\text{ cm}, \quad D=\underline{\quad}\pm0.5\text{ cm},$$

$$b=\underline{\quad}\pm0.001\text{ cm}, \quad m=4.00\pm0.02\text{ kg}.$$

上述数据中,如果误差小于仪器误差,取仪器误差.几种量具的仪器误差分别如下所示.

钢卷尺: $\quad\Delta_{仪}=0.1$ cm(本实验测量 D 时将该误差取为 0.5 cm).

游标卡尺: $\quad\Delta_{仪}=0.001$ cm.

螺旋测微器: $\quad\Delta_{仪}=0.0005$ cm.

用逐差法处理数据时,计算弹性模量的式(1-6)变成

$$\overline{E}=\frac{8\overline{m}gLD}{\pi\overline{d}^2b\overline{\delta}}. \tag{1-7}$$

由式(1-7)可得,弹性模量的相对误差为

$$E_E=\frac{\overline{\Delta E}}{\overline{E}}=\frac{\Delta L}{L}+\frac{\Delta D}{D}+\frac{2\overline{\Delta d}}{\overline{d}}+\frac{\Delta b}{b}+\frac{\overline{\Delta\delta}}{\overline{\delta}}+\frac{\overline{\Delta m}}{\overline{m}},$$

绝对误差为

$$\overline{\Delta E}=E_E\cdot\overline{E},$$

测量结果为

$$E=\overline{E}\pm\overline{\Delta E}.$$

(3) 用作图法处理数据.

由式(1-6),可得

$$F=\left(E\cdot\frac{\pi d^2 b}{8DL}\right)\cdot\Delta x=K\Delta x.$$

在本实验条件下,K 为常数.若以 x_i 为横坐标,F_i 为纵坐标,逐点描出(x_i,F_i),连接各点则得一条直线.若能求出直线的斜率 K,则根据

$$K=E\cdot\frac{\pi d^2 b}{8DL},$$

可求得弹性模量为

$$E=\frac{8DL\cdot K}{\pi d^2 b}. \tag{1-8}$$

求直线斜率的方法,请参阅绪论作图部分.作图时注意 $F=mg$.

?思考题 ■■

　　1.本实验是在弹性范围内进行的吗？试说明之.

　　2.根据误差分析,哪些量的测量误差对结果影响较大？试从相对误差表达式考虑.同样是测量长度,为什么测不同的量要用不同的量具?

弹簧振子周期经验公式探究

 实验目的

1. 学会用焦利秤静态测定弹簧的劲度系数.

2. 初步掌握用实验手段总结经验公式的一般方法——从实验找出弹簧振子振动的周期经验公式.

3. 学习对测量结果进行分析和评估.

实验仪器

FB737 型焦利秤、FB213A 型数显计时计数毫秒仪、弹簧组(4 根)、砝码(350 g)、砝码钩、带吊钩的指针、天平(公用).

实验原理

设在力 F 作用下弹簧的伸长量为 L,根据胡克定律,有

$$F = kL, \tag{2-1}$$

式中 k 为弹簧的劲度系数,单位为 N/m.

影响弹簧振子周期 T 的因素有很多,如气压 p、温度 t、振子的振幅 A、振子的质量 m 及弹簧的劲度系数 k 等等. 根据定性观察,p,t 对 T 的影响不大,m,k 对 T 的影响最大,A 不大时对 T 的影响也不大. 如果要找一个包括全部因素的经验公式,势必复杂,甚至不可能找到. 因此,经验公式不可能也不必要包括全部因素. 根据以上分析,可以设想找一个常温、常压下振幅较小的周期公式. 这样,可以把周期经验公式的形式假设为

$$T = Bm^{\alpha}k^{\beta}, \tag{2-2}$$

式中 B,α,β 是待定常数. 此形式是否正确,还要通过实验,由实际测得的数据来验证.

对式(2-2)两边取对数,得

$$\ln T = \ln B + \alpha \ln m + \beta \ln k, \tag{2-3}$$

当 k 不变时,$\ln B + \beta \ln k$ 是常数,故 $\ln T$ 与 $\ln m$ 之间呈线性关系.选用劲度系数为 k 的某一弹簧,对应不同的振子质量 m,测定它们的振动周期 T,得到一组 T,m 的测量值.以 $\ln m$ 为横轴、$\ln T$ 为纵轴作图,得到 $\ln T$ - $\ln m$ 直线,α 是该直线的斜率,$\ln B + \beta \ln k$ 是该直线的截距.

同理,当 m 不变时,$\ln B + \alpha \ln m$ 是常数,则 $\ln T$ 与 $\ln k$ 之间呈线性关系.选用不同劲度系数的一组弹簧,对应相同的振子质量 m,测定它们的振动周期 T,得到一组 T,k 的测量值.以 $\ln k$ 为横轴、$\ln T$ 为纵轴作图,得到 $\ln T$ - $\ln k$ 直线,β 是该直线的斜率,$\ln B + \alpha \ln m$ 是该直线的截距.

从 $\ln T$ - $\ln m$ 及 $\ln T$ - $\ln k$ 图中,可求得 α,β 和 B 的值.

如果由实验测得的 α,β 和 B 的值均在实验误差范围内,则开始的假设形式是正确的,于是经验公式得到证实;反之,说明开始的假设形式是错误的,需要重新建立数学模型进行实验验证.

 仪器描述

1. 弹簧

为避免混乱及叙述方便,先将实验所用弹簧统一编号,如表 2-1 所示.

表 2-1　实验所用弹簧标志及其编号

标志	红	黑	蓝	黄
编号	I	II	III	IV

2. 焦利秤

焦利秤是测量长度的一种仪器,本实验使用的 FB737 型焦利秤和 FB213A 型数显计时计数毫秒仪如图 2-1 所示.底座的水平状态可通过水平调节螺钉调节,使铅锤的尖端对准底座小孔.立柱上固定有毫米尺,游标及小镜可沿立柱同步滑动.弹簧上端挂在焦利秤上,弹簧下端挂带吊钩的指针和砝码钩.

3. 毫秒仪

本实验使用的 FB213A 型数显计时计数毫秒仪面板如图 2-2 所示,其使用说明如下.

(1)打开电源开关.

(2)按"预置"键设置测量的周期数(建议设为 10 个周期).

(3)按"功能"键使"转动"指示灯亮.

(4)让砝码托盘底部的磁铁接近传感器,观察传感器指示灯是否会随弹簧振动闪烁.

(5)拉动弹簧,使其振动.按"执行"键,计时开始,振动次数达到设置的周期数后会自动停止计时.

(6)按"复位"键可清零读数,再次按"执行"键可重新计时.

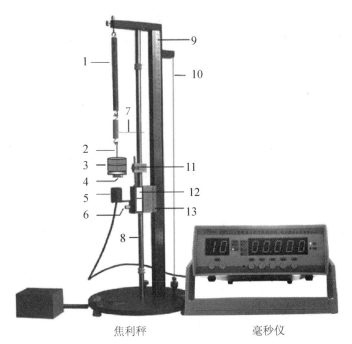

1—弹簧;2—砝码钩;3—砝码;4—磁铁;5—霍尔效应传感器;6—固定螺钉;7—带吊钩的指针;8—滑杆;
9—立柱及毫米尺;10—铅垂线;11—游标调微螺母;12—小镜;13—游标.

图 2-1　FB737 型焦利秤和 FB213A 型数显计时计数毫秒仪

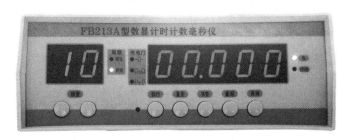

图 2-2　FB213A 型数显计时计数毫秒仪面板

 实验步骤

1. 质量称量

用天平分别称出各弹簧、带吊钩的指针、砝码钩及磁铁的质量,并记入表 2-2.

2. 测定各弹簧劲度系数

松开霍尔效应传感器的固定螺钉,取下霍尔效应传感器.将一弹簧挂在焦利秤架上端,在弹簧下端挂上带吊钩的指针.再在指针吊钩下端挂上砝码钩,如图 2-1 所示.加上 100 g 砝码,调节指针,使之指向立柱,再上下移动游标和小镜,使小镜中的水平刻线接近指针.调节小镜上方的微调螺母,使小镜上的水平刻线、指针以及指针在小镜中的像三者重合(简称三线对齐).从标尺及游标上读取 x 值,记为 x_0,以后每增加 50 g 砝码读一次 x_i 值,共增加 5 次,将数据记入表 2 - 3.用逐差法求出砝码增量 Δm 为 150 g 所对应的弹簧伸长量 Δx 值,根据胡克定律 $(\Delta m)g = k\Delta x$ 求 k.每根弹簧都按上述方法处理.

3. 测量振动周期

用固定螺钉固定好霍尔效应传感器,如图 2 - 1 所示.取弹簧 I 挂在焦利秤上,分别测量所加砝码为 150 g,200 g,250 g,300 g 时完成 10 次全振动的时间,记入表 2 - 4.每种情形重复测 4 次,并记下对应的振子质量(振子质量 m 为砝码质量 m' 与带吊钩的指针、砝码钩、磁铁的质量 m'' 以及弹簧的等效质量 $\dfrac{m_{0\mathrm{I}}}{3}$ 的总和).

取砝码质量为 300 g(振子质量如上所述,弹簧的等效质量由 $\dfrac{\overline{m_0}}{3}$ 计算),逐次更换弹簧,测定每个弹簧振子完成 10 次全振动的时间,将数据记入表 2 - 5.

数据记录与处理

表 2 - 2　各弹簧,带吊钩的指针、砝码钩及磁铁的质量　　　　　　　　单位:g

项目	弹簧质量					带吊钩的指针、砝码钩及磁铁的质量 m''
	I(红)	II(黑)	III(蓝)	IV(黄)	平均值	
	$m_{0\mathrm{I}}$	$m_{0\mathrm{II}}$	$m_{0\mathrm{III}}$	$m_{0\mathrm{IV}}$	$\overline{m_0}$	
数值						

表 2 - 3　各弹簧劲度系数数据

数值 项目次序	砝码质量 m'/g	各弹簧的标尺读数 x_i/mm			
		I(红)	II(黑)	III(蓝)	IV(黄)
0	100				
1	150				
2	200				
3	250				
4	300				
5	350				
$\Delta x = \dfrac{1}{3}\sum\limits_{i=0}^{2}(x_{i+3}-x_i)\Big/\mathrm{mm}$					
$k = \dfrac{9.788\times150\times10^{-3}}{\Delta x \times10^{-3}}\Big/(\mathrm{N\cdot m}^{-1})$					

表 2 - 4　k 不变、m 改变时振子的周期数据

质量/g			周期/s							作图数据		
砝码	带吊钩的指针、砝码钩及磁铁	弹簧等效质量	振子	10T				40T	$\overline{T}$	$\ln \overline{T}$	$\ln m$
				第1次	第2次	第3次	第4次				
m'	m''	$\frac{1}{3}m_{0\text{I}}$	m								
150											
200											
250											
300											

注:振子质量 $m = m' + m'' + \frac{1}{3}m_{0\text{I}}$. 用红色弹簧 I,其劲度系数 $k =$ _____ N·m^{-1}.

表 2 - 5　m 不变、k 改变时振子的周期数据

弹簧		周期/s						作图数据	
编号	劲度系数 k /(N·m^{-1})	10T				40T	$\overline{T}$	$\ln \overline{T}$	$\ln k$
		第1次	第2次	第3次	第4次				
I(红)									
II(黑)									
III(蓝)									
IV(黄)									

注:砝码质量 $m' = 300$ g. 振子质量 $m = m' + m'' + \frac{1}{3}\overline{m_0}$.

(1) 分别由表 2 - 4 及表 2 - 5 的数据作 $\ln T$ - $\ln m$ 及 $\ln T$ - $\ln k$ 图,得到两条直线,确定这两条直线的斜率,即分别为 α 和 β.

(2) 将由 $\ln T$ - $\ln m$ 直线图中任一点读出的 $\ln T$,$\ln m$,以及表 2 - 4 中给出的 k 值代入式(2 - 3),求出 B_1. 将由 $\ln T$ - $\ln k$ 直线图中任一点读出的 $\ln T$,$\ln k$,以及表 2 - 5 中给出的 m 值代入式(2 - 3),求出 B_2. 于是可得

$$\overline{B} = \frac{1}{2}(B_1 + B_2). \tag{2-4}$$

(3) 将求出的 α,β 和 $\overline{B}$ 代入公式 $T = \overline{B}m^{\alpha}k^{\beta}$,得经验公式.

(4) 以理论公式 $T = 2\pi m^{\frac{1}{2}}k^{-\frac{1}{2}}$ 为标准,求出 α,β 和 $\overline{B}$ 的相对误差,并对测量结果进行分析和评估.

$$E_{\overline{B}} = \left| \frac{\overline{B} - 2\pi}{2\pi} \right| \times 100\% , \quad E_{\alpha} = \left| \frac{\alpha - 0.5}{0.5} \right| \times 100\% , \quad E_{\beta} = \left| \frac{\beta - (-0.5)}{-0.5} \right| \times 100\%. \tag{2-5}$$

说明:

(1) 用量纲分析法不难确定 α 和 β 的大小. T,m,k 的量纲分别是 T(时间)、M(质

量)和 MT^{-2},因此式(2-2)两边的量纲关系为

$$T = M^{\alpha}(MT^{-2})^{\beta} = M^{\alpha+\beta}T^{-2\beta}. \qquad (2-6)$$

比较两边对应量的指数,得

$$\alpha + \beta = 0, \quad -2\beta = 1, \qquad (2-7)$$

故

$$\alpha = \frac{1}{2}, \quad \beta = -\frac{1}{2}. \qquad (2-8)$$

（2）弹簧振子只是理想的振动模型,即认为弹簧的质量为零且系统无阻尼.若弹簧的质量与振子质量相比不容忽略,则必须考虑也在振动着的弹簧.设弹簧的质量为 m_0,振子质量为 m_A,振动着的弹簧各部分具有不同的振幅,其下端与振子的振幅相同,而上端振幅为零.可以证明,整个系统的振动状况与振子质量为 $m_A + Cm_0$ 的理想振子的振动完全相同,其振动周期 $T = 2\pi\sqrt{\dfrac{m_A + Cm_0}{k}}$, Cm_0 称为弹簧的有效质量,C 为一常数,其大小由弹簧的绕制形状决定.对均匀绕制的圆筒形弹簧,C 的理论值为 $\dfrac{1}{3}$.在本实验中,$m_A = m' + m''$,故振子质量为

$$m = m' + m'' + \frac{1}{3}m_0 \quad \text{(整个振子系统的等效质量)}. \qquad (2-9)$$

各弹簧的质量虽略有不同,但由于在振动系统中,$\dfrac{1}{3}m_0 \ll m' + m''$,故弹簧质量也可都以各弹簧的平均值 $\overline{m_0}$ 代入.

!注意事项 ■■

1．焦利秤装在有水平调节螺钉的底座上,测弹簧劲度系数 k 时,应使焦利秤竖直（铅锤的尖端对准底座小孔）,以减小测量误差.

2．放砝码时,各砝码缺口应相互错开,避免在振动过程中跌落.

3．测周期时,振幅不宜过大,尽可能使振子的质心仍在原垂直线上,减小振子的横向摆动.

?思考题 ■■

1．在测量弹簧劲度系数的实验中,应如何减小测量误差?

2．在测量周期时,应如何减小测量误差?

转动惯量是刚体转动中惯性大小的量度,它与刚体的形状、大小、总质量以及质量分布和转轴的位置有关,用实验验证刚体定轴转动定律可加深对转动惯量的认识.

实验目的

1. 学习用仪器验证刚体定轴转动定律.
2. 学会用作图法处理实验数据,得出所求的物理量.
3. 研究转动惯量与刚体的质量及质量分布的关系.

实验仪器

刚体转动实验仪、秒表、米尺、游标卡尺等.

实验原理

由刚体定轴转动定律可知,绕定轴转动的刚体的角加速度 β 与它所受的合外力矩 M 成正比,与刚体的转动惯量 J 成反比,有

$$M = J\beta. \tag{3-1}$$

由式(3-1)可知,如果要通过实验求出某物体绕定轴的转动惯量,则需要测出施加于该物体上的合外力矩 M. 在本实验中,M 可表示为 $M = Tr - M_\mu$,式中 T 为绳子的张力,r 为塔轮的绕线半径,M_μ 为摩擦力矩. 当略去滑轮和绳子的质量,并认为绳子长度不变时,质量为 m 的物体以恒定加速度 a 下落,根据牛顿第二定律,有

$$T = m(g - a). \tag{3-2}$$

测得从静止开始下落高度 h 所用的时间 t,则

$$h = \frac{1}{2}at^2. \tag{3-3}$$

又因

$$a = r\beta, \tag{3-4}$$

故由式(3-1)到式(3-4),有

$$mr(g - a) - M_\mu = \frac{2hJ}{rt^2}. \tag{3-5}$$

在满足 $g \gg a$ 的情况下,有

$$mgr = \frac{2hJ}{rt^2} + M_\mu. \tag{3-6}$$

由式(3-6),得

$$mr = \frac{2hJ}{rt^2 g} + \frac{M_\mu}{g}, \tag{3-7}$$

即

$$mr = \frac{2hJ}{g} \cdot \frac{1}{rt^2} + \frac{M_\mu}{g}. \tag{3-8}$$

在实验过程中保持 r,h 及 J 不变,并注意到 M_μ 为一恒量,于是当 m 改变时,t^2 也随着改变,两者之间的关系可写为

$$mr = K \cdot \frac{1}{rt^2} + C, \tag{3-9}$$

式中

$$K = \frac{2hJ}{g}, \quad C = \frac{M_\mu}{g} \tag{3-10}$$

均为常量.因此,$mr - \frac{1}{rt^2}$ 的图线为一条直线.由直线的斜率 K 和截距 C 可求得 J 及 M_μ.

仪器描述

　　三种刚体转动实验仪分别如图 3-1(a),(b),(c)所示.图 3-1(c)所示为本实验所用的刚体转动实验仪(其结构见图 3-2).图 3-2 中,A 是一个具有不同半径 r 的塔轮,其中心轴支撑在支臂 I 和底座 J 之间,两根具有等分刻度的均匀细杆 B 和 B' 对称地装在塔轮的中心套两侧,验证重物 m_0 可沿 B 和 B' 移动,它们一起组成了一个可以绕定轴 OO' 转动的刚体系.若在塔轮上绕一层细线,其另一端通过支撑在实验台上的滑轮 C 与砝码

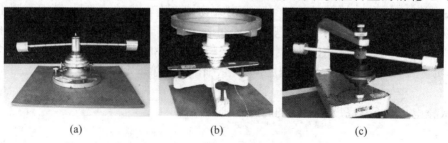

(a)   (b)   (c)

图 3-1　三种刚体转动实验仪

相连,砝码下落时,细线对塔轮施加外力矩,使塔轮转动,进而使刚体转动.滑轮 C 的支架可在旋松滑轮台架 E 上的固定螺丝 D 后调节升降,以保证细线水平段绕不同半径的塔轮时均可保持与转轴垂直. H 为滑轮台架固定扳手,F 为砝码下落时起始位置的标记.

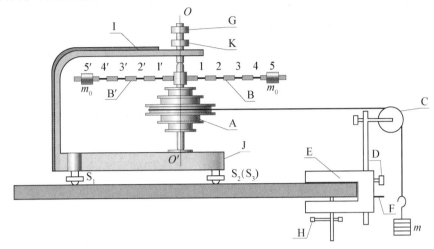

图 3-2　刚体转动实验仪结构图

实验步骤

1. 用作图法检验刚体定轴转动定律并求系统的转动惯量

(1) 调节实验装置,取下塔轮,换上铅直准钉,调节仪器底脚螺钉 S_1,S_2,S_3,使铅直准钉尖对准下轴承中心. 这时,OO' 轴线已处于垂直方向.

(2) 换上塔轮,调节支臂 I 上方螺钉 G,使塔轮转动自如. 应尽量减小摩擦,并在实验中保持摩擦力矩不变.通过调节滑轮的高低,使绳子保持水平.绕线尽可能密排.

(3) 将铁质圆柱放置于位置 (5,5′),使砝码从一固定高度 h 静止下落.每改变一次 m (每次增加 10 g,即两个砝码),用秒表测量两次时间 t,把测得的数据记入表 3-1,处理数据,在坐标纸上作 $mr - \dfrac{1}{rt^2}$ 的图像.由图像算出斜率 K,由 K 求出转动惯量 J,再由图线的截距 y_0 求出 M_μ(塔轮轴和滑轮轴摩擦力矩之和).

2. 验证转动惯量与质量的关系

(1) 在保持其他条件(h,r 等)不变的情况下,取下铁质圆柱,换上铝质圆柱,仍放在位置 (5,5′)上.重复实验步骤 1,将实验结果列表,并作 $mr - \dfrac{1}{rt^2}$ 图像,可以作在同一坐标纸上,以便做比较(两次实验的图线分别用 I,II 标记),并计算与两直线相对应的转动惯量 J_I,J_{II}.

(2) 将这次实验的结果与实验步骤 1 的结果做比较,得出什么结论? 将结论写在该实验结果列表后.

3. 验证转动惯量与质量分布的关系

(1) 在保持其他条件(h,r 等)不变的情况下,取下铝质圆柱,重新换上铁质圆柱,安放在位置$(1,1')$上,重复实验步骤1.把结果自行列表,将 $mr - \dfrac{1}{rt^2}$ 图像作在同一坐标纸上,图线用Ⅲ标记,并计算与该直线相对应的转动惯量 $J_{Ⅲ}$.

(2) 将实验步骤3所得的结果与实验步骤1所得的结果(包括数字与图线)做比较,可以得出什么结论? 将结论写在该实验结果列表后.

说明:

(1) 圆柱的位置$(5,5')$,指圆柱上的螺钉拧进第5凹槽及$5'$凹槽中使圆柱不能移动的位置.

(2) 本实验的报告含一页满纸作图的坐标纸,要求作 mr 与 $\dfrac{1}{rt^2}$ 的关系图,图中有3条图线Ⅰ,Ⅱ,Ⅲ.

数据记录与处理

表 3－1　验证刚体定轴转动定律数据记录表

条　件	$mr/(\mathrm{kg \cdot m})$, m 为砝码及钩托 的总质量	t/s			$\dfrac{1}{rt^2}$ $/(\mathrm{m^{-1} \cdot s^{-2}})$
		第1次	第2次	平均值	
2个砝码,$r=0.020$ m					
4个砝码,$r=0.020$ m					
6个砝码,$r=0.020$ m					
8个砝码,$r=0.020$ m					
10个砝码,$r=0.020$ m					

注:高度 $h=$ ____m,钩托的质量 $m_0=$ ____kg,每个砝码的质量 $m_i=$ ____kg.

相关拓展

验证平行轴定理

(1) 原理.

刚体对任一固定转轴的转动惯量 J_d,等于刚体对通过质心的平行轴的转动惯量 J_c 加上刚体的质量 M 乘以两平行轴之间距离 d 的平方,即 $J_d = J_c + Md^2$. 这就是平行轴定理.

实验中,设每一圆柱绕自身转轴的转动惯量为 J_c,固定盘的转动惯量为 J_0,整个系统的转动惯量为 J,每一圆柱质量为 m_c,圆柱轴与固定轴的距离为 x,由平行轴定理得

$$J = J_0 + 2J_c + 2m_c x^2. \qquad (3-11)$$

设摩擦力矩可以忽略,将式(3-11)代入式(3-6),经整理得

$$t^2 = \frac{4hm_c}{mgr^2}x^2 + \frac{2h(J_0 + 2J_c)}{mgr^2} = kx^2 + c. \qquad (3-12)$$

式(3-12)说明,t^2 与 x^2 呈线性关系.在直角坐标纸上作 t^2-x^2 图,如果是一直线,就能够定性地证明平行轴定理成立,并说明转动惯量 J 随质量分布而变化.刚体转动实验仪的结构如图3-3所示,固定盘的俯视图如图3-4所示.

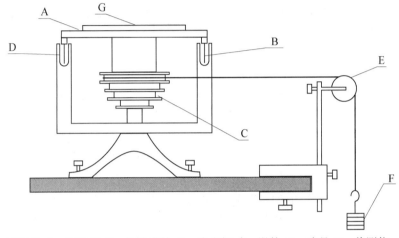

A—固定盘;B—遮光棒;C—绕线塔轮;D—光电门;E—滑轮;F—砝码;G—待测物.

图 3-3 刚体转动实验仪结构图

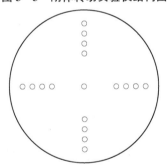

图 3-4 固定盘的俯视图

(2)实验方法设计(请自行设计).

液体表层厚度约 10^{-10} m 内的分子所处的条件与液体内部不同,液体内部每一分子都被周围其他分子所包围,分子所受的作用力合力为零.液体表面上方附近的气体分子密度远小于液体分子密度,因此液面每一分子受到向外的引力都比向内的引力要小得多.也就是说,液面分子所受的合力不为零,力的方向垂直于液面并指向液体内部,该力使液体表面收缩,直至达到动态平衡.因此,在宏观上,液体具有尽量缩小其表面积的趋势,液体表面像一张拉紧的橡皮膜.这种沿着液体表面的、收缩表面的力称为表面张力.表面张力能说明液体的许多现象,如润湿现象、毛细现象及泡沫的形成等.

在工业生产和科学研究中常常要涉及液体特有的性质和现象,如化工生产中液体的传输过程、药物的制备过程及生物工程研究领域中动植物体内液体的运动与平衡等.因此,了解液体的表面性质和现象,掌握测定液体的表面张力系数的方法具有重要的实际意义.测定液体的表面张力系数的方法通常有拉脱法、毛细管升高法和液滴测重法等.本实验测定液体的表面张力系数的方法是拉脱法,拉脱法是一种直接测定法.

实验目的

1. 了解 FB326 型液体表面张力系数测定仪的基本结构,掌握用标准砝码对测定仪进行定标的方法,计算测定仪压阻力敏传感器的灵敏度.

2. 观察拉脱法测液体表面张力的物理过程和物理现象,并用物理学基本概念和定律进行分析和研究,加深对物理规律的认识.

3. 掌握用拉脱法测定纯水的表面张力系数及用逐差法处理数据.

实验仪器

FB326 型液体表面张力系数测定仪[包括底座、立柱、传感器固定支架、压阻力敏传感器、数字式毫伏表、有机玻璃连通器、升降台、标准砝码(砝码盘)、圆筒形吊环],如图 4-1 所示.

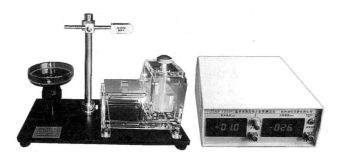

图 4 - 1　FB326 型液体表面张力系数测定仪

实验原理

如图 4 - 2 所示,如果将一洁净的圆筒形吊环浸入液体中,然后缓慢地提起圆筒形吊环,圆筒形吊环将带起一层液膜. 使液面收缩的表面张力 f 沿液面的切线方向,角 φ 称为润湿角(或接触角). 当继续提起圆筒形吊环时,φ 角逐渐变小而接近于零,这时所拉出的液膜的里、外两个表面张力 f 均垂直向下. 设液膜破裂瞬间的拉力大小为 F,则有

$$F = (m + m_0)g + 2f, \tag{4-1}$$

式中 m 为黏附在圆筒形吊环上的液体的质量,m_0 为圆筒形吊环的质量. 因表面张力的大小与接触面边界线长度成正比,故有

$$2f = \pi(D_内 + D_外)\alpha, \tag{4-2}$$

式中比例系数 α 称为表面张力系数,单位是 $N \cdot m^{-1}$,α 在数值上等于单位长度上的表面张力;$D_内$,$D_外$ 分别为圆筒形吊环内、外圆环的直径. 联立式(4-1)和式(4-2)可得

$$\alpha = \frac{F - (m + m_0)g}{\pi(D_内 + D_外)}. \tag{4-3}$$

由于被拉起的液膜很薄,m 很小,可以忽略,因此式(4-3)可简化为

$$\alpha = \frac{F - m_0 g}{\pi(D_内 + D_外)}. \tag{4-4}$$

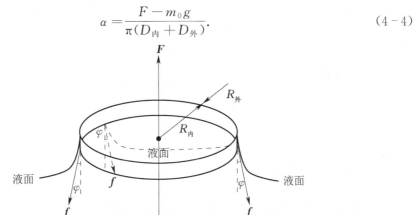

图 4 - 2　圆筒形吊环从液面缓慢拉起受力示意图

表面张力系数 α 与液体的种类、纯度、温度和它上方的气体成分有关. 实验表明,液体的温度越高, α 值越小;液体含杂质越多, α 值也越小. 只要上述这些因素保持不变, α 值就是一个常数. 本实验的核心部分是准确测定 $F - m_0 g$,即圆筒形吊环所受到的向下的表面张力大小. 本实验用 FB326 型液体表面张力系数测定仪测定这个力.

实验步骤

(1) 连接两根电缆.

(2) 清洗有机玻璃器皿和吊环.

(3) 在有机玻璃连通器内放入被测液体(不能使用乙醇等对有机玻璃器皿有损害的溶剂).

(4) 将砝码盘挂在压阻力敏传感器的挂钩上.

(5) 若整机已预热 15 min,则可对压阻力敏传感器定标,按面板上的按钮开关使其弹出(按钮指示灯灭). 在加砝码前读取数字式毫伏表的初读数 V_0'(单位:mV,该读数包括砝码盘的重量),然后每加一个 0.50 g 砝码,读取一个对应数据,记入表 4-1,注意安放砝码时动作应尽量轻巧. 用逐差法求压阻力敏传感器的转换系数 K.

(6) 换吊环前测定吊环的内、外直径,记入表 4-2.

(7) 挂上吊环,读取一个数字式毫伏表的读数,在测定液体的表面张力系数的过程中,可观察到液体产生的浮力与张力的情况与现象. 逆时针转动活塞调节旋钮,使液体液面上升,当吊环下沿接近液面时,仔细调节吊环的悬挂线,使吊环水平,然后把吊环部分浸入液体. 这时,按下面板上的开关按钮(峰值测量位,按钮指示灯亮),仪器功能转为峰值测量. 接着缓慢地顺时针转动活塞调节旋钮,使液面逐渐往下降(相对而言即吊环往上提拉),观察吊环浸入液体中及从液体中拉起时的物理过程和现象. 液膜破裂的瞬间能被数字式毫伏表捕捉,显示拉力峰值 V_1 并自动保持该数据. 液膜破裂后,按开关按钮,数字式毫伏表恢复测量功能,待数字不再变化后,其读数值为 V_2,记下这个数值. 连续测量 5 次,将数据记入表 4-3,求 $V_1 - V_2$ 的平均值. 那么,表面张力为

$$2f = \overline{(V_1 - V_2)}K, \tag{4-5}$$

表面张力系数为

$$\alpha = \frac{2f}{L} = \frac{\overline{(V_1 - V_2)}K}{\pi(\overline{D_内 + D_外})}. \tag{4-6}$$

数据记录与处理

1. 用逐差法求测定仪压阻力敏传感器的转换系数 K

每次增加一个砝码 $m = 0.50$ g,记录数字式毫伏表的读数. 所加的标准砝码符合国家标准,相对误差为 0.005%.

表 4-1 测量测定仪压阻力敏传感器转换系数的数据记录表

砝码质量/g	增砝码读数 V_i'/mV	减砝码读数 V_i''/mV	平均读数 $V_i=\dfrac{V_i'+V_i''}{2}$/mV	逐差 $\delta_{V_i}=(V_{i+4}-V_i)$/mV	偏差 $\Delta\delta_{V_i}=\mid\delta_{V_i}-\overline{\delta_{V_i}}\mid$/mV
0.00					
0.50					
1.00					
1.50					
2.00					
2.50				$\overline{\delta_V}=\dfrac{1}{4}\sum\limits_{i=0}^{3}\delta_{V_i}=$	$\overline{\Delta\delta_V}=\dfrac{1}{4}\sum\limits_{i=0}^{3}\Delta\delta_{V_i}=$
3.00					
3.50					

$$K=\frac{4mg}{\overline{\delta_V}}=\frac{4\times0.50\times10^{-3}\times9.8}{\overline{\delta_V}}\ \text{N/mV}=\underline{\qquad}\ \text{N/mV},\ \frac{\Delta K}{K}=\frac{\overline{\Delta\delta_V}}{\overline{\delta_V}}=\underline{\qquad}.$$

2. 吊环尺寸测量

表 4-2 吊环尺寸数据记录表　　　　　　　　　单位:mm

测量次序	1	2	3	4	5	平均值
$D_内$						
$D_外$						
$D_内+D_外$						
$\Delta(D_内+D_外)$						

3. 用拉脱法测定液体的表面张力系数

水温(室温)_____ ℃.

表 4-3 测定液体表面张力系数的数据记录表

测量次序	1	2	3	4	5	平均值
V_1/mV						
V_2/mV						
(V_1-V_2)/mV						

平均偏差 $\overline{\Delta(V_1-V_2)}=$

$\dfrac{1}{5}\sum\limits_{i=1}^{5}\mid(V_1-V_2)_i-\overline{(V_1-V_2)}\mid$/mV

表面张力系数 $\overline{\alpha}=\dfrac{\overline{(V_1-V_2)}K}{\pi(D_内+D_外)}$ / $(\text{N}\cdot\text{m}^{-1})$

续表

相对误差 $E_{\alpha} = \dfrac{\overline{\Delta(V_1-V_2)}}{V_1-V_2} + \dfrac{\overline{\Delta K}}{K} + \dfrac{\overline{\Delta(D_{内}+D_{外})}}{D_{内}+D_{外}}$	
平均偏差 $\overline{\Delta\alpha} = E_{\alpha}\overline{\alpha}/(\mathrm{N \cdot m^{-1}})$	
最终结果 $\alpha = (\overline{\alpha} \pm \overline{\Delta\alpha})/(\mathrm{N \cdot m^{-1}})$	

！注意事项 ■■

1. 吊环须清洗干净(可用 NaOH 溶液洗净油污或杂质后,用清洁水冲洗,并用热风烘干).

2. 需将吊环调水平.若偏差 1°,则测量结果引入误差 0.5%;若偏差 2°,则测量结果引入误差 1.6%.

3. 开机需预热 15 min.

4. 在转动活塞调节旋钮时要缓慢,尽量减小液体的波动.

5. 工作环境应避免风吹,以免吊环摆动,致使零点波动,造成所测表面张力系数不准确.

6. 若液体为纯水,应在使用过程中防止灰尘、油污及其他杂质污染.手指不要接触被测液体.

7. 使用压阻力敏传感器时,用力不宜大于 0.098 N.过大的拉力容易使传感器损坏.

8. 实验结束,须将吊环用清洁纸擦干,并用清洁纸包好,放入干燥缸内.

？思考题 ■■

1. 什么叫作表面张力? 表面张力系数与哪些因素有关?

2. 在液体的表面张力系数的测定实验中,吊环有一定高度,为什么测量液体的表面张力系数时吊环浸入液体不宜太深?

3. 若考虑拉起液膜的质量,实验结果应如何修正?

确切地了解静电场的电势和电场强度的分布在静电应用技术领域具有重要意义.因为在静电应用中必须要制作出符合要求的电极,电极的形状不同,在其周围空间产生的静电场的分布也会有所不同,所以通过了解静电场的分布能够指导电极的制作,使不同的电极满足各种应用的需求.

静电场是由电荷分布决定的,给出一定区域内的电荷及电介质分布和边界条件要求解静电场分布,大多数情况下求不出解析解,因此要靠数值计算求出或用实验方法测出.用数值计算法分析静电场的分布往往较复杂,需要有数值计算理论基础以及对软件和编程语言有一定的了解.在实验测量中,直接测量静电场的分布通常是很困难的,因为将仪表(或其探测头)放入静电场,总会使被测量的静电场发生一些变化.除静电式仪表之外的大多数仪表也不能用于静电场的直接测量,因为静电场中无电流流过,对这些仪表不起作用.

模拟法是通常采用的研究静电场的方法.模拟法本质上是用一种易于实现、便于测量的物理状态或过程来模拟不易实现、不便测量的状态或过程.只要这两种状态或过程有一一对应的两组物理量,并且这些物理量在两种状态或过程中满足数学形式相同的方程及边界条件,就可以应用模拟法来解决一些棘手的问题.在本实验中,以稳恒电流场模拟静电场进而得以测绘出静电场中电势和电场强度的分布,即是模拟法的一个应用实例.

实验目的

1. 掌握用模拟法测绘静电场的一般方法.
2. 加深对电场强度和电势的理解.

实验仪器

GVZ-3型静电场描绘实验仪(包括导电微晶、双层固定支架、同步探针等),静电场专用稳压电源(内置数字式电压表),导线.

⚛ **实验原理**

（一）静电场模拟测绘的根据

用稳恒电流场模拟静电场,可以根据测量结果来描绘出与静电场对应的稳恒电流场的电势分布,从而可以了解静电场的电势分布或电场强度分布.这是一种很方便的实验方法.

电场是用空间各点的电场强度 E 和电势 V 来描述的.为了形象地显示电场的分布,常用等势面(或线)和电场线来描述.等势面(或线)是电场中电势相等的各点所构成的面(或线),电场线是按空间各点电场强度的方向顺次连接而成的线.等势面(或线)与电场线正交,并且电场线从高电势指向低电势.如果有了等势面(或线)的图形,就可以画出电场线,反之亦然.

由电磁学理论知道,对于均匀电介质内的静电场(E 场),在无源区域内,下列方程成立:

（1）高斯定理

$$\oiint_S E \cdot dS = 0; \tag{5-1}$$

（2）环路定理

$$\oint_L E \cdot dL = 0. \tag{5-2}$$

对于均匀导电物质内的稳恒电流场(J 场),电流密度在导电物质内的分布与时间无关,在无源区域内,电荷守恒定律的积分形式成立:

（1）高斯定理

$$\oiint_S J \cdot dS = 0; \tag{5-3}$$

（2）环路定理

$$\oint_L J \cdot dL = 0. \tag{5-4}$$

可见, E 场和 J 场在数学形式上保持一致.

（二）实验设计方法

本实验的总体设计分为两部分:静电场模拟和模拟电场的显示(探测与描绘).

1. 模拟法及模拟法测静电场分布的条件

模拟法就是用便于测量的场去代替不易测量的场.这种代替的前提条件是这两种不同形式的场所遵循的物理规律在数学形式上要相同.

由于均匀导电物质中的稳恒电流场与均匀电介质中的静电场都遵守积分形式的高斯定理和环路定理(或微分形式的拉普拉斯方程),且这两种场都可以用电势分布来描述,故实验中能够用稳恒电流场来模拟均匀电介质中的静电场.如果静电场中的带电导体与稳恒电流场中电极形状、位置相同,且满足以下条件时,两种场的电势分布就完全相同.

（1）稳恒电流场中有均匀分布的导电物质.

（2）因静电场中带电导体的表面是等势面,故电流场中电极也必须是等势体.这就要求金属电极的电导率必须比导电物质的电导率大很多.

(3) 为了用便于测绘的二维平面电流场模拟真实的二维平面静电场,必须将电流线限制在平面导电物质内.这就要求平面导电物质(本实验用导电微晶)的电导率比平面外的绝缘物质(空气)大得多.

2. 模拟电场的显示

模拟电场的显示,就是探测稳恒电流场中的电势,找到等势点并将各等势点记录下来.电流场中的各点电势由探针引出,接入测量仪表,得到电势数值.本实验中,电势数值相同的点用记录指针在记录纸上打点的方法记录,连接相应的点即可得到等势线.

(三)典型静电场的分布规律及模拟

1. 两个无限长同轴带电圆柱面之间的静电场

由于两个无限长同轴带电圆柱面之间的静电场分布具有轴对称性,电场线在垂直于圆柱面轴线的平面内,因此可通过构建一个平面内的稳恒电流场进行研究.

如图 5-1 所示,A 为中心电极,B 为同轴外电极.把 A,B 置于均匀导电微晶材料上,A,B 间加电压 U_0(A 接地,B 接正极).由于电极对称,导电微晶材料均匀,电流将均匀地沿径向从 B 流向 A,这样就可以用两极之间的稳恒电流场来模拟同轴圆柱面间的静电场.

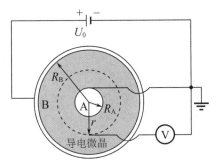

图 5-1　测绘同轴圆柱横截面静电场

考虑静电场的情形,电极 A,B 间静电场的电势分布计算如下.

设同轴圆柱面 A 轴线方向的线电荷密度 $\lambda < 0$,取半径为 r 的高斯面(图 5-1 中虚线),由高斯定理知,距轴线为 r 处的电场强度为

$$E = \frac{\lambda}{2\pi\varepsilon r} < 0, \tag{5-5}$$

则 B,A 间的电势差

$$U_0 = V_B - V_A = \frac{\lambda}{2\pi\varepsilon}\int_{R_B}^{R_A}\frac{\mathrm{d}r}{r} = \frac{-\lambda}{2\pi\varepsilon}\ln\frac{R_B}{R_A} > 0. \tag{5-6}$$

取 $V_A = 0$,则

$$V_B = U_0 = \frac{-\lambda}{2\pi\varepsilon}\ln\frac{R_B}{R_A} > 0. \tag{5-7}$$

两电极间任一点 P 与 A 之间的电势差为

$$V_r = V_P - V_A = \int_r^{R_A}\boldsymbol{E}\cdot\mathrm{d}\boldsymbol{r} = \frac{-\lambda}{2\pi\varepsilon}\ln\frac{r}{R_A} > 0. \tag{5-8}$$

比较式(5-7)和式(5-8),得

$$0 < V_r = V_B \frac{\ln \frac{r}{R_A}}{\ln \frac{R_B}{R_A}} < V_B. \tag{5-9}$$

可见,如果 R_A, R_B, V_B 已知,则可得对应于任一位置 r 的电势 V_r. 由式(5-9)还可得,半径 r 与 R_A, R_B 和 $\frac{V_r}{V_B}$ 的关系为

$$r = R_A \left(\frac{R_B}{R_A}\right)^{\frac{V_r}{V_B}}, \tag{5-10}$$

即当 R_A, R_B 已知时,对应于一定值 $\frac{V_r}{V_B}$,不同的 r 处的等势线是在横截面的 A,B 间的同心圆.

2. 示波管中的电子束聚焦电极间的静电场

电子束聚焦电极间的静电场是三维分布的轴对称电场,只要能把通过其轴的某一截面上的静电场模拟出来,再将它在空间绕轴旋转 180° 就可以得到空间三维分布的电场了. 因此,可以按照聚焦电极被通过对称轴的截面所切成的切面形状来构造模拟的电极,如图 5-2 所示,并把它压在导电微晶上(见图 5-3),即是聚焦电极间的静电场的稳恒电流场平面模拟.

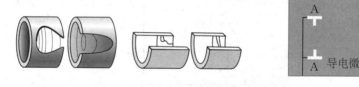

(a) 外形及内部结构　　　(b) 过轴纵剖图

图 5-2　示波管中的电子束聚焦电极　　　图 5-3　模拟电子束聚焦电极

电场强度 E 在数值上等于电势的梯度,方向指向电势降低的方向. 考虑到 E 是矢量,而电势 V 是标量,从实验测量来讲,测定电势比测定电场强度容易,所以可先测绘等势线(电势相同的点的连线),然后根据电场线与等势线正交的原理,画出电场线. 这样就可由等势线的间距确定电场线的疏密和指向,将抽象的电场形象地反映出来.

📖 仪器描述

本实验所用的 GVZ-3 型静电场描绘实验仪如图 5-4 所示,其支架采用双层式结构. 上层放记录纸,下层放导电微晶. 导电微晶各向均匀导电,其上有一些不同形状的金属电极. 电极间制作有电导率远小于电极且各向均匀的导电物质. 将电极引线接到外接线柱上,两电极间沿电流线会存在不同的电势,这种不同的电势可用数字式电压表直接测出来. 接通直流电源(10 V)就可以进行实验.

在导电微晶和记录纸上方各有一探针,通过金属探针臂把两探针固定在同一探针架

上,两探针始终保持在同一铅垂线上.移动探针架时,可保证两探针的运动轨迹是一样的.由导电微晶上方的探针找到待测点后,按一下记录纸上方的探针,在记录纸上留下一个对应的标记.移动探针架,在导电微晶上找出若干电势相同的点,由此即可描绘出等势线.

实验室提供的电极有同轴电极、聚焦电极、劈尖-条形电极、长平行导线电极四种.

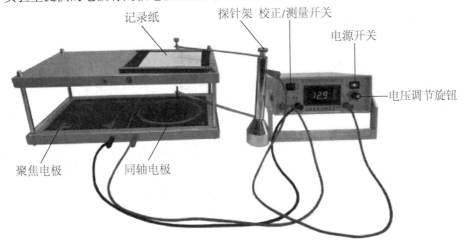

图 5 - 4　GVZ - 3 型静电场描绘实验仪

GVZ - 3 型静电场描绘实验仪的使用方法如下.

(1) 接线.用红色电线连接静电场专用稳压电源输出接线柱(＋,红)与描绘架上的接线柱(红),用黑色电线连接静电场专用稳压电源输出接线柱(－,黑)与描绘架上的接线柱(黑).用红色电线连接静电场专用稳压电源探针输入接线柱(＋,红)与探针架上的接线柱.将探针架调好,使下探针置于导电微晶电极上,启动电源开关.

(2) 校正.开启校正开关,调节电压调节旋钮,使电压数字显示为 10 V,便于计算.

(3) 测量.开启测量开关,然后纵横移动探针架,则电压数字显示随探针位置变化.

(4) 记录.在支架上层铺平记录纸,用橡胶磁条吸住压紧,当电压显示为需要记录的数字时,轻轻按下探针顶部,探针尖端即能在记录纸上留下一个清晰的小点.

实验步骤

1. 测绘两个无限长同轴带电圆柱面之间的静电场

按图 5 - 4 所示将导电微晶上内、外两电极分别与专用稳压电源的正、负极相连接,将探针架上的接线柱与专用稳压电源探针输入接线柱相连接,电源电压调到 10 V,将记录纸铺在上层平板上,从 2 V 开始,平移探针架,用导电微晶上方的探针找到 2 V 等势点后,按下记录纸上方的探针,测出一系列 2 V 等势点,将等势点连成虚线,构成电势值为 2 V 的等势线,在该等势线上标记"2 V".同一等势线上相邻两点不能太疏,否则连线有困难.等势点之间也不需要太密,间隔 5 mm 左右为宜.再依次描出 3 V,4 V,…,8 V 等势线,共 7 条.然后根据电场线与等势线正交原理,画出电场线,并指出电场强度方向,最后得到一张完整的电场分布图.

2. 测绘示波管中的电子束聚焦电极间的静电场

把聚焦电极模拟电场板接入图 5-4 所示的电路,按照 1 中的步骤,测出 $V_r＝2\,V$, $3\,V$, $\cdots$, $8\,V$ 共 7 条等势线,并画出对应的电场分布图.

数据记录与处理

(1) 用曲线板把上面所描绘在两张记录纸上的等势点连成光滑的曲线(用虚线表示). 再用实线在图中画出电场线,其疏密程度同等势线一样,均表示电场强度的大小,标明电极的正、负和电场线的方向. 试从对聚焦电极所描绘出来的电场分布图说明为什么此电极称为电子束聚焦电极.

(2) 针对两个无限长同轴带电圆柱面间静电场的等势线(圆),在 5 个不同的方位上分别测出各个等势圆的直径(因实验误差的关系,各个方位上的直径可能不同),填入表 5-1,求各等势圆半径的平均值,并根据以下要求对数据进行处理.

实验中 $R_A＝1\,cm$, $R_B＝7\,cm$,由式(5-9)可得

$$\frac{V_r}{V_B}＝\frac{\ln \bar{r}}{\ln 7}. \tag{5-11}$$

如果以 $\dfrac{V_r}{V_B}$ 为纵坐标、$\dfrac{\ln \bar{r}}{\ln 7}$ 为横坐标作一图线,理论上该图线是一条斜率为 1 的直线. 利用表 5-1 的数据,在坐标纸上作实验图线,并求出其斜率 k,比较实验图线与理论图线的差别,分析产生这种差别的原因.

表 5-1　等势圆的测绘

$\dfrac{V_r}{V_B}$	d_1 /cm	d_2 /cm	d_3 /cm	d_4 /cm	d_5 /cm	$\bar{d}$ /cm	$\bar{r}$ /cm	$\ln \bar{r}$	$\dfrac{\ln \bar{r}}{\ln 7}$
0.2									
0.3									
0.4									
0.5									
0.6									
0.7									
0.8									

?思考题 ■■

1. 根据测绘所得的等势线和电场线分布,分析哪些地方电场较强,哪些地方电场较弱.

2. 实验中导电微晶的电导率必须满足什么条件? 为什么?

示波器是一种用途十分广泛的电子测量仪器,它能把肉眼看不见的电信号变换成看得见的图像,便于人们研究各种电现象的变化过程.利用示波器能测量电信号的幅度、频率、直流偏置、占空比等特征参数.用双踪示波器还可以检测两路信号在幅度、频率和相位之间的相对关系.在科学研究和生产实践中,常使用各种传感器将待测物理量(如距离、温度、光强、磁场强度等)转换为电信号,再用示波器来检测.按照工作原理的不同,通常示波器可分为两种类型:模拟电子示波器(简称模拟示波器)和数字示波器.

模拟示波器主要用于时域测量.待测信号的变化引起偏转电场强度的变化,从而引起电子束偏转路径的改变,电子束不断轰击荧光屏形成了波形.如果在模拟示波器的 X 偏转板(水平偏转板)上加一电压与时间呈线性变化的周期性扫描时基信号,在 Y 偏转板(垂直偏转板)上加一待测电信号,且两信号同步(周期相同),则电子束就能像一支笔的笔尖,在荧光屏上描绘出待测电信号瞬时值的变化曲线.

数字示波器与模拟示波器不同的是,其内部采用 A/D 转换器对被测的输入模拟波形进行采样、量化和编码,转换成数字信号"1""0"码,然后存储在半导体存储器中,这个过程称为存储器的"写过程".在需要时,将存储内容调出,通过相应的 D/A 转换器,再恢复为模拟量显示在示波器的屏幕上,这个过程称为存储器的"读过程".数字示波器不仅能测量周期性信号,也能测量非周期性信号.随着半导体技术的不断发展,数字示波器的触发、分析、测量等功能越来越强大,因而逐步普及开来,广泛应用于科研、工业、国防等领域.本实验中我们学习数字示波器的使用.

实验目的

1. 了解数字示波器的工作原理.
2. 学会用数字示波器观察电信号的波形,并测量其电压大小和频率.
3. 熟悉用李萨如图形法测定未知正弦电信号的频率.

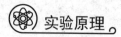 实验仪器

DSOX 1202A 型数字示波器（或 TBS 1102C 型数字示波器，具体介绍见附录 1）、J2465 型学生信号源、TFG6920A 型函数信号发生器等.

实验原理

1. 数字示波器的工作原理

数字示波器是借助高速的模拟-数字转换芯片（也叫 A/D 转换器，简称 ADC）将采集到的物理量转化为数字信号，保存在存储器中，后续处理单元读取数据后再进行分析、显示的一种仪器. 与模拟示波器相比，数字示波器在测量和数值计算方面具有无法比拟的优势. 大多数数字示波器提供自动参数测量及信号的各参数自动显示功能，使测量过程得到简化，省去了烦琐的按键旋钮操作和人工数值计算的过程，而模拟示波器几乎所有的控件都要人工操作. 随着半导体技术的不断发展，数字示波器的触发、分析、测量等功能越来越强大，数字示波器也越来越普及.

图 6-1 所示为数字示波器一个通道信号处理的原理框图，其中虚线框内的组件是一个信号通道特有的组件，本实验中所用的双通道就有两路这样的组件；虚线框外的组件是系统组件，为所有信号通道所共用.

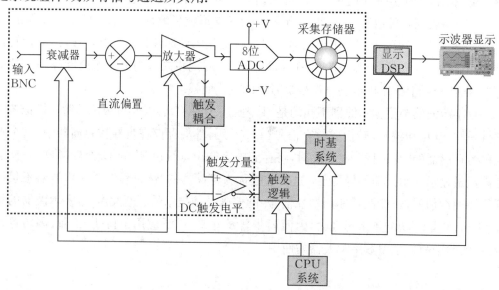

图 6-1　数字示波器信号处理的原理框图

数字示波器的第一部分是垂直放大器，信号接入到输入端口之后，需经过衰减、直流偏置、放大等处理得到合适幅度的信号. 因此，可以通过调节垂直控制系统来调整示波器显示幅度和位置范围.

随后信号输入到 ADC，进行模数转换，信号实时在离散点采样，如图 6-2(a) 所示. 采样位置的信号电压转换为数值，这些数值称为采样点，该处理过程称为信号数字化. 水平

系统的采样时钟决定 ADC 采样的速率,该速率称为采样速率,表示为样值每秒. 来自 ADC 的采样点存储在采集存储器内,叫作波形点. 几个采样点可以组成一个波形点. 波形点共同组成一条波形记录. 创建一条波形记录的波形点的数量称为记录长度. 数字示波器的采集存储器是一个循环缓存,如图 6 - 2(b) 所示,新的数据会不断覆盖旧的数据,直到采集过程结束.

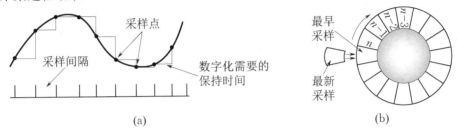

图 6 - 2　采样及存储示意图

ADC 将一定范围内变化的输入信号转化为一系列的 8 位二进制数,代表不同时刻的输入电压值. 由于 8 位二进制数的取值在 $0 \sim 255$ 之间,测量精度是 $2^{-8} \approx 0.4\%$,因此使用示波器测量信号时,必须选择合适的放大倍数,尽量使信号占据满屏,否则测量相对不确定度可能会大到无法接受的地步.

为了及时显示输入信号随时间变化的特性,数字示波器不停地采集信号并刷新屏幕显示. 对于周期不变的信号,我们希望屏幕上前后两次显示的信号轨迹能互相重叠;对于非周期性信号,我们希望特定的信号能显示在相同的位置,这些都会方便用户对图像和数据进行下一步的分析和处理. 实现上述周期性和非周期性信号稳定显示的重要条件就是合理设置触发. 所谓触发,是按照需求设置一定的触发条件,当波形流中的某一个波形满足这一条件时,示波器即时捕获该波形和其相邻部分,并显示在屏幕上. 触发系统决定波形数据记录的起始点和终止点,它在用户选择的信号(如 CH1 通道的输入信号)满足一定条件(如大于用户设定的触发电平)时给出触发信号,这实际上是根据用户的设定来确定每次信号刷新显示的时间零点. 触发条件的唯一性是精确捕获的首要条件. 假如我们把触发电平设置得超过信号的最大或最小幅值,波形会在屏幕上来回"晃动",影响测量. 数字示波器的触发功能远比模拟示波器丰富,这也是数字示波器区别于模拟示波器的最大特征之一.

如图 6 - 3 所示,通过触发电平的水平线和通过触发时刻的垂直线的交点是触发点(或称同步点),应恰好位于稳定显示的波形上. 触发点标记了示波器在此波形上触发的时刻($t = 0$),在触发点之前捕获的波形数据(屏幕左侧)为负时间数据,触发点之后捕获的波形数据(屏幕右侧)为正时间数据. 在模拟示波器中,屏幕上显示波形的电子束是在触发信号满足条件后才开始扫描的,因此我们无法得知满足触发条件之前的信号是怎样的. 而数字示波器的数据采集一直在进行(死区时间除外),不仅能保存触发之后的信号,还能保存触发之前的信号,这有利于了解信号变化的整个过程.

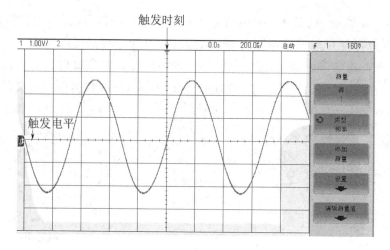

图 6‑3　触发电平和触发时刻

实验中我们应学会选用输入信号作触发，明白触发电平设置的重要性，了解边沿触发模式时，上升沿和下降沿触发的区别.

与我们熟悉的计算机相似，数字示波器也有中央处理器（简称 CPU），它负责读取示波器面板上各个控制旋钮、命令菜单的参数设定、状态选择，控制内部各组件按要求工作，并完成必要的运算、测量等功能. 信号通过显存，最后显示在示波器屏幕上. 示波器会在一定范围内对采样点进行补充处理，使显示效果得到增强.

数字示波器一般用液晶屏显示波形. 液晶屏利用单个像素的亮暗来显示文字和图形，文字和图形在屏幕上保持的时间可以根据需要来设定. 另外，在液晶屏像素数已知的情况下，选定挡位后，每个像素点在 Y,t 两个方向上所表示的值也是可以得到的，这直接决定了从屏幕上进行光标读数的精度.

2. 李萨如图形

当在示波器的 X 轴和 Y 轴都输入正弦波电信号（XY 触发模式）时，屏幕上显示的图形就是这两个波形在相互垂直方向上合成的结果，称为李萨如图形，其形成原理如图 6‑4 所示. 在李萨如图形上分别作两条既不通过图形本身交点，也不与图形相切的水平线和垂直线，数出图形与水平线和垂直线的交点分别为 N_X,N_Y. 如果输入 X 轴的信号频率 f_X 精确已知，则输入 Y 轴的待测信号的频率为

$$f_Y = \left(\frac{N_X}{N_Y}\right) f_X. \tag{6‑1}$$

图 6‑4 中，$N_X:N_Y=2:1$，所以 $f_Y=2f_X$. 由于这种方法采用的是频率比，因而其测量准确度取决于标准信号源频率 f_X 的准确度和稳定性. 图 6‑5 所示为在 X 轴和 Y 轴输入正弦波且频率成简单整数比时屏幕上形成的几种李萨如图形.

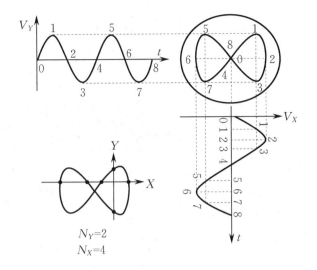

$$N_Y=2$$
$$N_X=4$$

图 6-4　李萨如图形的形成原理图

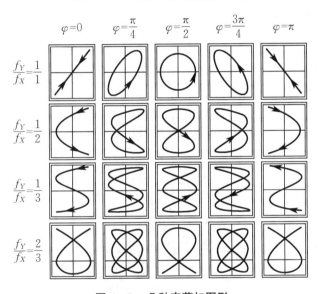

图 6-5　几种李萨如图形

仪器描述

1. DSOX 1202A 型数字示波器

DSOX 1202A 型数字示波器为双通道数字示波器,其带宽为 100 MHz,采样率为 2 GSa/s,能同时显示两个电信号,从而能方便地观察比较两个信号的大小、频率和相位关系. DSOX 1202A 型数字示波器面板如图 6-6 所示,各按键与旋钮的功能见附录 2.

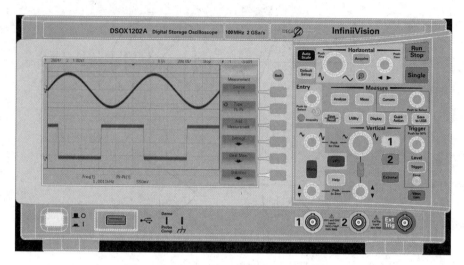

图 6 - 6 DSOX 1202A 型数字示波器面板

2. J2465 型学生信号源

J2465 型学生信号源是一种能同时分别输出低频（音频）正弦电压和高频（等幅或调幅）正弦电压的信号发生器，其面板如图 6 - 7 所示. 本实验只使用其低频输出信号，并把它作为未知信号源来测定其幅值和频率. 低频输出分别为 500 Hz，1 000 Hz，1 500 Hz，2 000 Hz 和 2 500 Hz 五挡固定的正弦信号.

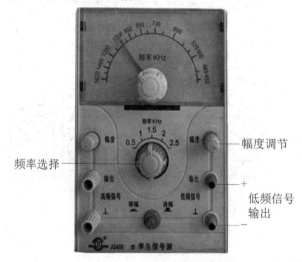

图 6 - 7 J2465 型学生信号源面板

3. TFG6920A 型函数信号发生器

TFG6920A 型函数信号发生器面板如图 6 - 8 所示，使用方法见附录 2. TFG6920A 型函数信号发生器是一种可以输出正弦波、锯齿波和方波等信号的函数信号发生器，输出信号频率和幅度均连续可调. 在本实验中，主要采用此信号发生器输出正弦波形.

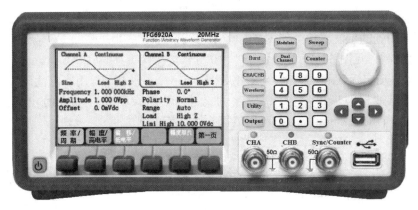

图 6-8 TFG6920A 型函数信号发生器面板

 实验步骤

1. 熟悉数字示波器的各按键与旋钮的使用

DSOX1202A 型数字示波器的面板右侧如图 6-9 所示,该部分主要分为 5 个区域:垂直区域、水平区域、测量区域、工具区域和触发区域. 数字示波器是一种通用仪器,各厂家生产的示波器有一定的共性,但在操作上会有一些不同,我们可以选择其中的部分功能进行学习,其他功能可以在以后用到时再参考用户手册来学习和实践.

首先打开示波器电源开关,约 20 s 后结束开机画面. 电源指示灯亮,预热一段时间,若未输入信号,屏幕上将不会显示任何波形.

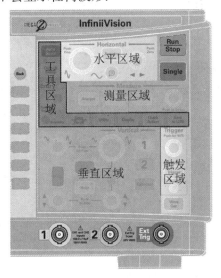

图 6-9 DSOX1202A 型数字示波器面板右侧示意图

2. 无源探头校准

使用示波器之前要先校准探头(1∶1 无源探头除外),使其特性与示波器的通道匹

配,避免测量错误.补偿探头的过程可作为一种基本测试,检验该示波器工作是否正常.该步骤所使用到的示波器按键如图 6-10(a) 所示.

把无源探头[见图 6-10(b)]置于"×10"挡,接在探头补偿(Probe Comp) 口与接地口上,按动自动定标(Auto Scale) 键,示波器输出一个方波信号,用非磁性调节工具调整补偿电容至示波器波形显示为标准补偿状态(方波边缘整齐),校准时出现的图样如图 6-10(c) 所示.校准成功后,方可用该探头进行相关测试.

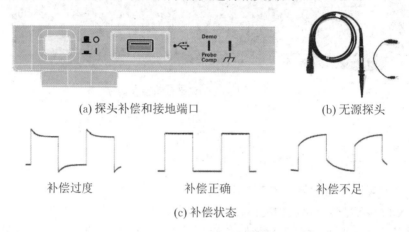

(a) 探头补偿和接地端口　　　　　　　　　　　(b) 无源探头

补偿过度　　　　　　　补偿正确　　　　　　　补偿不足

(c) 补偿状态

图 6-10　无源探头校准

3. 测量学生信号源低频信号的电压峰峰值、周期和频率

（1）自动测量方式.

① 如图 6-11 中标号 ① 所示,把学生信号源的低频输出信号输入 CH1 通道（X 轴）,调节学生信号源的低频幅度使输出信号较强,将频率调至 500 Hz 挡.

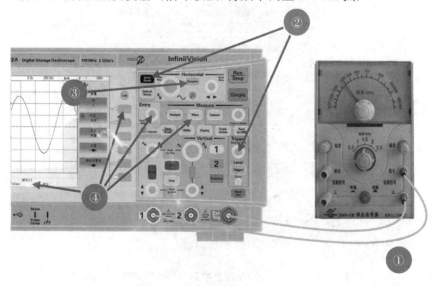

图 6-11　自动测量方式示意图

② 如图 6-11 中标号 ② 所示,按动自动定标键,屏幕中出现黄色（若输入到 CH2 通道,则为绿色）的正弦波信号.若波形不稳定,可以调节触发电平,也可以再次按下自动定

标键使之稳定.

③ 如图 6‑11 中标号 ③ 所示,为了使信号显示更加清晰,可以按下采集设置(Acquire)键,选定采集模式软键,调整为高分辨率.

④ 如图 6‑11 中标号 ④ 所示,按下测量区域的测量(Meas)键,示波器屏幕上将出现如图 6‑12 所示的菜单栏.按下"源"软键,选择要进行测量的通道.按下"类型"软键,然后旋转选项(Entry)旋钮以选择要进行的测量,包括电压峰峰值、周期以及频率,将测量结果填入表 6‑1.

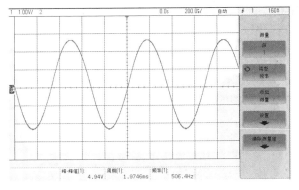

图 6‑12 测量菜单栏

(2)手动光标测量方式.

通过数字示波器提供的自动测量模式,可以方便地把未知信号波形显示在屏幕上,多数情况下示波器会根据输入信号的幅值和频率,自动设定垂直增益和扫描时间等参数,使得波形主要成分的幅值和周期在适合的状态下出现在屏幕中.但有时待测信号周期不规律,幅值不断变化,有时则含有多次谐波,此时自动测量模式就有可能无法按正常状态显示,另外使用者有时会关心信号某一段细节,这些情况下就需要使用手动光标测量方式,其过程如图 6‑13 所示.

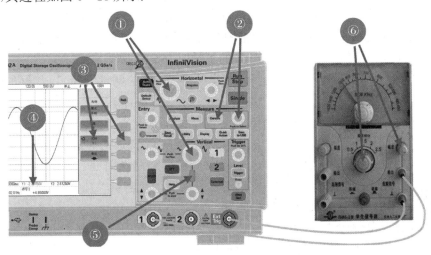

图 6‑13 手动光标测量方式示意图

① 如图 6-13 中标号 ① 所示，调节示波器的时间定标旋钮，改变其时间灵敏度，使屏幕上显示 1～3 个完整周期.

调节垂直定标旋钮，改变其垂直灵敏度，使正弦波从波峰到波谷间占据 Y 轴的分格数 H 在不超出网格线的前提下尽可能多（这样可以使读数值大，减小测量值的相对误差）.

时间灵敏度和垂直灵敏度在示波器的屏幕左上方显示.

注 调节时间定标旋钮和垂直定标旋钮时并不改变信号的电压和频率值，因为对于 Y 轴，当"Y 轴灵敏度"增大 1 倍时，波峰到波谷之间的分格数就减半，而其乘积不变，时间轴同理. 不可通过调节学生信号源上的幅度旋钮来改变信号显示大小.

待测（学生信号源输出的正弦信号）电压峰峰值为

$$V_{\mathrm{pp}} = K \cdot S_Y \cdot H, \tag{6-2}$$

式中 K 为测试探头的衰减系数，本实验取 1；S_Y（单位：V/DIV）为 Y 轴灵敏度.

如果这时信号的一个完整的波形（一个周期）在水平轴上占了 L 格，X 轴灵敏度为 S_X（单位：ms/DIV），则可知待测信号的周期（单位：ms）为

$$T = S_X \cdot L, \tag{6-3}$$

频率（单位：kHz）为

$$f = \frac{1}{T} = \frac{1}{S_X \cdot L}. \tag{6-4}$$

② 如图 6-13 中标号 ② 所示，数字示波器可以直接利用示波器的光标（Cursors）功能手动读出电压峰峰值以及进行周期和频率的测量，无须进行较多的计算. 按动菜单按键区中的光标键，屏幕中会出现两水平和两竖直黄色虚线，若不出现，可能光标在屏幕外，需要旋转推动以选择（Push to Select）旋钮将其调到屏幕内.

③ 如图 6-13 中标号 ③ 所示，步骤 ② 中的四条虚线分别为用于测量横、纵坐标值 X_1, X_2, Y_1, Y_2 的四个光标 X1, X2, Y1, Y2. 点击屏幕上的"光标"字样右侧对应的灰色软键，选定可移动的光标. 选定的光标可以通过推动以选择旋钮移动.

④ 图 6-14 中虚线框为图 6-13 中标号 ④ 部分放大示意图，用以指示测量结果. 分别移动光标 X1, X2 至某一个或若干个周期的起点和终点，则 ΔX 为测量值 X_1, X_2 之间的时间间隔，除以周期的个数，即为周期 T，T 的倒数即为频率 f.

分别移动光标 Y1, Y2 到信号的波峰和波谷处，则 ΔY 为测量值 Y_1, Y_2 之间的电压差，即电压峰峰值 V_{pp}.

将测量的周期 T、频率 f 以及电压峰峰值 V_{pp} 记入表 6-1.

⑤ 注意以上手动测量的是 CH1 通道，如果需要对 CH2 通道的信号进行测量，则需要按照图 6-13 中标号 ⑤ 所示按下绿色的 CH2 按钮，此时屏幕中的波形为绿色，示波器的时间定标旋钮和垂直定标旋钮、垂直移动与水平移动以及测量等按键与旋钮为两个通道所共用，其他操作、测量方式与 CH1 通道相同.

⑥ 如图 6-13 中标号 ⑥ 所示，改变学生信号源输出信号的频率（频率分别设为 1 000 Hz，1 500 Hz 挡），同时改变信号的幅度，重复上述测量.

记录从学生信号源输出信号时所选择频率，测量结果要与指示值进行比较，如果差异较大，必须调节测量仪器重新进行测量.

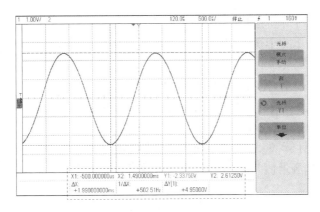

图 6‑14　光标菜单栏

4. 用李萨如图形法测信号电压频率

① 按图 6‑15 中标号 ① 所示连接好数字示波器、学生信号源和函数信号发生器. 把学生信号源频率设为 500 Hz,将此待测信号输入示波器 CH2 通道,将函数信号发生器的正弦波输出信号作为已知信号输入示波器 CH1 通道.

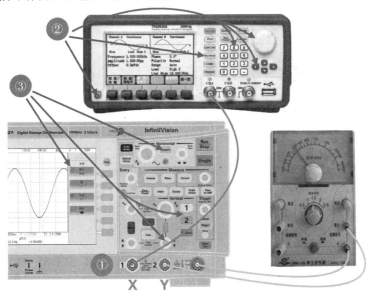

图 6‑15　李萨如图形法测信号电压频率示意图

② 如图 6‑15 中标号 ② 所示,接通函数信号发生器的电源开关,按下波形(Waveform)键选择正弦波形,按数字键调出所需要的频率,用方向键移动左右箭头选择数位,转动旋钮可连续改变频率数值.

③ 如图 6‑15 中标号 ③ 所示,按下示波器上的自动定标键,屏幕上可以同时显示出上下两个稳定清晰的正弦波波形. 按下示波器的采集设置键,选择屏幕右方"时基模式"中的"X‑Y"模式,对两信号进行正交合成,此时可以在屏幕上观察到李萨如图形;选择"采集模式"中的"高分辨率",使波形变得平滑以便观察. 为了能够居中观察李萨如图形,分别选择 CH1 通道和 CH2 通道,按压垂直位置调节旋钮,即可居中.

④ 参考学生信号源所选信号频率挡位,调节函数信号发生器的信号频率,使荧屏上出现 $N_X : N_Y = 1 : 1$ 的李萨如图形,记录此时函数信号发生器的频率 f_X,并描绘出此时的图形,填入表 6-2.

⑤ 按表 6-2 的要求,保持学生信号源的输入频率 f_Y 不变,继续调节函数信号发生器的频率 f_X,使荧屏上出现的李萨如图形满足表 6-2 中所需求的几种简单整数比,将各对应的频率值 f_X 及图形记入表 6-2.

⑥ 由式(6-1)计算 f_X. 5 次测量所得 f_X 的值应大致相同. 计算其算术平均值以及每次测量的标准偏差,测量值与平均值之差的绝对值大于 2 倍标准偏差的数据,应视为异常值而剔除并重新测量.

注 寻找李萨如图形时,可从学生信号源面板上的频率挡位预判待测信号频率的大概范围,因此,在调节函数信号发生器的频率时,可根据式(6-1)粗略估算出一个 f_X 值,调节时可参照此值在其附近仔细寻找,以便迅速找出与 f_Y 相对应的频率值 f_X.

数据记录与处理

表 6-1　信号源波形电压及频率的数据记录表

被测波形的频率挡位 /Hz	自动测量			手动光标测量		
	V_{p-p}/V	T/ms	f/kHz	V_{p-p}/V	T/ms	f/kHz

表 6-2　用李萨如图形法测频率的数据记录表

$N_X : N_Y$	1:1	2:1	3:1	1:2	1:3
绘图					
f_X /Hz					
f_Y /Hz					
$\overline{f_Y}$ /Hz					

?思考题

1. 与模拟示波器相比,数字示波器有哪些优点?

2. 观察李萨如图形时,能否让图形稳定下来?为什么?

实验七

分光计的使用和三棱镜折射率的测定

分光计是精确测定光线经过棱镜、平板玻璃、光栅等光学器件后的偏转角度的仪器.通过角度测量,可以测定材料的折射率、光栅的光栅常数、光的色散率、光的波长等物理量,在光谱学、偏振光、棱镜特性、光栅特性的研究中都有广泛的应用.本实验通过对三棱镜折射率的测定,学习分光计的使用和调整方法,为今后使用更为复杂的光学仪器打下基础.

光学仪器都比较精密,使用时必须严格按照要求进行,对于透镜、棱镜、光栅等光学器件的光学面,不得用手触摸.光学仪器上的各个螺钉,在未了解其作用和使用方法之前,不得随意乱动,否则会破坏光路,甚至有可能损坏仪器.

实验目的

1. 了解分光计的构造,学习其使用方法.
2. 测定三棱镜对钠光的折射率.

实验仪器

分光计、钠光灯、三棱镜.

实验原理

图 7-1 所示为单色光入射三棱镜的光路图. AB 和 AC 为三棱镜的两个光学面, BC 为毛玻璃面,两光学面的夹角称为三棱镜的顶角.入射光线 LD 经两次折射后,沿 ER 方向射出. i_1 和 i_2 分别为光线在界面 AB 的入射角和折射角, i_3 和 i_4 分别为光线在界面 AC 的入射角和折射角.入射光线 LD 和折射光线 ER 的夹角称为偏向角 δ.对于给定的三棱镜,偏向角 δ 随入射角 i_1 的改变而改变.如果入射光线和折射光线在三棱镜的对称位置($i_1=i_4$),光线 DE 平行于底面 BC 时,偏向角 δ 的值达到最小,称为最小偏向角,用

$\delta_{\min}$ 表示. 此时不难推导出

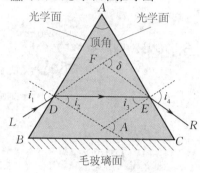

图 7 - 1　单色光入射三棱镜的光路图

$$i_1 = \frac{A + \delta_{\min}}{2}, \quad i_2 = \frac{A}{2}. \quad (7-1)$$

设空气的折射率为 $n_0 = 1$，三棱镜的折射率为 n，则根据折射定律可得

$$n_0 \sin i_1 = n \sin i_2,$$

即三棱镜的折射率为

$$n = \frac{\sin i_1}{\sin i_2} = \frac{\sin \dfrac{A + \delta_{\min}}{2}}{\sin \dfrac{A}{2}}. \quad (7-2)$$

只要测出三棱镜的顶角 A 和最小偏向角 $\delta_{\min}$，就可以用式（7-2）求出三棱镜的折射率 n。

仪器描述

分光计主要由平行光管、望远镜、载物台和读数装置组成，如图 7-2 所示.

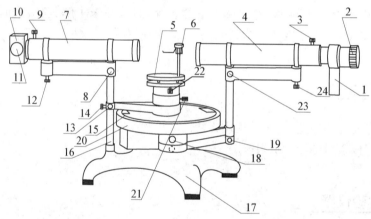

1—光标灯；2—自准目镜聚焦手轮；3—目镜锁紧螺钉；4—望远镜；5—载物台；6—定位杆；7—平行光管；8—平行光管光轴水平调节螺钉；9—狭缝装置锁紧螺钉；10—狭缝装置；11—狭缝宽度调节手轮；12—平行光管光轴高低调节螺钉；13—游标盘微调螺钉；14—游标盘制动螺钉；15—游标盘；16—立柱；17—底座；18—望远镜制动螺钉；19—望远镜转角微调螺钉；20—刻度盘；21—载物台锁紧螺钉；22—载物台调平螺钉（3 个）；23—望远镜光轴水平调节螺钉；24—望远镜光轴高低调节螺钉.

图 7 - 2　分光计结构

1. 平行光管

平行光管产生平行光束，此光束照到棱镜、光栅之类的光学元件上.

平行光管 7 是一个柱形圆筒，筒的一端装有一可伸缩的套筒，套筒末端是狭缝装置 10，旋转狭缝宽度调节手轮 11 可改变狭缝宽度. 筒的另一端是一消色差透镜（组）. 松开狭缝装置锁紧螺钉 9，前后移动套筒，可使狭缝处于透镜的焦平面，狭缝的像成于无限远处，平行光管就射出一狭长平行光束.取狭长平行光束的目的是观察时便于对准(为了减少误差,还常以狭缝固定不动的边缘对准目标).平行光管光轴高低调节螺钉12可调节平行光管的高低倾斜,以使平行光管的光轴跟分光计的中心轴垂直.通过平行光管光轴水平调节螺钉8可使平行光管在水平方向上微调.

2. 望远镜

望远镜接收由平行光管直接入射的或经过光学元件反射、折射后的平行光束.

望远镜4由物镜、阿贝自准目镜组成,阿贝自准目镜结构如图7-3所示.目镜筒内的目镜组前方有一块十字叉线刻度盘(由透明材料制成),其下方有一个顶角为90°的三棱镜.AC面为入射光学面,镀有绿色滤光层,在中间处划一个小十字,使其完全透光形成亮光标.BC面与目镜组光轴成45°交角.大部分入射的光经过BC面反射穿过AB面投射向物镜.

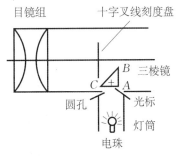

图7-3　阿贝自准目镜结构

调节望远镜前端的自准目镜聚焦手轮2,可使眼睛通过目镜组看到十字叉线的清晰的像.利用自准目镜中的"十字刻线"装置,可以方便精确地将望远镜调节到适合接收平行光束(对焦无穷远),调节方法下面另述.测量时要把十字叉线中的垂线对准作为目标的狭缝.

整个望远镜(包括支架)和刻度盘20固定在一起,它可以绕分光计中心轴旋转,转过的角度通过刻度盘20(分度值为30′)及游标盘15(分度值为1′)来读取.旋转望远镜转角微调螺钉19(个别仪器需旋紧望远镜制动螺钉18后,才起作用)微调望远镜转角,以使望远镜能更精确对准目标.望远镜的俯仰角度由望远镜光轴高低调节螺钉24调节,水平方向的角度由望远镜光轴水平调节螺钉23调节.

3. 载物台

载物台是安放光学元件的圆台,可以调整其水平度,以保证经过光学元件的入射光束和出射光束在同一平面内.

载物台5上插有定位杆6,定位杆的顶端附有夹持光学元件的簧片及其紧固旋钮,旋动载物台下面的3个载物台调平螺钉22(呈相隔120°分布),调整台面的平整度,使之符合光学元件的需要.载物台既可以和游标盘15固连后一起绕中心轴转动(旋紧游标盘制动螺钉14),也可以与游标盘分开单独转动(转轴与中心轴重合),游标盘被固定后(旋紧游标盘制动螺钉14),还可以旋动游标盘微调螺钉13使游标盘与载物台一起微转.

4. 读数装置

由平行光管射出的光束经过光学元件后方向发生改变,其改变的角度由读数装置读出.

读数装置由刻度盘 20 和游标盘 15 组成.刻度盘分为 360°,最小刻度为 0.5°(30′),小于 0.5°的则利用游标盘读数.游标盘上刻有 30 个小格,每一小格对应的角度为 1′.游标盘的读数方法与游标卡尺的读数方法相似.例如,图 7-4 所示的位置应读为 87°45′.

为了消除刻度盘与分光计中心轴之间的偏心差(这是一种系统误差),在刻度盘同一直径的两端各装有一个游标.测量时,两个游标均应读数,然后算出每个游标先、后两次读数差值,再取其平均值.这个平均值就是望远镜(载物台)转过的角度,并且不受仪器偏心差的影响.其解释如图 7-5 所示,图中外圆表示刻度盘,其中心为 O;内圆表示载物台,其中心为 O'.两个游标与载物台固连并处在其直径两端,与刻度盘圆弧相触.通过 O' 的虚线表示两个游标零刻度线的连线.假定载物台实际转过的角度为 θ,这时从两个游标上读得的角度分别为

$$\theta_1 = \varphi'_2 - \varphi'_1, \quad \theta_2 = \varphi''_2 - \varphi''_1.$$

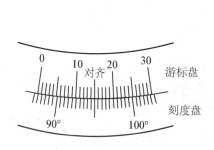

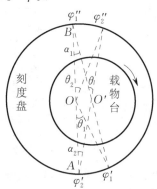

图 7-4　分光计的游标盘　　图 7-5　分光计的偏心差

根据同弧圆周角与圆心角的关系,有

$$\alpha_1 = \frac{\theta_1}{2}, \quad \alpha_2 = \frac{\theta_2}{2},$$

而 $\theta = \alpha_1 + \alpha_2$($\triangle AO'B$ 的外角),则

$$\theta = \frac{1}{2}(\theta_1 + \theta_2) = \frac{1}{2}\left[(\varphi'_2 - \varphi'_1) + (\varphi''_2 - \varphi''_1)\right],$$

式中 φ'_1,φ'_2 和 φ''_1,φ''_2 分别是从分光计上相隔 180° 的两个游标上读得的值.

 实验步骤

(一)调整分光计

分光计的调整是按照先调整望远镜系统,再调节平行光管系统的先后次序进行的.

1. 用自准目镜调整望远镜使其能接收平行光(对焦无穷远)

(1) 旋转望远镜前端的自准目镜聚焦手轮 2,使双十字叉丝刻线位于目镜的焦平面上,此时看到的双十字叉丝最清晰.

（2）将双面反射平面镜（简称双面镜）放在载物台上，放置时位置如图 7-6 所示，镜面垂直于其中两个载物台调平螺钉（如 L，H）的连线. 点亮目镜筒附连的光标灯，就可以从望远镜目镜视场正中下方看到透过三棱镜背面的十字光标，转动载物台使双面镜对准望远镜，观察是否可从望远镜中看见经双面镜反射回来的光标像或其亮光斑，并且要求无论双面镜的 A 面还是 B 面对准望远镜都能看到它. 若看不到或只从其中一面看到，则说明镜面对望远镜的倾斜度不合适，应调节望远镜光轴高低调节螺钉 24 或载物台调平螺钉 L 或 H 加以改善，见到十字光标像后就可着手调节望远镜，使其对焦. 松开目镜锁紧螺钉 3，抽出或推入目镜筒，使光标像清晰且无视差（眼睛左右微微移动，光标像与辅助水平叉线像之间没有相对移动就是无视差）. 这样，望远镜就已对焦无穷远，可以接收平行光束了.

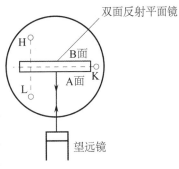

图 7-6　双面镜放置图

2. 调节望远镜光轴与分光计中心轴相垂直

平行光管和望远镜的光轴分别代表入射光和出射光的方向，为了测准角度，必须使它们的光轴与刻度盘平行，因刻度盘在制造时已垂直于分光计的中心轴，故需要把它们的光轴调节到与分光计的中心轴相垂直. 当光轴调节到与分光计的中心轴相垂直时，十字光标像将落在双十字叉丝刻线的第一条刻线上，即辅助水平叉线上.

调节前，先记住（A 面反射时）十字光标像在望远镜视场中所处的位置：是高于还是低于辅助水平叉线以及离该线的远近. 记清后转 180°让 B 面正对望远镜，观察由 B 面反射回来的十字光标像的位置，与 A 面反射时的情况进行比较，会碰到如下 3 种情况.

（1）无论是 A 面还是 B 面，十字光标像刚好与辅助水平叉线重合，此为最佳状态，即望远镜光轴与分光计中心轴垂直，双面镜也没有倾斜，如图 7-7(a)所示.

（2）无论是 A 面还是 B 面，十字光标像均处在辅助水平叉线的上方或下方，并且是同一高度，说明望远镜光轴倾斜了. 如图 7-7(b)所示的两种情况，只需调节望远镜光轴高低调节螺钉 24，使两面的十字光标像均到达辅助水平叉线处.

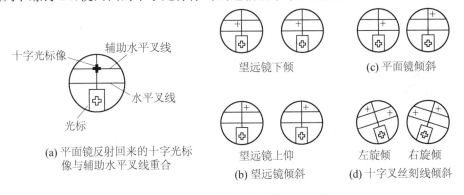

图 7-7　十字光标像常见的几种位置

（3）十字光标像分居于辅助水平叉线的上、下方，如图 7-7(c)所示，或者同上同下但不在同一高度，可以采用减半渐近调节法，即先调节望远镜光轴高低调节螺钉 24，使当前观察到的十字光标像向辅助水平叉线逼近一半[见图 7 - 8(a),(b)],再调节载物台调平螺钉 L,H 中离望远镜较近的那个螺钉,使十字光标像与辅助水平叉线完全重合.再将望远镜对准双面镜的另一面,以同样的方法调节.反复多次,直到两面的十字光标像均到达辅助水平叉线处[见图 7 - 8(c)].

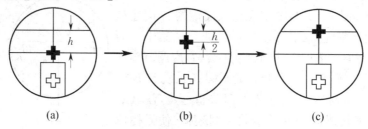

图 7 - 8　减半渐近调节法

注　调节完毕后,实验中不可再变动望远镜光轴高低调节螺钉 24 以及载物台调平螺钉 L,H.

3. 调节目镜中的十字叉丝刻线成正立

调节垂直刻线与分光计中心轴平行,应在步骤 2 之后进行.微转载物台,观察双面镜反射回来的十字光标像是否沿辅助水平叉线平行移动,如有交角,如图 7 - 7(d)所示,就要转动目镜筒进行改善(注意勿破坏已调好的对焦无穷远的状态).

4. 用已调好的望远镜系统调节平行光管系统

如果平行光管射出平行光束,那么狭缝像一定在望远镜焦平面上并与十字叉丝刻线像无视差.

调节步骤如下:

(1)从侧视和俯视两个方向用目视法调节平行光管光轴,使其与望远镜光轴大致重合(放在载物台上的双面镜已被拿开).

(2)将钠光灯放在平行光管前照亮狭缝,旋松狭缝装置锁紧螺钉 9,拉出或缩入狭缝筒,使在望远镜中能清晰地看到狭缝像,这样,从平行光管射出的已是平行光束了.调节平行光管最前面的狭缝装置上的狭缝宽度调节手轮 11,使狭缝宽为 0.5 mm 左右,再细调狭缝筒的前后位置,使狭缝像与望远镜目镜十字叉丝刻线像之间无视差,且十分清晰.若狭缝像与十字叉丝刻线不重合(或平行)而有交角,则微转狭缝筒改正.调好后稍旋紧狭缝装置锁紧螺钉 9 锁定狭缝筒.

(3)调节平行光管光轴高低调节螺钉 12,使望远镜目镜十字叉线的水平线处于狭缝像的全长的中心处,这样,平行光管的光轴就与望远镜的光轴处于同一平面了.

若要望远镜及平行光管的光轴都通过载物台中心,可分别调节望远镜光轴水平调节螺钉 23 和平行光管光轴水平调节螺钉 8.至此,分光计的调整工作基本完成.

(二)测量三棱镜的顶角 A

测量三棱镜顶角的方法有自准法和反射法两种.本实验要求用反射法测量.反射法的测量原理如下.

如图 7 - 9(a)所示,一束平行光由顶角方向射入,在两光学面上分成两束反射光.测

出两束反射光之间的夹角 φ，则可得顶角为

$$A = \frac{1}{2}\varphi.$$

在完成上述调整步骤后，把三棱镜放到如图 7－9(b) 所示的位置，使三棱镜的毛玻璃面 BC 靠近载物台边缘，并把角 A 的平分线大致对准平行光管(此举较重要，否则有一个折射面的反射光不能进入望远镜).

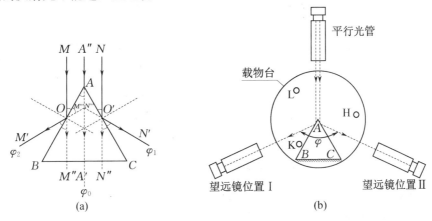

图 7－9　测量三棱镜的顶角 A

将钠光灯放在平行光管前照亮狭缝. 望远镜移向平行光管左边，边旋转边仔细寻找光学面 AB 反射回来的光线(也可以先用肉眼寻找，找到后再转望远镜，这样做更快). 找到后使用望远镜转角微调螺钉旋转望远镜，使其目镜十字叉丝的垂线对准狭缝像. 我们把此时望远镜的位置记为位置 Ⅰ，读出望远镜左边游标指示的角坐标值读数，记为 φ'_1，再读出望远镜右边游标的读数，记为 φ''_1. 继而把望远镜转向平行光管的右边，用相同的办法寻找由光学面 AC 反射的狭缝光，此时望远镜的位置记为位置 Ⅱ，将望远镜左边游标的读数记为 φ'_2，右边游标的读数记为 φ''_2.

望远镜从位置 Ⅰ 到位置 Ⅱ 所转过的角度为

$$\varphi = \frac{1}{2}\left[(\varphi'_2 - \varphi'_1) + (\varphi''_2 - \varphi''_1)\right],$$

由角度 φ 与顶角 A 的关系，得

$$A = \frac{1}{4}\left[(\varphi'_2 - \varphi'_1) + (\varphi''_2 - \varphi''_1)\right]. \qquad (7-3)$$

稍微变动载物台的位置，重复测量 3 次，即可算出顶角的 3 个数值，求其平均值 $\overline{A}$. 绝对误差 $\overline{\Delta A}$ 取 1′.

(三)测量最小偏向角

将三棱镜放回载物台上，旋转载物台，使 AC 面对着入射光，且使光线的入射角约为 45°，如图 7－10(a) 所示. 先用肉眼直接观察平行光经三棱镜 AB 面折射后的出射光方向，再使望远镜转至该出射光方向. 然后缓慢转动载物台，使从望远镜中看到的光谱线的移动方向是沿着偏向角减小的方向移动的(图中 δ_1 减小的方向). 若光谱线移出望远镜的视场，则必须转动望远镜以便跟踪到该光谱线. 当载物台继续转到某一位置时，光谱线不

再向同一方向移动，而是开始向相反的方向移动，即偏向角开始增大. 光谱线移动方向的这个转折位置即是三棱镜对该光谱线的最小偏向角的位置. 反复转动载物台，准确确定光谱线移动的转折位置，转动望远镜，将双十字叉丝的垂线对准光谱线，读取望远镜在该位置时两个游标的读数(θ'_1,θ''_1).

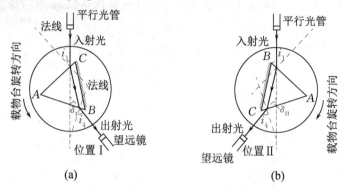

图 7 - 10 测量最小偏向角 $\delta_{\min}$ 的光路示意图

将三棱镜转到对称位置，如图 7 - 10(b)所示的状态，使 AB 面对着入射光，用上述方法测出左方的最小偏向角坐标值(θ'_2,θ''_2)，则

$$\delta_{\min}=\frac{1}{4}\left[(\theta'_2-\theta'_1)+(\theta''_2-\theta''_1)\right]. \tag{7-4}$$

共做 3 次测量，求平均值 $\overline{\delta_{\min}}$. 平均绝对误差 $\overline{\Delta\delta_{\min}}$ 取 $2'$.

数据记录与处理

用表 7 - 1 中的数据计算 $\overline{A}$，$\overline{\delta_{\min}}$，并把 $\overline{A}$，$\overline{\delta_{\min}}$ 的值代入式(7 - 2)中，求 n 值：

$$\overline{n}=\frac{\sin\dfrac{\overline{A}+\overline{\delta_{\min}}}{2}}{\sin\dfrac{\overline{A}}{2}},$$

为了计算 $\overline{\Delta n}$，有

$$\overline{\Delta n}=\left|\frac{\cos\dfrac{\overline{A}+\overline{\delta_{\min}}}{2}}{2\sin\dfrac{\overline{A}}{2}}\cdot\overline{\Delta A}-\frac{\overline{n}}{2}\cot\frac{\overline{A}}{2}\cdot\overline{\Delta A}\right|+\left|\frac{\cos\dfrac{\overline{A}+\overline{\delta_{\min}}}{2}}{2\sin\dfrac{\overline{A}}{2}}\cdot\overline{\Delta\delta_{\min}}\right|,$$

式中取 $\overline{\Delta A}=1'$，$\overline{\Delta\delta_{\min}}=2'$，$\overline{\Delta A}$，$\overline{\Delta\delta_{\min}}$ 应换算为弧度进行计算，$1'=\dfrac{\pi}{180\times60}$ rad.

写出结果表示式 $n=\overline{n}\pm\overline{\Delta n}$. 注意：$\overline{n}$ 是个比值，它与 $\overline{\Delta n}$ 都是无单位的量.

表 7 - 1　测量三棱镜顶角 A 及最小偏向角 $\delta_{\min}$ 的数据记录表

	$A=\dfrac{1}{4}\left[(\varphi_2'-\varphi_1')+(\varphi_2''-\varphi_1'')\right]$					$\delta_{\min}=\dfrac{1}{4}\left[(\theta_2'-\theta_1')+(\theta_2''-\theta_1'')\right]$				
次序	φ_1'	φ_1''	φ_2'	φ_2''	A	θ_1'	θ_1''	θ_2'	θ_2''	$\delta_{\min}$
1										
2										
3										
$A=\overline{A}\pm\overline{\Delta A}=$						$\delta_{\min}=\overline{\delta_{\min}}\pm\overline{\Delta\delta_{\min}}=$				

注:取 $\overline{\Delta A}=1'$，$\overline{\Delta\delta_{\min}}=2'$.

?思考题 ■■

　　分光计读数刻度盘角度值由小到大的排列方向是逆时针的,当转动望远镜时,转角小于180°,游标过零刻度,读得 I,II 两位置角的坐标值为 293°2′,33°47′.求望远镜的实际转角.表 7 - 1 应如何记录?

　　注　为避免遇到上述情况,方便计算,可把刻度盘零刻度对准望远镜位置;两个游标校调到其连线与平行光管出射光大致垂直,再进行测量.

🔍 相关拓展

式(7 - 3)的推导

　　图 7 - 9(a)显示,由平行光管射出的平行光束投射在三棱镜的顶角 A 及其周围,光线 $A''A'$ 是通过顶角 A 的(角位置坐标值为 φ_0);光线 MM'' 在 AB 面上的 O 点反射到 M'(角位置坐标值为 φ_2);光线 NN'' 在 AC 面上的 O' 点反射到 N'(角位置坐标值为 φ_1).

　　先看光线 MM'',OM'' 是 MO 的延长线,$M'O$ 延长线交 $A''A'$ 于 M'''.由平行线间关系得

$$\angle A'AO=\angle AOM\text{(内错角相等)},$$

由光的反射定律得

$$\angle AOM=\angle M'OB,$$

而 $\angle M'OB=\angle AOM'''$(对顶角相等),故得

$$\angle AOM'''=\angle A'AO,$$

$\triangle AM'''O$ 等腰,$\angle OM'''A'$ 是 $\triangle AM'''O$ 的外角,$\angle OM'''A'=2\angle A'AO$,所以

$$\angle A'AO=\frac{1}{2}\angle OM'''A'=\frac{1}{2}\mid\varphi_0-\varphi_2\mid.$$

再看光线 NN'',同上方法可得

$$\angle A'AO' = \frac{1}{2} \mid \varphi_1 - \varphi_0 \mid.$$

由于刻度尺上 $\varphi_2 > \varphi_0 > \varphi_1$，因此顶角

$$A = \angle A'AO + \angle A'AO' = \frac{1}{2} \mid \varphi_0 - \varphi_2 \mid + \frac{1}{2} \mid \varphi_1 - \varphi_0 \mid = \frac{1}{2}(\varphi_2 - \varphi_1).$$

分光计为了消除偏心差，在刻度盘同一直径上的两端安装读数游标，因此同一位置分别有两个坐标值，即位置 I 有 φ_1'，φ_1''，位置 II 有 φ_2'，φ_2''. 望远镜移动一个角度就会有两个差值的结果 $\varphi_2' - \varphi_1'$ 和 $\varphi_2'' - \varphi_1''$，取它们的平均值，即可消除偏心误差，故得

$$A = \frac{1}{2}\left[\frac{(\varphi_2' - \varphi_1') + (\varphi_2'' - \varphi_1'')}{2}\right] = \frac{1}{4}\left[(\varphi_2' - \varphi_1') + (\varphi_2'' - \varphi_1'')\right].$$

自准法测三棱镜的顶角 A

只要测量三棱镜两个光学面的法线之间的夹角 θ，就可求得顶角 A. 转动游标盘，使三棱镜 AC 面正对望远镜，如图 7-11 所示. 分别记下左、右边游标的读数 φ_1'，φ_1''，再转动游标盘，使三棱镜 AB 面正对望远镜，分别记下左、右边游标的读数 φ_2'，φ_2''. 同一游标两次读数之差 $\varphi_1' - \varphi_2'$ 或 $\varphi_1'' - \varphi_2''$，即载物台转过的角度 θ，所以 $\theta = \frac{1}{2}\left[(\varphi_1' - \varphi_2') + (\varphi_1'' - \varphi_2'')\right]$. 而 θ 是 A 角的补角，因此

$$A = 180° - \frac{1}{2}\left[(\varphi_2' - \varphi_1') + (\varphi_2'' - \varphi_1'')\right].$$

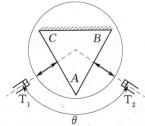

图 7-11 自准法测顶角 A 示意图

牛顿环干涉现象的研究和测量

光学是物理学的重要组成部分,是一门与其他应用技术紧密结合的学科,也是当前科学领域最活跃的前沿阵地之一. 光的干涉是重要的光学现象之一,是光的波动性的重要实验依据,在科学研究和工程技术上有着广泛的应用. 牛顿环是一种用振幅分割法得到的等厚干涉现象,最早为牛顿所发现. 本实验利用牛顿环测平凸透镜的曲率半径以及汞光的波长,以加深实验者对光的等厚干涉和波动性的理解,使实验者掌握光干涉法测量的基本思想.

实验目的

1. 观察牛顿环干涉现象.
2. 练习用牛顿环干涉法测平凸透镜的曲率半径.
3. 学习牛顿环干涉中由已知波长测量未知波长的方法.

实验仪器

牛顿环装置、移测显微镜、钠光灯(平均波长 $\bar{\lambda} = 589.3$ nm)、汞光灯.

实验原理

两束频率相同、振动方向相同且相位差恒定的光,在叠加区相遇后会产生明暗相间的图样,这就是光的干涉现象. 若两束反射光在相遇时的光程差取决于产生反射光的薄膜厚度,则同一干涉条纹所对应的薄膜厚度相同,这称为等厚干涉.

1. 牛顿环

将一块曲率半径较大的平凸透镜的凸面置于一光学平玻璃板上,在透镜凸面和平玻璃板间就形成一层空气薄膜,其厚度从接触点到边缘逐渐增大. 当平行光垂直入射时,入射光将在此薄膜上、下两表面反射,产生具有一定光程差的两束相干光. 显然,它们的干涉图样是以接触点为中心的一系列明暗交替的同心圆环——牛顿环. 牛顿环形成的光路示意图及干涉图样如图 8-1 所示. 考虑到透镜凸面的曲率半径很大,与水平面所成的角度很小,凸面近似为平面,当光垂直入射时,可认为从空气薄膜下表面反射的光几乎沿着入射光方向反射回去. 考虑垂直入射到 r_k 处的一束光,波长为 λ,空气薄膜厚度为 e_k,由光路分析可知,第 k 级条纹对应的两束相干光的光程差为

$$\delta = 2e_k + \frac{\lambda}{2}. \tag{8-1}$$

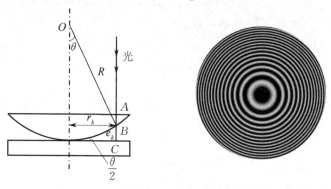

图 8-1 牛顿环形成的光路示意图及干涉图样

由图 8-1 可知

$$R^2 = r_k^2 + (R - e_k)^2,$$

化简得

$$r_k^2 = 2e_k R - e_k^2.$$

如果空气薄膜厚度 e_k 远小于透镜的曲率半径,即 $e_k \ll R$,则可略去二阶小量 e_k^2,于是有

$$e_k = \frac{r_k^2}{2R}. \tag{8-2}$$

将 e_k 值代入式(8-1),得

$$\delta = \frac{r_k^2}{R} + \frac{\lambda}{2}.$$

由干涉条件可知,当 $\delta = \dfrac{(2k+1)\lambda}{2}$ 时,干涉条纹为暗条纹. 于是有

$$r_k^2 = k\lambda R \quad (k = 0,1,2,\cdots). \tag{8-3}$$

如果已知入射光的波长 λ,并测得第 k 级暗条纹的半径 r_k,则可由式(8-3)算出透镜的曲率半径 R. 反之,如果已知 R,测量 r_k 后,就可以算出单色光的波长 λ.

观察牛顿环时将会发现,牛顿环中心不是一点,而是一个不太清晰的暗圆斑,其原因是透镜与平玻璃板接触时,由于接触压力引起形变,使接触处为一圆面,干涉条纹本身具有一定的宽度,从而引起附加的光程差.

我们可以通过取两个暗条纹半径的平方差值来消除附加的光程差所带来的系统误差. 假设附加厚度为 a,则光程差

$$\delta = 2(e_k \pm a) + \frac{\lambda}{2} = \frac{(2k+1)\lambda}{2},$$

即

$$e_k = \frac{k\lambda}{2} \mp a.$$

将式(8-2)代入,得

$$r_k^2 = kR\lambda \mp 2Ra.$$

取第 m,n 级暗条纹,则对应的暗条纹半径满足

$$r_m^2 = mR\lambda \mp 2Ra,$$

$$r_n^2 = nR\lambda \mp 2Ra,$$

将两式相减,得

$$r_m^2 - r_n^2 = (m-n)R\lambda.$$

可见, $r_m^2 - r_n^2$ 与附加厚度 a 无关,又因暗环圆心不易确定,故取暗环的直径替换暗环的半径,得

$$D_m^2 - D_n^2 = 4(m-n)R\lambda.$$

因而,透镜的曲率半径

$$R = \frac{D_m^2 - D_n^2}{4(m-n)\lambda}. \tag{8-4}$$

由式(8-4)可知,测出第 m,n 级暗环的直径 D_m, D_n,就可得到透镜的曲率半径 R.

2. 波长的相对测量

若有未知波长 λ_x 的单色光,观测其干涉产生的牛顿环. 由式(8-4)可知,当知道第 m,n 级暗环的直径 D_m 和 D_n,以及凸透镜的曲率半径 R 时,便可求得该单色光波长 λ_x.

仪器描述

实验装置结构图如图8-2所示,实验装置可分牛顿环装置、移测显微镜和光源三部分,各部分简单介绍如下.

1. 牛顿环装置

如图8-2(b)所示,一个半径很大的平凸透镜放在一块精磨的平玻璃板上,用其凸面与玻璃接触,通过一个螺旋夹子把它们夹在一起,调整其上面的三个螺钉,可以调节夹在中间的空气薄膜厚度,使得视场能够看到清晰的呈正圆形的干涉环. 调整时螺钉不可拧得太紧,以防压坏玻璃;也不能太松,否则轻碰或轻微震动就会使干涉条纹发生改变,影响观察和测量.

2. 移测显微镜

如图8-2(a)所示,该装置是用来测量微小物体尺寸的仪器,它由一个附有十字叉丝目镜的显微镜和连着移动机构的螺旋测微系统组成,称为移测显微镜. 有些移测显微镜是显微镜不动而使载物台左右移动(甚至可做前后移动或转动);有些是载物台不动而显微镜左右移动,其目的都是使显微镜与被测物体有相对移动. 显微镜由镜筒、物镜和目镜

组成.目镜内装有十字叉丝,旋转目镜即可对它聚焦,使叉丝成像清晰,松开目镜固定螺钉,转动目镜筒使叉丝在视场中分别沿水平和垂直方向.转动调焦手轮,可使物镜筒上下移动,从而对被观察的物体聚焦,使我们看到一个清晰的物体放大像.当显微镜相对于被测物体移动时,在显微镜视场中可以看到物像沿水平方向相对于垂直叉丝移动,其横向相对位移可以由移动前后在测微器上的两次读数 x_1,x_2 之差得出.由于移动时以垂直叉丝先后对准被测物体的两端为起点与终点,因此被测长度为 $L=|x_1-x_2|$.

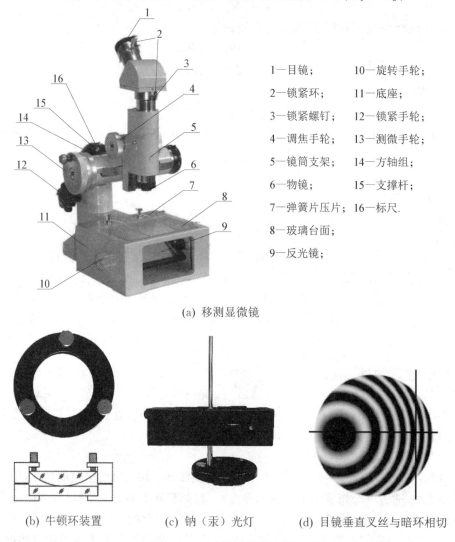

1—目镜；　　　 10—旋转手轮；

2—锁紧环；　　 11—底座；

3—锁紧螺钉；　 12—锁紧手轮；

4—调焦手轮；　 13—测微手轮；

5—镜筒支架；　 14—方轴组；

6—物镜；　　　 15—支撑杆；

7—弹簧片压片； 16—标尺.

8—玻璃台面；

9—反光镜；

(a) 移测显微镜

(b) 牛顿环装置　　　　(c) 钠（汞）光灯　　　(d) 目镜垂直叉丝与暗环相切

图 8-2　牛顿环实验装置图

移测显微镜是依靠旋转螺杆带动显微镜筒(或载物台)横向移动的.由于螺杆和螺母的齿间无法做成完全吻合,须留有一定空隙才能便于移动,因此,若转到某一位置时反向倒转测微手轮,在显微镜筒(或载物台)开始实际反向移动前,螺旋测微装置上已有一个位移读数,这就是空程误差(也称螺旋距差).空程误差只发生在测微手轮反向旋转过程中.测量时如果手轮(螺杆)一直沿一个方向转动,就不会产生空程误差.

3. 光源

如图 8 - 2(c)所示,实验所用的钠光灯,可发出平均波长为 589.3 nm 的单色光,而汞光灯发出的不是单色光,两种灯的灯座相同,且都由交流 220 V 电源供电.

实验步骤

本实验对钠光和汞光的测量步骤、方法、仪器调节、数据记录表格基本一致,可先做任意一种,做完之后更换光源再进行另一组测量,实验数据分别记录在表 8 - 1 和表 8 - 2 中.

注　两个实验必须用同一个牛顿环装置进行测量,根据钠光的平均波长求出牛顿环装置的曲率半径,进而可求出汞光的平均波长.基于波长的相对测量方法,不直接使用透镜曲率半径,而是与钠光的平均波长相比较求出汞光的平均波长,参见数据记录与处理部分对汞光的平均波长计算的推导.

1. 仪器及装置的调整

(1) 接通电源,点燃色灯.调节移测显微镜测微手轮,使标尺的指针尽量处在尺子中央约 25 mm 附近.

(2) 将牛顿环装置放在移测显微镜载物台上,并使牛顿环中心(估计)位于移测显微镜物镜筒正下方.摆好 3 个螺钉的方向(注意螺钉不能挡住入射光).

(3) 调节移测显微镜目镜,使十字叉丝聚焦,并使十字叉丝的两条正交线分别平行于视场中的水平和垂直方向.

(4) 转动移测显微镜调焦手轮,使物镜接近牛顿环装置,然后在目镜中观察,并继续缓慢调节调焦手轮,使镜筒自下向上升起(避免镜筒下降过度而撞压损坏物镜和牛顿环装置),直到从目镜中观察到的干涉图形最清晰为止,并使十字叉丝与环形条纹之间无视差.

(5) 如果牛顿环中心明显不处在十字叉丝的水平线上,可用手轻轻移动牛顿环装置,调整它在载物台上的位置,通过目测使其达到要求.旋转测微手轮,检查物像是否沿水平方向移动,否则须调节十字叉丝的方向,使之满足要求.调节完成后视场如图 8 - 2(d)所示.

2. 测量与记录

(1) 在读数之前,要掌握螺旋测微装置的读数方法.本实验的螺旋测微螺杆螺距为 1 mm,转一圈,显微镜位移为 1 mm,测微手轮一圈分 100 格,即每格为 0.01 mm.读数时需要估读一位有效数字,即估计到 0.001 mm.读数大于 1 mm 的部分由标尺读出,小于 1 mm 的部分由测微手轮读出.

(2) 测量暗环直径.通过获取垂直叉丝与各暗环的两侧相切的两个读数 x_k 和 x'_k 可得暗环直径 $D_k = |x_k - x'_k|$. 在多次测量中,为了避免产生空程误差,须保证所有读数都是在显微镜向同一方向移动时读取的,所以要先从中心环开始向一侧移动显微镜,同时数出叉丝扫过的环数,达到某一暗环(取第 50 环)后,再继续旋转数环(5 环以上)停下,然后反向转动测微手轮,倒退到第 50 环处停下,读取坐标值 x_k($k=50$),继续向同一个方向旋转测微手轮,每隔 5 环记取 1 个 x_k($k=45,40,\cdots,5$),然后穿过环中心到达另一侧,继续沿一个方向旋转,从第 5 环开始记录,每隔 5 环读取一个坐标值 x'_k($k=5$,10,$\cdots$,50).为了减小实验误差,可以在环中心的一侧测量时使垂直叉丝与暗环外切,在

环中心的另一侧测量时使垂直叉丝与暗环内切,如图 8 - 3 所示.将数据记录于表 8-1 和表 8-2 中.

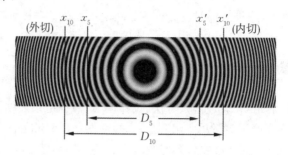

图 8 - 3 牛顿环直径的测量

数据记录与处理

(1) 对于两种色光(λ 和 λ_x),测得数据填入表 8 - 1 和表 8 - 2 中,分别算出各暗环的直径 $D_k(d_k) = |x_k - x'_k|$ 及 $D_k^2(d_k^2)$,并用逐差法算出 $D_{k+25}^2 - D_k^2$ 和 $d_{k+25}^2 - d_k^2$(取 $k = 5,10,15,20,25$),以及其平均绝对误差 $\overline{\Delta(D_{k+25}^2 - D_k^2)}$ 和 $\overline{\Delta(d_{k+25}^2 - d_k^2)}$,并填入表中.

表 8 - 1 牛顿环实验数据记录表格(钠光灯)

仪器误差 $\Delta_仪 = 5\,\mu m$					$\lambda_{Na} = 589.3\,nm = 0.589\,3\,\mu m$	
k	x_k/mm	x'_k/mm	D_k/mm	D_k^2/mm^2	$(D_{k+25}^2 - D_k^2)/mm^2$	$\Delta(D_{k+25}^2 - D_k^2)/mm^2$
5						
10						
15						
20						
25						
30						平均
35					$\overline{D_{k+25}^2 - D_k^2}/mm^2$	$\overline{\Delta(D_{k+25}^2 - D_k^2)}/mm^2$
40						
45						
50						

表 8 - 2 牛顿环实验数据记录表格(汞光灯)

仪器误差 $\Delta_仪 = 5\,\mu m$					$\lambda_{Hg} = \underline{\quad\quad}\,\mu m$	
k	x_k/mm	x'_k/mm	d_k/mm	d_k^2/mm^2	$(d_{k+25}^2 - d_k^2)/mm^2$	$\Delta(d_{k+25}^2 - d_k^2)/mm^2$
5						
10						
15						

续表

仪器误差 $\Delta_\text{仪} = 5\ \mu m$					$\lambda_\text{Hg} = $ _____ μm	
k	x_k/mm	x'_k/mm	d_k/mm	d_k^2/mm^2	$(d_{k+25}^2 - d_k^2)$/mm^2	$\Delta(d_{k+25}^2 - d_k^2)$/mm^2
20						
25						
30					平均	
35					$\overline{d_{k+25}^2 - d_k^2}$/mm^2	$\overline{\Delta(d_{k+25}^2 - d_k^2)}$/mm^2
40						
45						
50						

(2) 将表中数据代入式(8-4)进行计算.

$$\overline{R} = \frac{\overline{D_{k+25}^2 - D_k^2}}{4 \times 25 \lambda_\text{Na}}, \quad \overline{\Delta R} = \frac{\overline{\Delta(D_{k+25}^2 - D_k^2)}}{4 \times 25 \lambda_\text{Na}}.$$

为了减小计算误差,求汞光的平均波长时,并不利用求得的 R 值,而是与钠光的平均波长相比较进行计算.

$$\overline{\lambda_\text{Hg}} = \frac{\overline{d_{k+25}^2 - d_k^2}}{\overline{D_{k+25}^2 - D_k^2}} \cdot \lambda_\text{Na},$$

$$\overline{\Delta \lambda_\text{Hg}} = \left[\frac{\overline{\Delta(d_{k+25}^2 - d_k^2)}}{\overline{d_{k+25}^2 - d_k^2}} + \frac{\overline{\Delta(D_{k+25}^2 - D_k^2)}}{\overline{D_{k+25}^2 - D_k^2}} \right] \cdot \overline{\lambda_\text{Hg}},$$

最后结果为

$$R = \overline{R} \pm \overline{\Delta R},$$
$$\lambda_\text{Hg} = \overline{\lambda_\text{Hg}} \pm \overline{\Delta \lambda_\text{Hg}}.$$

！注意事项 ■▪

1. 为了避免螺旋测微装置的空程误差,在整个测量过程中,测微手轮只能沿一个方向转动,若中途稍有反转,全部数据应作废,重新测量.

2. 读数时应尽量使目镜十字叉丝的垂直叉丝与暗环边相切,如果环中心左侧外切,右侧就要内切.

？思考题 ■▪▪

1. 在牛顿环实验中,假如平玻璃板上有微小的凸起,则凸起处空气薄膜厚度变小,导致等厚干涉条纹发生畸变.试问:这时的牛顿环暗环是局部内凹还是外凸? 为什么?

2. 用白光照射时能否看到牛顿环干涉条纹? 此时条纹有何特征?

🔍 相关拓展

牛顿和牛顿环

牛顿(见图 8-4)，英国物理学家、天文学家和数学家，经典力学体系的奠基人.

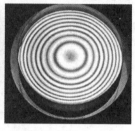

为了研究薄膜的颜色，牛顿曾经仔细研究过平凸透镜和平玻璃板组成的实验装置，发现了"牛顿环"现象，并做了精确的定量测量. 但由于牛顿主张光的微粒说，因此他未能对这一现象做出正确的解释. 直到 19 世纪初，托马斯·杨才用光的干涉原理解释了牛顿环现象，并参考牛顿的测量结果计算了不同颜色的光波对应的波长

图 8-4　牛顿和牛顿环

和频率."牛顿环"干涉现象是光的波动性的有力证据之一. 物理学家利用这一简单装置，进行了大量的研究，推动了光的波动理论的建立和发展. 例如，托马斯·杨利用牛顿环装置验证了相位跃变理论；阿拉戈通过检验牛顿环的偏振状态，对光的微粒说提出了质疑；菲佐用牛顿环测定了钠双线的波长差，并据此推断钠黄光具有两个强度几乎相同的分量. 如今，牛顿环已经在工业测量中得到广泛的应用，如测量光波波长、测量微小角度或薄膜厚度、观测微小长度变化、检测光学表面加工质量、测量液体折射率等.

实验九

旋光性溶液浓度的测量

1808 年,法国物理学家及军事工程师马吕斯在实验中发现了光的偏振现象.在进一步研究光的简单折射中的偏振时,他发现光在折射时是部分偏振的.阿拉戈在 1811 年发现,当用线偏振光以不同的入射角度投向各种透明的气态、液态和晶态物质时,它的振动面将以光的传播方向为轴线旋转一定的角度,这种现象称为旋光现象,能使振动面旋转的物质称为旋光性物质.

许多有机化合物,如石油、葡萄糖等,都具有旋光性,这是由于其分子结构不对称而导致的.这些物质的各种物态都具有旋光性,包括这些物质的溶液.一些矿物(如石英、朱砂等)也具有旋光性,这种旋光性是由于结晶构造而导致的,所以当晶形消失以后,旋光性也就消失.旋光测量可用于化学、生物学等的科学研究和工业生产,如制糖、制药、食品加工等.

实验目的

1. 观察线偏振光通过旋光性物质的旋光现象.
2. 了解旋光仪的结构原理.
3. 学习用旋光仪测旋光性溶液的旋光率和浓度.

实验仪器

旋光仪、蔗糖溶液、水等.

实验原理

实验表明,旋光现象具有如下特性.

(1)线偏振光通过不同的旋光性物质,振动面旋转的方向不同.逆着光传播的方向看,使振动面沿顺时针方向旋转的物质称为右旋物质,使振动面沿逆时针方向旋转的物质称为左旋物质.

（2）振动面转过的角度称为旋光角 φ，它与晶体的厚度 l 成正比.对旋光性溶液,旋光角 φ 正比于光所通过的液柱长度 l 和溶液的浓度 c,即

$$\varphi = \alpha l c, \tag{9-1}$$

式中 l 的单位为 m；c 的单位为 $kg \cdot m^{-3}$；α 是与物质性质有关的系数,称为该种物质的旋光率,单位为 $(°) \cdot m^2 \cdot kg^{-1}$.

（3）旋光率 α 与温度有关,但对大多数物质,温度每升高 1 ℃,旋光率仅减小千分之几.温度一定时,α 一般会随着光的波长的增大而减小,即不同波长的线偏振光通过一定长度的旋光性物质后振动面旋转的角度会不同,这种现象称为旋光色散.

根据以上特性,在已知温度、单色光波长和某种物质旋光率 α 的条件下,就可以借助测定单色线偏振光通过一定长度的旋光性物质的溶液后振动面旋转的角度 φ 来确定旋光性溶液的浓度 c.这种方法既迅速又可靠,广泛用于工业测量.

测量物质旋光角的装置称为旋光仪,其结构如图 9-1 所示.先将旋光仪中偏光片 4 和检偏镜 7 的通光方向调到相互正交,这时在目镜 9 中看到最暗的视场;然后装上测试管 6,转动检偏镜,使因振动面旋转而变亮的视场重新达到最暗,此时检偏镜的旋转角度 φ 即表示被测溶液引起的旋光角.观测线偏振光的振动面旋转的实验原理如图 9-2 所示.

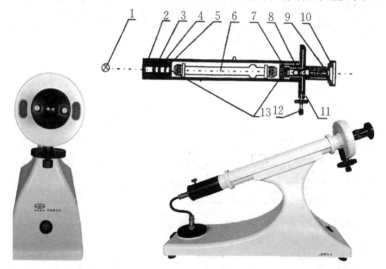

1—LED 光源；2—聚光镜；3—滤色镜；4—偏光片；5—石英（半波）片；6—测试管；7—检偏镜；8—物镜；9—目镜；10—放大镜；11—游标；12—检偏镜手轮；13—保护片.

图 9-1　旋光仪示意图

因为人眼很难准确判断视场明暗的微小变化,难以确定视场是否达到最暗,所以用上述方法测得的旋光角 φ 准确度有限.实际测量时使用半荫法,该方法不需要判断视场是否达到最暗,只需要比较视场中两相邻区域的亮度是否一致,而人眼对相邻视场的微弱亮度对比很敏感,所以这种方法能提高判断的准确性.

半荫式起偏镜如图 9-3 所示.在偏光片后再加一石英片,此石英片和偏光片的中央部分在视场中重叠,将视场分为三部分.同时在石英片两旁装上等厚度的光学玻璃片,以

补偿由于石英片产生的光程变化,这就构成半荫式起偏镜.取石英片的光轴平行于自身表面,并与偏光片的通光方向成一角度 θ(仅零点几度).由光源发出的光经偏光片后成为线偏振光,其中央部分光再经过石英片,其厚度恰使在石英片内分解成的 o 光(寻常光)和 e 光(非寻常光)的相位差为 π(或 π 的奇数倍),出射光的偏振面转过了 2θ.所以自然光经过半荫式起偏镜进入旋光性物质的光是振动面间的夹角为 2θ 的两种 3 束线偏振光.

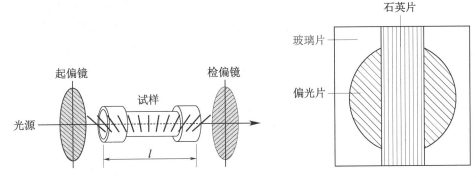

图 9-2 观测线偏振光的振动面旋转的实验原理图 　　图 9-3 半荫式起偏镜

在图 9-4 中,通过玻璃到达检偏镜的光,振动方向不变,设该振动方向为 OP,通过石英片的光振动方向旋转了 2θ,设该振动方向为 OP',OP 与 OP' 的夹角即为 2θ,OA 表示检偏镜的通光方向,β,β' 分别表示 OP,OP' 与 OA 的夹角.再以 A_P 和 A_P' 分别表示通过偏光片和通过偏光片加石英片的偏振光在检偏镜通光方向的分量,则由图 9-4 可知,当转动检偏镜时,OA_P 和 OA_P' 的大小将发生周期变化,反映在从望远镜中见到的视场上将出现亮、暗交替变化(见图 9-4 的下半部分).图 9-4 中列出了 4 种显著不同的情形.

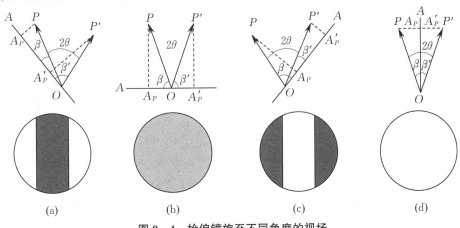

(a) 　　　　　(b) 　　　　　(c) 　　　　　(d)

图 9-4 检偏镜旋至不同角度的视场

(1) $\beta < \beta'$,$OA_P > OA_P'$,通过检偏镜观察时,与石英片对应的中央部分为暗区,与玻璃片对应的两旁为亮区,如图 9-4(a)所示.当 $\beta' = \dfrac{\pi}{2}$ 时,中央区全暗.

(2) $\beta = \beta'$,$OA_P = OA_P'$,通过检偏镜观察时,视场中三部分的分界线消失,亮度相等,都较暗,如图 9-4(b)所示.

（3）$\beta > \beta'$，$OA_P < OA_P'$，视场又分为三部分，与石英片对应的中央部分为亮区，与玻璃片对应的两旁为暗区，如图 9-4(c)所示. 当 $\beta = \dfrac{\pi}{2}$ 时，左、右两区全暗.

（4）$\beta = \beta'$，$OA_P = OA_P'$，视场中三部分的分界线消失，亮度相等，都较亮，如图 9-4(d)所示.

由于在亮度不太高的情况下，人眼辨别亮度的微小差别能力较好，况且 φ 很小时，0 与 $\sin^2\varphi$ 的对比度比 1 与 $\cos^2\varphi$ 的对比度大得多，因此取图 9-4(b)所示的视场作为判断视场，并将此时检偏镜的通光方向的角位置作为刻度盘的零点（称为视场零点）. 实验前应调出视场零点，这时暗视场三部分的亮度一致，并记录下此时的零点读数值 φ_0. 本实验中，将装有旋光性溶液的试管放进旋光仪，由半荫式起偏镜射过来的两种偏振光都通过试管，那么它们的振动面会被旋光性溶液旋转相同的角度 φ，并保持两振动面的夹角 2θ 不变. 此时转动检偏镜，使视场回到图 9-4(b)所示的状态，则检偏镜转过的角度即为被测溶液引起的旋光角 φ.

实际测量中常常通过测旋光性溶液的旋光角来确定该溶液的浓度 c. 由式(9-1)可知，若已知溶液的旋光率 α 和试管的长度 l，测出旋光角 φ 后，即可确定浓度 c.

实验步骤

先测出 4～5 种已知浓度为 c_i 的蔗糖溶液旋光角 φ_i，再测出未知浓度的蔗糖溶液旋光角 φ_x，将数据记入表 9-1. 利用已知的 φ_i，c_i 值和零点读数值 φ_0，在坐标纸上作一直线，并在直线上尽可能远的位置（非实验点）取两个点，计算出直线的斜率，并根据盛装溶液的试管长度 l 确定物质的旋光率 α（注意单位换算）.

1. 调整旋光仪

（1）眼睛通过目镜观察视场，旋转旋光仪的目镜筒使石英片成像，看清楚视场中三部分的分界线，转动检偏镜手轮，观察 4 种视场的交替变化.

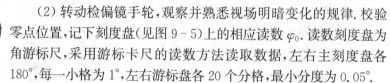

（2）转动检偏镜手轮，观察并熟悉视场明暗变化的规律. 校验零点位置，记下刻度盘（见图 9-5）上的相应读数 φ_0. 读数刻度盘为角游标尺，采用游标卡尺的读数方法读取数据，左右主刻度盘各 $180°$，每一小格为 $1°$，左右游标盘各 20 个分格，最小分度为 $0.05°$.

（3）将注入了溶液的测试管装进旋光仪，检验溶液是否有旋光现象.

图 9-5 仪器刻度盘图

2. 测定旋光性溶液的旋光率和浓度

（1）由于旋光率与所用光波波长、温度以及溶液浓度均有关系，所以测定旋光率时应对上述各量做记录或加以说明.

（2）将纯净待测物质（如蔗糖）事先配制成不同浓度的溶液，分别注入同一长度 $l = 10$ cm（或 20 cm）的测试管内. 测出在不同浓度下的旋光角 φ. 在坐标纸上作 φ-c 图线，求出斜率 B，并由 $\dfrac{B}{l}$ 算出物质该浓度下的旋光率 α.

（3）测出待测溶液的旋光角 φ_x，再在旋光图线（$\varphi\text{-}c$ 图线）上找到并标注待测溶液的浓度 c_x（方法一）．

（4）测出待测溶液的旋光角 φ_x，通过 $\varphi\text{-}c$ 图的斜率 B，按 $c_x = \dfrac{\varphi_x - \varphi_0}{B}$ 计算待测溶液的浓度 c_x（方法二）．

数据记录与处理

表 9-1　旋光角测量数据记录表

波长 $\lambda = 589.3$ nm，温度 $t =$ _____℃，试管长 $l =$ _____ cm

蔗糖溶液浓度 $c/(\text{kg}\cdot\text{m}^{-3})$	旋光角 $\varphi/(°)$										$\overline{\varphi}$
	第1次		第2次		第3次		第4次		第5次		
	左	右	左	右	左	右	左	右	左	右	
0（视场零点）											—
20											
40											
60											
80											
100											
c_x（未知）											

注：表中的 20，40，60，80，100 及 c_x 分别代表蔗糖溶液浓度为 20 kg·m^{-3}，40 kg·m^{-3}，60 kg·m^{-3}，80 kg·m^{-3}，100 kg·m^{-3} 及未知浓度 c_x．

！注意事项 ■

1. 溶液应装满测试管，不能有气泡．如果有气泡，则应摇动测试管把气泡移至测试管凸处．

2. 为减小测量误差，测定旋光角 φ 时应重复测读 5 次，并读取左右游标，取其平均值．

3. 测试管注满溶液后，装上橡皮圈，旋上螺帽，直至不漏水为止．螺帽不宜旋得太紧，否则护片玻璃会产生应力，影响读数准确性．然后将测试管两头残余溶液抹干，以免影响观察清晰度及测量精度．

？思考题 ■

1. 旋光仪用双游标读数可以消除偏心差，为什么？

2. 为什么旋光仪的起偏镜要用半荫式的，而检偏镜用普通的偏光镜？

3. 为什么取图 9-4(b) 的角位置作为视场零点，而不是取图 9-4(d) 的角位置？

用分光计测定光栅常数

光栅是一种重要的光学分光元件,它由大量等宽、等间距的平行狭缝构成,利用多光束衍射的原理使光发生色散,将不同波长的光按一定的规律分开.光栅广泛地应用于对各种原子光谱的分析.通过本实验,学习光谱分析方法,了解光谱规律,加深对玻尔原子理论的理解.这对于原子物理学的学习是十分必要的.

实验目的

1. 理解光栅衍射的原理,观察光线通过光栅的衍射现象.
2. 掌握利用已知波长的光测定光栅常数的方法.

实验仪器

分光计、衍射光栅、钠光灯.

实验原理

光栅有透射光栅和反射光栅两种. 透射光栅由金刚石刻刀在一块平面玻璃上刻画得到,而反射光栅则把刻痕刻在磨光的硬质合金上. 精制的光栅,在 1 cm 内刻痕可达一万条以上. 本实验使用的是复制的全息照相透射光栅,它由在玻璃上覆盖具有大量平行狭缝的胶膜构成,相当于在一块透明玻璃上刻有若干排列均匀、相互平行的刻痕,未刻部分透光.

根据夫琅禾费衍射理论,当一束平行单色光垂直照射在光栅平面上时,透过各狭缝的光线产生衍射,经透镜会聚后相互干涉,并在透镜焦平面上形成由较宽的暗区隔开的一系列锐利的明亮条纹,称为谱线. 如图 10-1 所示,谱线明纹所对应的衍射角 φ_k(衍射光与衍射平面法线之间的夹角)应满足以下条件:

$$d \sin \varphi_k = k\lambda \quad (k = 0, \pm 1, \pm 2, \cdots), \tag{10-1}$$

式中 d 为光栅的缝宽 a 和缝距 b 之和（$d = a + b$），即相邻两狭缝上对应点之间的距离，称为光栅常数，是光栅的主要参数之一；λ 为入射光的波长；k 为光谱线的级次. 式（10-1）称为光栅方程.

如果入射光是由几种不同波长的光组成的复色光，则经光栅衍射后，在 $k = 0$ 处，各色光仍叠加为复色光，称为中央明纹. 其余同一级谱线对不同波长有不同的衍射角 φ_k，从而在同一级谱线中形成按波长大小的顺序对称依次排列的一组彩色谱线，称为光谱.

从式（10-1）可以看出，若入射光的波长 λ 已知，测出其一谱线对应的衍射角 φ_k，便可得到该光栅的光栅常数 d. 同理，若光栅常数 d 已知，测出其一谱线对应的衍射角 φ_k，便可得到该谱线对应的波长 λ. 实验中我们采用分光计测量衍射角 φ_k.

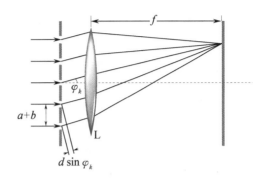

图 10-1　光栅衍射示意图

当入射光方向与光栅平面并不垂直，而是与它的法线方向成 α 角时，光栅方程应为

$$d(\sin \alpha \pm \sin \varphi_k) = k\lambda \quad (k = 0, \pm 1, \pm 2, \cdots), \tag{10-2}$$

式中"＋"号表示入射光和衍射光在法线的同侧，而"－"号则表示入射光和衍射光在法线的异侧. 所以，在利用式（10-1）计算时，一定要保证平行光垂直入射.

实验步骤

1. 仪器调节

（1）分光计调节.

要求望远镜聚焦于无穷远，望远镜光轴垂直于仪器的中心旋转轴；平行光管产生平行光，其光轴也垂直于转轴，且与望远镜的光轴处同一平面. 具体的调节方法见实验七.

（2）光栅调节.

① 调节光栅平面（刻痕所在平面）使之与仪器中心旋转轴平行，且平行光管发出的平行光垂直照射光栅平面.

先把平行光管的狭缝照亮，将望远镜叉丝对准狭缝，固定望远镜，把光栅按图 10-2 所示放置于载物台上，光栅平面背向平行光管（对着望远镜），并位于载物台中心轴线上，然后点亮产生光标的电珠. 转动载物台，并适当调节螺钉 H，L 来配合，直至在望远镜中见到经光栅平面反射回来的光标像与目镜辅助水平叉丝的像重合，如图 10-3 所示. 注意：望远镜已于前一步调好，在本步骤中不可再动，在调光栅位置的过程中可遮住光，以免干扰对光标的观察.

 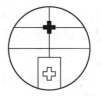

图 10 - 2　光栅于载物台上的位置　　　图 10 - 3　光标像的位置

② 调节光栅的刻痕与中心轴平行.

分别把望远镜向左、向右转动,观察正、负各级谱线的中点是否落在水平叉丝上(或谱线在视场中高低是否一致),若是,则已平行;否则,要调节螺钉 K 进行修正.调过后反复检查①,②两步,直至两个要求均满足为止.

③ 调节狭缝和光栅刻痕平行.

由于光栅已调好,故微微旋转狭缝,使光谱线垂直于望远镜转动方向即可.同时适当调节狭缝的宽度,以使谱线细锐,并有足够的亮度(以能分辨出黄双线为准).

2. 测量

(1) 以钠光灯为光源照亮狭缝,观察钠光谱线的分布情况.

如图 10 - 4 所示,将望远镜正对平行光管,可以见到中央明纹(与光源的颜色相同,黄色,只有一条明亮的钠光线);继续向右转动望远镜(设向右谱线级数为正),第一次见到的钠光双线为+1级谱线,如果只见到一条黄光线,则减小狭缝的宽度,至能清晰见到黄双线为止,此双线互相紧靠在一起,角距离只有 $1'\sim2'$;再向右较大幅度地转动望远镜,第二次见到的钠光双线为+2级谱线,此时的双线分开了一些,但光强较弱,可增大狭缝的宽度至能清晰见到黄双线为止.继续向右转动,可以见到 +k 级的谱线(至于最多能观察到多少级的谱线,请参见相关教材内容).然后,向左转动,越过中央明纹,按照上述相同方法操作,可以观察到负级谱线.

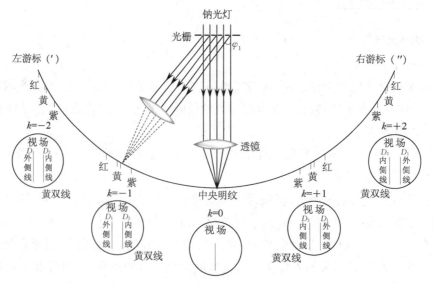

图 10 - 4　钠光衍射光谱示意图

（2）测量谱线的衍射角.

当＋2～－2级谱线均正常出现时（谱线的中点落在水平叉丝上,谱线垂直于望远镜转动方向）可进行测量.仍从中央明纹开始,向右转动望远镜,寻找＋1级黄双线,见到＋1级钠光谱线后,改用微调螺钉转动望远镜,使目镜中的垂直叉丝对准最先靠近来的第一级钠光谱线 D_2（内侧线,$\lambda_{D_2} = 588.996$ nm）,从刻度盘上的左、右两个游标读出其角坐标值 $\theta'_{D_2,+1}$ 和 $\theta''_{D_2,+1}$,填入表 10-1 中,继而微转望远镜,使目镜垂直叉丝对准与刚才测的谱线相邻的＋1级谱线的外侧线 D_1（$\lambda_{D_1} = 589.593$ nm）,用同样的方法读出 $\theta'_{D_1,+1}$ 和 $\theta''_{D_1,+1}$,填入表 10-1 中,这样＋1级谱线角坐标的测量完成.用同样的操作过程测量出其他谱线的角坐标的值填入表 10-1 中.

注　分光计为了消除偏心差,在同一直径的两端各有一游标（可精确读到 1′）,故对应于每一谱线都有两个相差接近 180° 的读数.为了区别并正确地记录,用"′"表示左游标的读数,用"″"表示右游标的读数.例如,对于＋k 级的内侧线,左游标的读数记为 $\theta'_{D_2,+k}$,右游标的读数记为 $\theta''_{D_2,+k}$.把数据填入表中时,一定要认真小心,不要填错.

（3）按表 10-1 的要求处理和计算已填入表中的各坐标值,求出对应的衍射角及其平均值,从而利用光栅方程（10-1）求出 d 值,然后求平均得 $\bar{d}$,再计算 Δd 及 $\overline{\Delta d}$ 的值.

实验中应特别注意:光栅是精密的光学元件,不可用酒精等有机溶剂清洗,严禁用手触摸.

数据记录与处理

表 10-1　光栅常数测量数据记录表

谱线 D_i	D_2(内侧线) $\lambda_{D_2} = 588.996$ nm				D_1(外侧线) $\lambda_{D_1} = 589.593$ nm			
级次 k	1		2		1		2	
游标读数 $\theta_{D_i,\pm k}$	左 $\theta'_{D_2,\pm 1}$	右 $\theta''_{D_2,\pm 1}$	左 $\theta'_{D_2,\pm 2}$	右 $\theta''_{D_2,\pm 2}$	左 $\theta'_{D_1,\pm 1}$	右 $\theta''_{D_1,\pm 1}$	左 $\theta'_{D_1,\pm 2}$	右 $\theta''_{D_1,\pm 2}$
右侧明纹 $\theta_{D_i,+k}$								
左侧明纹 $\theta_{D_i,-k}$								
望远镜转角 $\theta_{D_i,-k} - \theta_{D_i,+k}$								
衍射角 $\varphi_{D_i,\pm k}$								
$\sin\varphi_{D_i,\pm k}$								
$d_{D_i,\pm k}$/nm								
$\bar{d}$/nm								
$\lvert \Delta d_{D_i,\pm k} \rvert$/nm								
$\overline{\Delta d}$/nm								
$d = (\bar{d} \pm \overline{\Delta d})$/nm								

注:（1）$i = 1,2$；$k = 1,2$. （2）$\varphi_{D_i,\pm k} = \dfrac{1}{4}[(\theta'_{D_i,-k} - \theta'_{D_i,+k}) + (\theta''_{D_i,-k} - \theta''_{D_i,+k})]$. （3）$d_{D_i,\pm k} = \dfrac{k\lambda_{D_i}}{\sin\varphi_{D_i,\pm k}}$.

?思考题 ■■

1. 在实验过程中,如发现光谱线倾斜,说明什么问题? 应如何调节?
2. 总结在狭缝太宽、太窄时分别会出现什么现象,为什么?
3. 实验中如果两边的光谱线不等高,对实验结果有何影响?
4. 对照实验七和实验十,光栅光谱和棱镜光谱有什么不同?

 相关拓展

光栅的重要参数——角色散率和分辨率

由式(10-1)可知,对于光栅常数一定的光栅,衍射角 φ_k 与光波波长 λ 有关,除零级谱线重合外,其他级次的谱线按不同的波长而彼此分开. 光栅的这种色散能力用角色散率(简称色散率)表示,定义为同一级光谱中单位波长间隔的两束光被分开的角度,即

$$D = \frac{\Delta\varphi}{\Delta\lambda}, \qquad (10-3)$$

从而可得角色散率为

$$D = \frac{\mathrm{d}\varphi_k}{\mathrm{d}\lambda} = \frac{k}{d\cos\varphi_k}. \qquad (10-4)$$

由式(10-4)可知,光栅常数越小(光栅缝越密),其角色散率越大,两个波长差一定的光谱线被分开的角度越大. 但实际上,能否观察到光谱线被分开,除了取决于光栅的角色散率,还取决于其另外一个参数——分辨率. 因为即使每条谱线很宽,它们之间的角度很大,也很可能分辨不出来.

两条能被光栅分开的谱线的波长差除以它们的平均波长,称为光栅的分辨率,即

$$R = \frac{\overline{\lambda}}{\Delta\lambda}. \qquad (10-5)$$

由瑞利判据和光栅光强分布函数可以求出

$$R = kN, \qquad (10-6)$$

式中 N 为被入射平行光照射的光栅狭缝的总条数.

由此可知,为了能够用光栅将两条靠得很近的谱线分开,不仅光栅缝要密而多,且入射光孔径要大,以照射更多的狭缝.

实验十一

用冷却法测量金属的比热容

比热容是描述物质热学性质的一个重要物理量,属于量热学的范畴.在研究物质结构、确定相变、鉴定物质纯度以及新能源的开发和新材料的研制中,量热学的方法起着重要作用.比热容的测量方法有混合法、比较法等.本实验采用冷却(比较)法测量金属的比热容.本实验还采用了热电偶测温,它与一般的温度计测温相比,有测量范围广、灵敏度高、计值精度高等优点.热电偶测温技术还广泛应用于工业生产中的温度自动化控制设备中.

实验目的

1. 学习使用 DH4603 型冷却法金属比热容测量仪.
2. 用冷却法,由已知金属的比热容测量未知金属的比热容.
3. 了解热电偶测温的相关知识,掌握热电偶冷端的补偿修正方法.

实验仪器

DH4603 型冷却法金属比热容测量仪、金属样品(铜、铁、铝样品各 1 个)、镊子.

实验原理

根据牛顿冷却定律,用冷却法测定金属的比热容是量热学常用方法之一.单位质量的物质,其温度每升高 1 K(或 1 ℃)所需的热量称为该物质的比热容,各种物质的比热容与温度有关.一般来说,某种物质的比热容数值多指在一定温度范围内的平均值.比热容用 c 表示,国际单位是 $J \cdot kg^{-1} \cdot K^{-1}$.若已知标准样品在不同温度下的比热容,通过作冷却曲线可测量各种金属在不同温度下的比热容.

将质量为 M_1 的金属样品加热后,放在较低温度的介质(如室温的空气)中,样品将会逐渐冷却. 其单位时间的热量损失 $\dfrac{\Delta Q}{\Delta t}$ 与温度下降的速率成正比,于是得到关系式

$$\frac{\Delta Q}{\Delta t} = c_1 M_1 \cdot \frac{\Delta \theta_1}{\Delta t}, \qquad (11-1)$$

式中 c_1 为金属样品在温度 θ_1 时的比热容,$\dfrac{\Delta \theta_1}{\Delta t}$ 为金属样品在温度 θ_1 时的温度下降速率.

根据牛顿冷却定律,有

$$\frac{\Delta Q}{\Delta t} = \alpha_1 S_1 (\theta_1 - \theta_0)^\beta, \qquad (11-2)$$

式中 α_1 为热交换系数,S_1 为金属样品外表面的面积,β 为常数,θ_1 为金属样品的温度,θ_0 为周围介质的温度. 由式(11-1)和式(11-2)可得

$$c_1 M_1 \cdot \frac{\Delta \theta_1}{\Delta t} = \alpha_1 S_1 (\theta_1 - \theta_0)^\beta. \qquad (11-3)$$

同理,对质量为 M_2、比热容为 c_2、温度为 θ_2 的另一种金属样品,可有类似的表达式

$$c_2 M_2 \cdot \frac{\Delta \theta_2}{\Delta t'} = \alpha_2 S_2 (\theta_2 - \theta_0)^\beta. \qquad (11-4)$$

由式(11-3)和式(11-4)可得

$$\frac{c_2 M_2 \cdot \dfrac{\Delta \theta_2}{\Delta t'}}{c_1 M_1 \cdot \dfrac{\Delta \theta_1}{\Delta t}} = \frac{\alpha_2 S_2 (\theta_2 - \theta_0)^\beta}{\alpha_1 S_1 (\theta_1 - \theta_0)^\beta},$$

所以

$$c_2 = c_1 \cdot \frac{M_1 \cdot \dfrac{\Delta \theta_1}{\Delta t} \cdot \alpha_2 S_2 (\theta_2 - \theta_0)^\beta}{M_2 \cdot \dfrac{\Delta \theta_2}{\Delta t'} \cdot \alpha_1 S_1 (\theta_1 - \theta_0)^\beta}.$$

如果两样品的形状尺寸都相同,即 $S_1 = S_2$,两样品的表面状况也相同(如涂层、色泽等),且周围介质(空气)的性质也不变,则有 $\alpha_1 = \alpha_2$. 于是,当周围介质温度不变(室温 θ_0 恒定)而样品又处于相同温度 $\theta_1 = \theta_2$,且样品温度变化相同 ($\Delta \theta_1 = \Delta \theta_2$) 时,上式可以简化为

$$c_2 = c_1 \cdot \frac{M_1 \Delta t'}{M_2 \Delta t}. \qquad (11-5)$$

如果已知标准样品的比热容 c_1、质量 M_1、待测样品的质量 M_2 以及两样品在相同温度变化的时间之比,就可以求出待测的金属材料的比热容 c_2. 本实验用铜-康铜热电偶测量金属样品温度,已知热电偶的热电势与温度基本呈线性变化,读出热电势值,通过补偿修正表 11-2 可得到相应的温度值.

几种金属材料样品在 100 ℃ 时的比热容如表 11-1 所示.

表 11 - 1　样品在 100 ℃时的比热容

温度/℃	比热容/$(J \cdot kg^{-1} \cdot K^{-1})$		
	c_{Fe}	c_{Al}	c_{Cu}
100	0.46×10^3	0.88×10^3	0.39×10^3

1. 实验仪器介绍

图 11 - 1 所示为 DH4603 型冷却法金属比热容测量仪,它由加热仪和测定仪组成.加热仪的加热装置可通过升降手轮调节到需要的高度.被测样品安放在有较大容量的防风圆筒即样品底座上,测温热电偶的热端放置于被测样品内的小孔中.当加热装置向下移动到底端后,对被测样品进行加热;样品需要降温时则将加热装置向上移动到顶端.仪器内设有自动控制的超温保护装置,用来防止因长期不切断加热电源而引起温度过高.

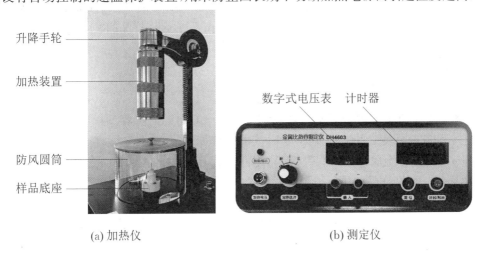

升降手轮

加热装置

防风圆筒

样品底座

数字式电压表　计时器

(a) 加热仪　　　　　　　　　　(b) 测定仪

图 11 - 1　DH4603 型冷却法金属比热容测量仪

本实验采用铜-康铜热电偶(其热电势随温度的变化率约为 0.042 mV/℃)测量样品温度,热电偶的热电势与温度基本呈线性变化.而热电偶的热电势由温漂极小的放大器放大,经放大的信号输入数字式电压表显示.这样,当冷端为 0 ℃时,将由数字式电压表显示的毫伏值与热电偶分度表比对即可换算成对应待测温度值.

但是,将热电偶的冷端置于冰水混合物(0 ℃)或 0 ℃恒温器中,完全避免冷端温度变化,只有在实验研究条件下才可行.本实验装置的热电偶冷端置于装有室温水的保温瓶中.数字式电压表显示的热电势毫伏值必须经过补偿修正后,才能通过查热电偶分度表来换算成对应待测温度值.

DH4603 型冷却法金属比热容测量仪的相应连线一经连接好就不可随便拆线.热电偶热端的铜导线与数字式电压表的正极相连,冷端的铜导线与数字式电压表的负极相连,只有保证插线接触良好,才能准确测温.加热选择旋钮有断开、Ⅰ挡和Ⅱ挡三种选择,Ⅰ挡为慢速加热,Ⅱ挡为快速加热,断开即加热装置断电.

2. 热电偶冷端的补偿修正方法

根据中间温度定律,得

$$E(T,T_n)=E(T,T_0)-E(T_n,T_0), \tag{11-6}$$

式中 $E(T,T_n)$ 为热电偶冷端在室温时数字式电压表显示的热电势，$E(T_n,T_0)$ 为冷端在室温时的修正补偿热电势，$E(T,T_0)$ 为冷端在 0 ℃时的热电势.

例 当热电偶冷端温度 $T_n=28$ ℃时，分别计算金属样品温度在 $T=102$ ℃和 $T=98$ ℃时，仪器数字式电压表显示的热电势 $E_1(T,T_n)$ 和 $E_2(T,T_n)$.

解 由热电偶分度表查得

$$E_1(T,T_0)=4.371\text{ mV}, \quad E_1(T_n,T_0)=1.114\text{ mV},$$
$$E_2(T,T_0)=4.184\text{ mV}, \quad E_2(T_n,T_0)=1.114\text{ mV}.$$

由式(11-6)计算得

$$E_1(T,T_n)=E_1(T,T_0)-E_1(T_n,T_0)=(4.371-1.114)\text{ mV}=3.257\text{ mV}\approx3.26\text{ mV},$$
$$E_2(T,T_n)=E_2(T,T_0)-E_2(T_n,T_0)=(4.184-1.114)\text{ mV}=3.070\text{ mV}\approx3.07\text{ mV}.$$

上述计算代表仪器数字式电压表显示的热电势为 3.26 mV 时，金属样品的实际温度为 102 ℃；而仪器数字式电压表显示的热电势为 3.07 mV 时，金属样品的实际温度为 98 ℃.

实验步骤

本实验以铜为标准样品，测量铁、铝样品在 100 ℃时的比热容. 通过实验了解金属的冷却速率和它与环境之间的温差的关系. 实验操作如下.

(1) 区分三种金属样品(铜、铁、铝). 配件盒装有长度、直径、表面光洁度都相同的三种金属样品. 铜、铁样品的质量较接近，可用小磁铁将它们区分(另外铜样品的端面标有"Cu"字样)，质量较轻的为铝样品.

(2) 校正数字式电压表显示的热电势. 根据"热电偶冷端的补偿修正方法"的相关知识与表 11-2 中相关数据，当热电偶冷端温度为 $T_n=$＿＿＿℃(室内温度)时，计算样品温度为 102 ℃时对应的热电势 $E_1(T,T_n)=$＿＿＿mV，计算样品温度为 98 ℃时对应的热电势 $E_2(T,T_n)=$＿＿＿mV.

(3) 接通仪器电源. 将"加热选择"旋钮转动到加热 II 挡位置，加热装置以较快的速率进行加热.

(4) 样品安放与加热. 将加热装置向上移动到顶端，用镊子夹住铁样品，垂直地安放到样品底座的热电偶细丝上，用镊子轻压样品端面，保证样品呈垂直状态. 将加热装置向下移动(缓慢地操作)到底端后，对被测样品进行加热.

(5) 样品降温. 数字式电压表的毫伏值指示被测样品对应的温度值，当数字式电压表读数约为 5.5 mV 时，移开加热源(通过升降手轮将加热装置向上移动到顶端)，让样品自然冷却(样品保留在防风圆筒内的样品底座上).

(6) 样品降温计时. 当样品温度降到 102 ℃时[对应的热电势为 $E_1(T,T_n)$]，按下"计时/暂停"按钮开始降温计时；当样品温度降到 98 ℃时[对应的热电势为 $E_2(T,T_n)$]，再次按下"计时/暂停"按钮暂停计时，读出样品从 102 ℃下降到 98 ℃所用的时间 Δt.

(7) 每一样品重复测量降温时间 5 次. 按铁、铜、铝的次序，采用同一台仪器分别测量样品从 102 ℃下降到 98 ℃所用的时间 Δt. 实验数据记入表 11-3.

表 11-2　铜-康铜热电偶分度表(冷端为冰点)

温度/℃	热电势/mV									
	0	1	2	3	4	5	6	7	8	9
−10	−0.383	−0.421	−0.458	−0.496	−0.534	−0.571	−0.608	−0.646	−0.683	−0.720
−0	0.000	−0.039	−0.077	−0.116	−0.154	−0.193	−0.231	−0.269	−0.307	−0.345
0	0.000	0.039	0.078	0.117	0.156	0.195	0.234	0.273	0.312	0.351
10	0.391	0.430	0.470	0.510	0.549	0.589	0.629	0.669	0.709	0.749
20	0.789	0.830	0.870	0.911	0.951	0.992	1.032	1.073	1.114	1.155
30	1.196	1.237	1.279	1.320	1.361	1.403	1.444	1.486	1.528	1.569
40	1.611	1.653	1.695	1.738	1.780	1.882	1.865	1.907	1.950	1.992
50	2.035	2.078	2.121	2.164	2.207	2.250	2.294	2.337	2.380	2.424
60	2.467	2.511	2.555	2.599	2.643	2.687	2.731	2.775	2.819	2.864
70	2.908	2.953	2.997	3.042	3.087	3.131	3.176	3.221	3.266	3.312
80	3.357	3.402	3.447	3.493	3.538	3.584	3.630	3.676	3.721	3.767
90	3.813	3.859	3.906	3.952	3.998	4.044	4.091	4.137	4.184	4.231
100	4.277	4.324	4.371	4.418	4.465	4.512	4.559	4.607	4.654	4.701
110	4.749	4.796	4.844	4.891	4.939	4.987	5.035	5.083	5.131	5.179
120	5.227	5.275	5.324	5.372	5.420	5.469	5.517	5.566	5.615	5.663
130	5.712	5.761	5.810	5.859	5.908	5.957	6.007	6.056	6.105	6.155
140	6.204	6.254	6.303	6.353	6.403	6.452	6.502	6.552	6.602	6.652
150	6.702	6.753	6.803	6.853	6.903	6.954	7.004	7.055	7.106	7.156
160	7.207	7.258	7.309	7.360	7.411	7.462	7.513	7.564	7.615	7.666
170	7.718	7.769	7.821	7.872	7.924	7.975	8.027	8.079	8.131	8.183
180	8.235	8.287	8.339	8.391	8.443	8.495	8.548	8.600	8.652	8.705
190	8.757	8.810	8.863	8.915	8.968	9.024	9.074	9.127	9.180	9.233
200	9.286									

数据记录与处理

(1) 记录金属样品的质量.

$M_{Fe} = \underline{\qquad}$ g, $M_{Cu} = \underline{\qquad}$ g, $M_{Al} = \underline{\qquad}$ g.

(2) 记录样品温度从 102 ℃下降到 98 ℃所需时间 Δt (单位:s).

表 11-3　样品降温时间（Δt）记录表　　　　　　　　　　单位：s

样品	次序					平均值 $\overline{\Delta t}$	算术平均误差 $\overline{\Delta(\Delta t)}$
	1	2	3	4	5		
Fe							
Cu							
Al							

（3）处理实验数据，以铜的比热容为标准，计算铁和铝的比热容，写出结果表达式.

① 待测比热容的算术平均值的计算公式：

$$\overline{c}_{Fe} = c_{Cu} \cdot \frac{M_{Cu}(\overline{\Delta t})_{Fe}}{M_{Fe}(\overline{\Delta t})_{Cu}}, \quad \overline{c}_{Al} = c_{Cu} \cdot \frac{M_{Cu}(\overline{\Delta t})_{Al}}{M_{Al}(\overline{\Delta t})_{Cu}}.$$

② 各次测量的降温时间 Δt 的算术平均误差的计算公式：

$$\overline{\Delta(\Delta t)} = \frac{1}{n} \sum_{i=1}^{n} |(\Delta t)_i - \overline{\Delta t}|.$$

③ 待测比热容的算术平均误差的计算公式：

$$\overline{\Delta c}_{Fe} = \left(\frac{\overline{\Delta(\Delta t)}_{Fe}}{(\overline{\Delta t})_{Fe}} + \frac{\overline{\Delta(\Delta t)}_{Cu}}{(\overline{\Delta t})_{Cu}} \right) \cdot \overline{c}_{Fe},$$

$$\overline{\Delta c}_{Al} = \left(\frac{\overline{\Delta(\Delta t)}_{Al}}{(\overline{\Delta t})_{Al}} + \frac{\overline{\Delta(\Delta t)}_{Cu}}{(\overline{\Delta t})_{Cu}} \right) \cdot \overline{c}_{Al}.$$

④ 待测比热容的结果表达式：

$$c_{Fe} = \overline{c}_{Fe} \pm \overline{\Delta c}_{Fe}, \quad c_{Al} = \overline{c}_{Al} \pm \overline{\Delta c}_{Al}.$$

！注意事项 ■■

1. 样品安放在防风圆筒内自然冷却，有利于保证不同样品降温时散热条件基本一致，避免引起附加测量误差. 但若实验室内因电风扇造成空气流速过快，则应在金属盖的中间孔上再加盖子，防止空气对流对样品散热时间的影响.

2. 仪器红色指示灯亮，表示连接线未连好（异常）或加热温度过高（> 200 ℃）导致仪器启动自动保护（正常）.

3. 测量降温时间时，按"计时/暂停"按钮的动作应迅速、准确，以减小人为计时误差.

4. 加热装置向下移动时，动作要慢，被测样品应垂直放置（样品斜放会压坏仪器装置），以使加热装置能完全套入被测样品.

5. 在实验过程中，加热挡保持 II 挡不变，降温时无须切断加热电源，利用升降手轮将加热装置移到最高即可.

6. 在加热、降温过程中不要用手接触加热装置；取换样品时，应用镊子拿取，注意不要直接接触手或电线，以免烫伤手或损坏电线.

7. 样品的质量要跟配件盒上标示的数值一致，不能装混；更换样品时要细心，不能丢失样品及配件.

8.标准样品和待测样品只能使用同一台实验仪器测量降温时间,不能用两台仪器分别进行测量.

？思考题 ■▫

1.分析实验过程中哪些因素会影响测量结果,操作过程中如何尽量减少其影响?

2.为什么标准样品和待测样品只能使用同一台实验仪器测量降温时间,而不能用两台仪器分别进行测量呢?

迈克耳孙干涉仪

迈克耳孙干涉仪是美国物理学家迈克耳孙在 1881 年为研究光速问题而设计的.1887 年,他和莫雷利用这种干涉仪测量了地球相对于以太的拖曳速度,即著名的迈克耳孙-莫雷实验.迈克耳孙-莫雷实验对于上述速度给出了零结果,间接否定了以太的存在.迈克耳孙干涉仪在自然科学研究中获得了广泛的应用,利用其基本原理可测量光波的波长、光源的相干长度、微小长度变化,还可以用于研究温度、压强对光传播的影响等.例如,20 世纪 90 年代发展起来的三维层析成像技术——光学相干层析术(OCT)就使用了迈克耳孙干涉仪,OCT 技术如今广泛用于医学临床诊疗和科学研究;2016 年,美国的激光干涉仪引力波天文台(LIGO)首次使用迈克耳孙干涉仪探测到两个黑洞合并所发出的引力波信号,开启了引力波天文学的新时代.

实验目的

1.掌握光学干涉的基本原理,观察并熟悉干涉现象的基本特点.
2.了解迈克耳孙干涉仪的结构、光路及测量原理.
3.学习并掌握迈克耳孙干涉仪的调节方法,并用它分别测氦氖激光的波长及空气的折射率.

实验仪器

迈克耳孙干涉仪、氦氖激光器、气室及加压装置、毛玻璃屏、薄玻璃片等.

实验原理

1. 迈克耳孙干涉仪的光路与基本原理

迈克耳孙干涉仪是一种振幅分割干涉仪,尽管干涉仪的形式各种各样,但其基本光路都可以简化成如图 12-1(a)所示的形式.由光源 S 发出的光束射到分束镜 G_1 上,G_1 的后表面镀有半反射膜(银或铝等),可将入射光分为强度相等的两束相干光:反射光束 1(虚线)和透射光束 2(细实线).当入射光以 45°角射向 G_1 时,反射光束和透射光束相互垂直,它们分别被反射镜 M_1 和 M_2 反射,再次回到分束镜 G_1,经 G_1 折射和反射后各有一半向观测者方向出射,我们在其相遇区域便能观测到干涉图样.

通过仔细观察图 12-1(a),我们会发现反射光束 1 穿过分束镜的次数比透射光束 2 多两次,为了消除此额外光程的影响,一般都会在迈克耳孙干涉仪中再放置一块补偿板 G_2,如图 12-1(b)所示.补偿板 G_2 与分束镜 G_1 的物理性质及几何形状完全相同,通常平行放置,但 G_2 没有镀半反射膜,其作用是使光束 1 和光束 2 在玻璃中的光程完全相等,从而两束光的光程差只由除 G_1 和 G_2 外的光程决定.

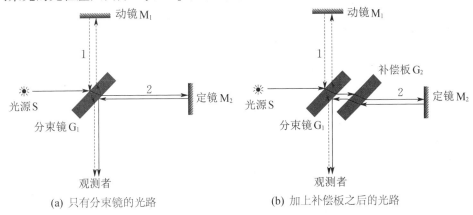

(a) 只有分束镜的光路　　　　　(b) 加上补偿板之后的光路

图 12-1　迈克耳孙干涉仪的光路图

如果有某些因素改变了上述两光束的光程差,如光路长度发生变化、光介质折射率发生变化等,则干涉图案也将随之改变.因此,通过观测干涉图案的变化,我们可以反过来对这些因素进行探测.这就是迈克耳孙干涉仪工作及测量的基本原理.

2. 点光源照明的迈克耳孙干涉仪的干涉图样——非定域干涉

如果采用点光源照明,则光源 S 发出的球面波经 G_1 分束及 M_1,M_2 反射后,射向观测者的光可以看作是由虚光源 S_1 和 S_2 发出的.其中,S_1 为 S 经 G_1 和 M_1 反射后所成的虚光源,S_2 为 S 经 M_2 和 G_1 反射后所成的虚光源[见图 12-2(a)].S_1 和 S_2 所发出的两列相干球面波在它们相遇的空间处处都能发生干涉,所以在这个光场中的任何地方放置观测屏都可以看到干涉条纹.我们把这种干涉称为非定域干涉(若不用点光源而用有一定面积的扩展光源照明,则会形成定域干涉,其光路和原理更为复杂一些,本实验不做介绍).

非定域干涉条纹的形状随 S_1,S_2 与观测屏的相对位置不同而不同.当观测屏与 S_1,S_2 的连线垂直时,其形状为圆条纹,圆心在 S_1,S_2 的连线与观测屏的交点 O 处;当观测屏与 S_1,S_2 连线的垂直平分线垂直时将得到直条纹;其他情况下则为椭圆或双曲线条纹.下面分析非定域圆条纹的一些特性.

如图 12-2(b)所示,S_1,S_2 到观测屏上任一点 P 的光程差为

$$\Delta = S_1P - S_2P. \tag{12-1}$$

用 r 表示干涉圆环的半径,$Z = X + 2L_1 + Y$ 表示 S_1 到观测屏的距离,θ 表示 S_1O 与 S_1P 之间的夹角,$d = L_1 - L_2$ 表示两条光臂长度差,则当 $r \ll Z$ 时,有

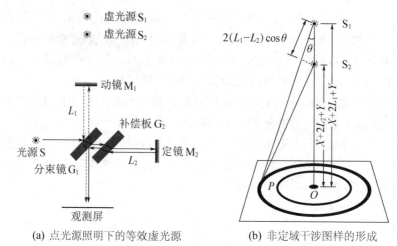

(a) 点光源照明下的等效虚光源   (b) 非定域干涉图样的形成

图 12-2　点光源照明下迈克耳孙干涉仪的非定域干涉

$$\Delta = 2d\cos\theta.$$

根据几何关系有

$$\cos\theta \approx 1 - \frac{\theta^2}{2}, \quad \theta \approx \frac{r}{Z},$$

所以

$$\Delta = 2d\left(1 - \frac{r^2}{2Z^2}\right). \tag{12-2}$$

根据干涉的基本理论,当光程差等于半波长的偶数倍(或者说波长的整数倍),即 $\Delta = K\lambda$ 时,产生亮环,其中 K 为干涉级次,则所有亮环满足如下方程:

$$2d\left(1 - \frac{r_K^2}{2Z^2}\right) = K\lambda. \tag{12-3}$$

若 Z,d 不变,则 r_K 越小,K 越大,所以靠近中心的亮环的干涉级次高,靠边缘的亮环的干涉级次低.

对于某一特定级次 K_1 的干涉条纹,有

$$2d\left(1 - \frac{r_{K_1}^2}{2Z^2}\right) = K_1\lambda. \tag{12-4}$$

如果缓慢移动 M_1,则 L_2 不变,L_1 在不断变化,因此 d 在改变.由式(12-4)可知,当 d 增大时,r_{K_1} 也增大,即 K_1 级亮环会扩展到更大的半径,其他各级亮环都向外扩展,同时有新的亮环从中心"冒出";反之,当 d 减小时,r_{K_1} 也减小,即 K_1 级亮环会收缩到更小的半径,其他各级亮环都向内"缩进",同时在中心处不断有亮环消失.

在中心处,有 $r = 0$,式(12-3)变成

$$2d = K_a\lambda, \tag{12-5}$$

K_a 是中心处亮环(实际上已收缩成一亮点)的级次.若 M_1 移动至新的位置之后,则有

$$2d' = K_b\lambda. \tag{12-6}$$

式(12-6)减去式(12-5),得

$$2\Delta d = \Delta K\lambda, \tag{12-7}$$

式中 $\Delta d = d' - d$，即 M_1 的移动距离；$\Delta K = K_b - K_a$，即 M_1 移动前、后中心处圆环级次之差，数值上等于观测屏中心"冒出"或"缩进"的亮环数 N. 因此，式(12-7)也可写成

$$2\Delta d = N\lambda. \tag{12-8}$$

由此可见，如果改变 d，数出观测屏中心"冒出"或"缩进"的亮环数 N，便可以计算出入射光的波长 λ；如果 λ 已知，则可通过数出观测屏中心"冒出"或"缩进"的亮环数，测量 M_1 的位移或干涉光臂长度的微小变化.

如果用肉眼来观测中心亮环数的变化，则 N 最小可计数到 1(小于 1 环的改变用肉眼难以判断)，此时对 M_1 位移测量的理论精度为 $\Delta d = \dfrac{\lambda}{2}$. 可见光波长为 $400\sim700$ nm，则此理论测量精度为 $0.2\sim0.3$ μm. 可以将如此小的位移或长度变化转化为肉眼可见，且易于测量的干涉图样的变化，充分体现了包括迈克耳孙干涉仪在内所有光学干涉仪的优势.

3. 迈克耳孙干涉仪的结构

迈克耳孙干涉仪有多种多样的形式，本实验使用的是台式迈克耳孙干涉仪，其基本结构如图 12-3 所示. 其底座 1 是一块厚钢板，起稳定作用；侧板 2 上用一个二维底座固定一个可进行三维调节的激光器架，方便调整激光器方向；扩束器 4 用来扩展出射光束，本身可进行二维调节；定镜 8 的位置可由预置测微螺杆 9 调节，其行程可达 10 mm；分束镜 13 内侧镀半透膜，补偿板 12 的材料和厚度与分束镜相同，这两块光学平板的位置出厂前已调好，非特殊情况，实验时无须再调；动镜 11 可通过精密测微螺杆 10 控制移动，精密测微螺杆每转动 0.01 mm，动镜随之移动 0.000 25 mm(1∶40)；二合一观测屏 15 用白屏一侧接收干涉条纹，以防激光刺伤眼睛.

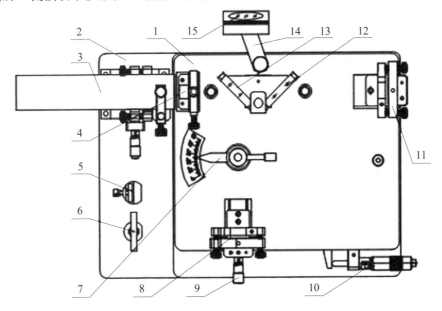

1—底座；2—侧板；3—光源(激光器或钠钨双灯)；4—扩束器；5—薄膜夹持架(选配)；6—毛玻璃镜(选配)；7—旋转指针；8—定镜；9—预置测微螺杆；10—精密测微螺杆；11—动镜；12—补偿板；13—分束镜；14—延伸架；15—二合一观测屏.

图 12-3 台式迈克耳孙干涉仪的结构图

⚙ **实验步骤**

调整迈克耳孙干涉仪和几种测量的具体方法如下：

(1) 调整仪器的水平.

将干涉仪放置在工作台上，借助气泡水准仪或目视观察，调节底座螺钉，使仪器工作平面保持水平.

(2) 调整光路.

① 将扩束器 4 移出光路，装好二合一观测屏 15，调节延伸架 14，使其位于分束镜 13 的后方，且使用白屏一侧.

② 在分束镜 13 两侧的孔内分别插入光靶，调节氦氖激光器支架，使激光束同时通过两个光靶中间的小孔，此时即认为激光已准直；调节定镜 8 及动镜 11 背后的螺钉，微调两镜的倾斜角度，当两镜面接近垂直时，在观测屏上可看到两组光点，如图 12-4(a)所示.

继续微调定镜 8 及动镜 11 背后的螺钉，使两组光点完全重合，如图 12-4(b)所示.

(a) 观测屏上看到的两组像及调节方向   (b) 两组像调节重合

图 12-4 来自动镜和定镜的反射像及调节两组像重合

③ 将扩束器 4 置入光路，调节其位置，将光束打在白屏上，即可在白屏上获得干涉图案.

(3) 用非定域圆条纹测量氦氖激光波长.

调节预置测微螺杆 9，使屏上的干涉环不太密（5～6 个环），记下此时的微调测微头的读数 d_0. 缓慢旋转精密测微螺杆 10，并数出观测屏中心"冒出"或"缩进"的亮环数 N，当数到 50 个环时，再记下微调测微头的读数 d_{50}，如此，一直记录到 450 个环. 最后利用逐差法即可由公式 $\lambda = \dfrac{2\Delta d}{N}$ 计算出激光波长，其中动镜位移 Δd 与微调测微头读数之间的关系为 $\Delta d = \left| \dfrac{d_{50} - d_0}{40} \right|$. 实验数据记入表 12-1.

(4) 利用迈克耳孙干涉仪测量空气的折射率（选做）.

如果我们在迈克耳孙干涉仪的一个光路中放置一个气室，然后通过充气改变气室内空气的密度，由于空气的折射率与其密度有关，则光束在气室内的光程会改变，从而使得观测屏上干涉环的级次发生变化，即在干涉环中心处也可观察到亮环的缩进或冒出. 气室内空气折射率改变所带来的光程差 $\Delta = 2\Delta n l = N\lambda$，因此 $\Delta n = \dfrac{N\lambda}{2l}$，式中 l 是气室的长度，λ 是光源的波长，N 是干涉环中心处计数的亮环变化数目.

另一方面，空气的折射率与空气的温度、压强有关. 对于理想气体，有

$$\frac{\rho}{\rho_0} = \frac{n-1}{n_0-1}, \qquad \frac{\rho}{\rho_0} = \frac{pT_0}{p_0 T}, \tag{12-9}$$

式中 n_0，n 分别为充气前、后气室内空气的折射率；ρ_0，ρ 分别为充气前、后气室内空气的

密度；T_0，T 分别为充气前、后气室内空气的温度. 所以

$$\frac{pT_0}{p_0 T}=\frac{n-1}{n_0-1}. \tag{12-10}$$

温度恒定且气压变化不大时，折射率的改变量为

$$\Delta n=\frac{n_0-1}{p_0}\Delta p,$$

式中 $\Delta p=p-p_0$. 因为 $\Delta n=\dfrac{N\lambda}{2l}$，所以

$$\frac{n_0-1}{p_0}\Delta p=\frac{N\lambda}{2l}, \tag{12-11}$$

从而空气的折射率（气室内充气前的空气的折射率）为

$$n_0=1+\frac{N\lambda}{2l}\cdot\frac{p_0}{\Delta p}. \tag{12-12}$$

可见，在气室长度 l、光波波长 λ 已知的情况下，只要测量出充气前、后气室内空气的压强 p_0，p，以及在此过程中观测屏中心处亮环变化的数目 N，就可以测量出空气的折射率. 数据记入表 12-2.

数据记录与处理

表 12-1　数据记录表（$N=250$）　　　　　　单位：mm

K	d_K	$K+N$	d_{K+N}	$\Delta d=\left\|\dfrac{d_{K+N}-d_K}{40}\right\|$
0		250		
50		300		
100		350		
150		400		
200		450		

(1) 利用逐差法算出 5 组对应 250 环的 Δd 的值.

(2) 利用计算器求得 Δd 的算术平均值 $\overline{\Delta d}$ 及 $\overline{\Delta d}$ 的标准偏差 $\sigma_{\overline{\Delta d}}=\sqrt{\dfrac{\sum\limits_{i=1}^{5}(\Delta d_i-\overline{\Delta d})^2}{5\times(5-1)}}$.

(3) 计算 $\overline{\lambda}$，$\sigma_{\overline{\lambda}}$，写出测量结果表示，并用两种方法计算相对误差 E_λ（氦氖激光谱线的波长 $\lambda=632.8$ nm）.

$$\overline{\lambda}=\frac{2\overline{\Delta d}}{N}, \quad \sigma_{\overline{\lambda}}=\frac{2}{N}\sigma_{\overline{\Delta d}}, \quad \lambda=\overline{\lambda}\pm\sigma_{\overline{\lambda}},$$

$$E_\lambda=\frac{\sigma_{\overline{\lambda}}}{\overline{\lambda}}\times100\%, \quad E_\lambda=\frac{|\overline{\lambda}-632.8|}{632.8}\times100\%.$$

表 12 - 2　空气折射率测量数据表(选做)　　　　气室长度 $l=$

测量次数	起始气压 p_0/Pa	最终气压 p/Pa	中心亮环变化数目 N	空气折射率 n_0
1				
2				
3				
4				
5				

(1) 向气室内加压,记录加压前、后气压数值 p_0 和 p,并在减压过程中记录观测屏中心亮环的变化数目 N,填入表 12 - 2.

(2) 重复进行 5 次测量,将数据填入表 12 - 2.

(3) 用式(12 - 12)计算空气折射率 n_0,然后计算 5 次测量的算术平均值 $\bar{n}_0$ 及 $\bar{n}_0$ 的

标准偏差 $\sigma_{\bar{n}_0}=\sqrt{\dfrac{\sum\limits_{i=1}^{5}(n_{0i}-\bar{n}_0)^2}{5\times(5-1)}}$ (分母中的 5 为测量次数).

!注意事项 ■■

1. 旋转精密测微螺杆时,一定要一直向一个方向转动,测量过程中不能反转.

2. 测量时使精密测微螺杆处于读数的中间区域. 这时精密测微螺杆的读数与动镜的位移量之间的关系最接近线性.

3. 空程差是螺纹齿轮传动装置都具有的系统误差. 在开始计数之前先将精密测微螺杆转动一圈,随后继续按同样的方向旋转精密测微螺杆并计数,这样可以大大消除精密测微螺杆的空程差.

🔍 相关拓展

迈 克 耳 孙

迈克耳孙(见图 12 - 5)热爱科学研究,尤其对光速测量问题有浓厚兴趣. 1877 年,他在海军学院任教时,就设计了一个教学演示实验,测量光速. 从欧洲回到美国后,他从海军退役,1883 年成为俄亥俄州凯斯科技学院(今天的凯斯西储大学的前身)的教授,主要研究工作是如何改进和发展干涉仪. 1887 年,他和莫雷利用改进的干涉仪测量了地球相对于以太的拖曳速度,即著名的迈克耳孙-莫雷实验. 迈克耳孙-莫雷实验对于上述速度给出了零结果,间接否定了以太的存在(见表 12 - 3). 可见迈克耳孙干涉仪能给出非常精密的测量结果,这是实验得以成功的重要原因. 这个实验结果为之后 1905 年爱因斯坦

图 12 - 5　迈克耳孙

创立狭义相对论打开了局面,因为没有了以太这个绝对参考系的存在,光速如何确定就成为亟待解决的问题.完成这个科学史上的重要实验之后,迈克耳孙还利用天文干涉仪测量星体的直径和密近双星之间的距离.1907年,他因在光学精密测量仪器和利用这些仪器进行的光谱学及计量学研究方面的贡献而被授予诺贝尔物理学奖,成为第一位获得诺贝尔奖的美国科学家.

表 12-3　历史上利用迈克耳孙-莫雷实验测量以太拖曳速度的结果

实验者	年份	光臂长度 /m	预计条纹位移量 (条纹宽度)	测得条纹位移量 (条纹宽度)
迈克耳孙	1881	1.2	0.04	0.02
迈克耳孙和莫雷	1887	11	0.4	<0.01
莫雷和米勒	1902—1904	32.2	1.13	0.015
米勒	1921	32	1.12	0.08
米勒	1923—1924	32	1.12	0.03
米勒	1924	32	1.12	0.014
托马史可	1924	8.6	0.3	0.02
肯尼迪	1926	2	0.07	0.002
迈克耳孙等人	1929	25.9	0.9	0.01

实验十三

超声波在空气中传播速度的测定

声波是一种在弹性介质中传播的机械波.一般频率在 20 Hz ～ 20 kHz 的声波可以被人耳听到,称为可闻声波,频率低于 20 Hz 的声波称为次声波,频率超过 20 kHz 的声波称为超声波.次声波和超声波都是人耳不能听到和辨别的.对超声波传播速度的测量在超声波测距、测量气体温度瞬间变化等方面具有重大意义.超声波在介质中的传播速度与介质的特性及状态等因素有关,因而通过介质中声速的测定,可以了解介质的特性或状态变化.例如,测量氯气(气体)的密度、蔗糖溶液的浓度、氯丁橡胶乳液的密度以及输油管中不同油品的分界面等,这些问题都可以通过测定这些物质中的声速来解决.可见,声速测定在工业生产上具有一定的实用意义.

实验目的

1.熟练掌握用共振干涉法和相位比较法测量超声波在空气中的传播速度.
2.进一步熟悉 DSOX 1202A 型数字示波器的使用.
3.学会运用逐差法处理测量数据.

实验仪器

SV6 型声速测量组合仪、SV - DDS 型声速测定专用信号源、DSOX 1202A 型数字示波器.

实验原理

声速的测量可以分为两大类:一是直接法(脉冲法),测出声波传播距离 x 和所需时间 t,利用关系式 $v = \dfrac{x}{t}$ 求出.二是间接法(波长-频率法),由波动理论可知,声波在空气中

的传播速度 v 与其频率 f 和波长 λ 的关系为

$$v = \lambda f, \tag{13-1}$$

如果测得声波的频率 f 和波长 λ，就可以求出声波速度 v. 本实验采用间接法测量声速，声波频率 f 可由产生声波的信号发生器的驱动信号频率读出，波长 λ 则可用共振干涉法和相位比较法进行测量.

1. 超声波的产生与探测

本实验中，超声波的产生与接收可以由两只结构完全相同的超声压电陶瓷换能器 S_1 与 S_2 分别完成. 如图 13-1 所示，S_1 为声波发射器，它把电信号转化为声波信号向空间发射；S_2 为信号接收器，它把接收到的声波信号转化为电信号，以供数据化，其中 S_1 是固定的，而 S_2 可以左右移动. 压电陶瓷换能器可以实现声压和电压之间的转换. 它主要由压电陶瓷环片、金属铅（做成喇叭形状，增加辐射面积）组成. 压电陶瓷环片由多晶体结构的压电材料锆钛酸铅制成. 利用压电陶瓷的逆压电效应，在压电陶瓷环片的两个底面加上正弦交变电压，它就会按正弦规律发生纵向伸缩，从而发出声波. 若驱动电信号的频率超过 20 kHz，则发出的就是超声波. 同样，利用压电陶瓷的正压电效应可探测此超声波. 当此超声波传播到 S_2 时，在声压的作用下，S_2 内部的压电陶瓷环片受力产生形变，进而产生一个可测量的电压信号.

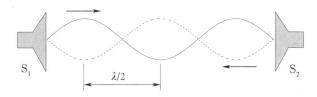

图 13-1　压电陶瓷换能器的工作原理

2. 超声波频率的测量

压电陶瓷换能器的声-电转化过程是一连串受迫振动过程. 根据受迫振动的特点，振动稳定后频率与驱动信号一致，因此在一连串声-电转换中信号频率保持不变，超声波信号频率可直接由信号发生器的驱动信号频率读出. 为了减小振幅衰减对实验观测的干扰，本实验采用与压电换能器谐振频率一致的超声波进行测量，见"实验步骤 2".

3. 超声波波长的测量

（1）共振干涉法（驻波法）.

由 S_1 发出的超声波，经介质（空气）传播到 S_2，S_2 在接收超声波信号的同时反射部分超声波信号. 如果接收面（S_2）与发射面（S_1）平行，入射波在接收面上垂直反射，与反射波相干涉. 若 S_1 和 S_2 的间距刚好是半波长 $\dfrac{\lambda}{2}$ 的整数倍，则干涉结果形成驻波，如图 13-2 所示. 图中，实线为该驻波中的空气分子位移曲线，虚线为该驻波中的声压曲线. 注意驻波中这两条曲线相位刚好相差 $\dfrac{\pi}{2}$，即位移节点对应声压腹点.

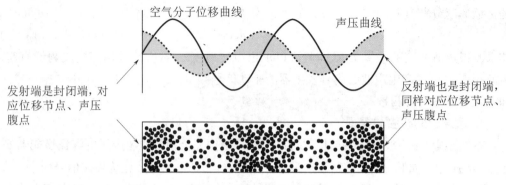

图 13 - 2　超声驻波示意图

　　发射面与反射面处是此驻波位移的波节、声压的波腹，即声压幅度极大的位置，此时在 S_2 面上受力和形变也相应地达到极大值，通过压电转换，产生的电信号的电压也是极大值（示波器显示接收信号波形的幅值极大）．因此，若改变 S_2 与 S_1 之间的距离 x，只有在一系列特定的距离上，才能形成稳定的驻波，如图 13 - 3 所示（图中 X_1，X_2，X_3 为接收面的位置坐标）．此时我们在示波器上看到接收信号波形的幅值达到极大，由于 x 等于半波长的整数倍，因此任意两相邻的振幅极大值的位置之间的距离 Δx 均为 $\dfrac{\lambda}{2}$．由此可知，若保持频率 f 不变，通过测量相邻两次接收信号达到极大值时接收面移动的距离 Δx，就可测得该波的波长 $\lambda = 2\Delta x$．在实际测量中，为了提高测量准确程度，我们连续多次测量 Δx，运用逐差法处理测量的数据，然后代入式（13 - 1）可计算出声速．具体测量见"实验步骤 3"第一部分．

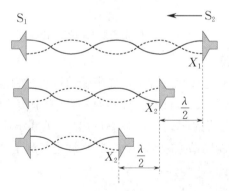

图 13 - 3　接收面表面声压与其位置的关系图

　　（2）相位比较法（行波法）．

　　波是振动状态的传播，也可以说是相位的传播．沿传播方向上的任意两点，如果其振动状态相同，即两点的相位差为 2π 的整数倍，则两点间的距离 x 应等于波长 λ 的 n（整数）倍，即 $x = n\lambda$．反之，如果振动方向相反，两点的相位差为 π 的奇数倍，这时两点之间的距离 x 应等于半波长 $\dfrac{\lambda}{2}$ 的 $2n+1$（奇数）倍，即 $x = \dfrac{(2n+1)\lambda}{2}$．声源 S_1 发出的声波在介质中传播，沿传播方向路径上各点的振动相位是随时间而变化的，但它和声源的振动相

位差 $\Delta\varphi$ 不随时间变化.

设声源方程为

$$y_1 = A\cos\omega t,\qquad(13-2)$$

距声源 x 处 S_2 接收到的振动为

$$y_2 = A\cos\omega\left(t - \frac{x}{v}\right).\qquad(13-3)$$

所以,两处振动的相位差为

$$\Delta\varphi = \omega\,\frac{x}{v}.\qquad(13-4)$$

本实验方法采用李萨如图形判断相位差.将 S_1 和 S_2 的信号分别输入示波器 X 通道和 Y 通道,那么,当 $x = n\lambda$,即 $\Delta\varphi = 2n\pi$ 时,合振动为一斜率为 1 的直线;当 $x = \dfrac{(2n+1)\lambda}{2}$,即 $\Delta\varphi = (2n+1)\pi$ 时,合振动为一斜率为 -1 的直线.以上两位置之间的距离刚好为 $\dfrac{\lambda}{2}$.当 x 为其他值时,合振动为圆或椭圆,如图 13-4 所示.因此,通过移动接收面 S_2,改变两个信号的相位差,从而观察记录李萨如图形的交替变化可测量声波的波长.具体测量见"实验步骤 3"第二部分.

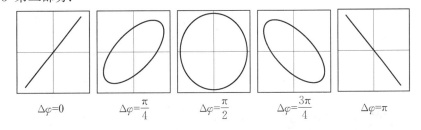

$\Delta\varphi = 0$　　$\Delta\varphi = \dfrac{\pi}{4}$　　$\Delta\varphi = \dfrac{\pi}{2}$　　$\Delta\varphi = \dfrac{3\pi}{4}$　　$\Delta\varphi = \pi$

图 13-4　S_1 接 X 通道,S_2 接 Y 通道,移动 S_2 得到的李萨如图形

📖 仪器描述

1. SV6 型声速测量组合仪

SV6 型声速测量组合仪主要由储液槽、传动机构、数显标尺、两组压电换能器、测温表等组成.储液槽中的压电换能器用于测量空气及液体中的声速,另一组压电换能器用于测量固体中的声速.作为发射超声波用的压电换能器 S_1 固定在储液槽的左边,作为接收超声波用的压电换能器 S_2 装在储液槽右边的可移动滑块上,并由游标提供其位置.

S_1 的正弦电压信号由 SV-DDS 型声速测定专用信号源提供,S_2 把接收到的超声声压转换成电压信号,可由数字示波器观察.

2. SV-DDS 型声速测定专用信号源

(1)介质选择:按面板"介质选择"按钮,可选"空气""液体""非金属""金属",选中后,对应的指示灯会亮起.

（2）波形选择：开机默认输出为"连续波"中的"正弦波"，按屏幕的"方波"或"正弦波"按钮，可在"连续波"中的"方波"或"正弦波"输出中切换.

（3）频率调节：轻触屏幕需要调整的频率数字位，该选中的数字位会显示白色方框，然后旋转"频率调节"旋钮，可调该频率数字位的大小.

（4）接收放大：旋转"接收放大"旋钮，可调节接收到信号的放大倍数，本实验需将其调至最大.

（5）幅度调节：旋转"幅度调节"旋钮，可调节输出信号的幅度，本实验需将其调至最大.

3. DSOX 1202A 型数字示波器

DSOX 1202A 型数字示波器为双通道数字示波器，其各旋钮和按键的功能见附录 2.

 实验步骤

1. 声速测量系统的连接

测量声速时，专用信号源、声速测定仪、数字示波器之间的连接方法如图 13-5 所示.

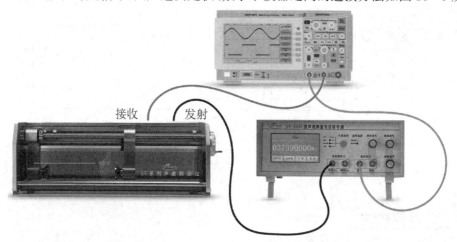

接收　　发射

图 13-5　共振干涉法与相位比较法测量连接图

2. 谐振频率的调节

根据测量要求初步调节好示波器. 将专用信号源输出的正弦信号频率调节到压电换能器的谐振频率，使之发射出较强的超声波，能较好地进行声能与电能的相互转换，以得到较好的实验效果. 其方法如下：

（1）调节示波器到能清楚地观察到同步的正弦波信号为止.

（2）旋转专用信号源上的"幅度调节"旋钮，使其输出电压为最大，调整信号频率（25～45 kHz），观察接收波的电压幅度变化，在某一频率点处（34.5～39.5 kHz，因不同的换能器或介质而异）电压幅度最大，此频率即是压电换能器 S_1 与 S_2 的谐振频率，将此频率 f_i 记入表 13-1.

（3）改变 S_1，S_2 的距离，使示波器的正弦波振幅最大，再次调节正弦信号频率，直至示

波器显示的正弦波振幅达到最大值. 共测 5 次, 取平均谐振频率 $\bar{f}$.

3. 共振干涉法、相位比较法测量声速的步骤

(1) 共振干涉法(驻波法)测量波长.

按前面"实验步骤 2"的方法确定谐振频率后, 观察示波器, 找到接收波形的最大值, 记录 S_2 的位置 X_i(通过游标读出). 然后, 向着同方向转动鼓轮(避免倒转而产生空程差), 这时波形的幅度会发生变化, 逐个记下振幅最大时 S_2 的位置, 共记录 16 个点. 用逐差法处理数据, 根据单次测量与波长的关系式 $\lambda_i = 2|X_i - X_{i-1}|$, 即可得到波长 λ.

(2) 相位比较法(李萨如图形法)测量波长.

按"实验步骤 2"的方法确定谐振频率后, 将示波器按下述方法调节为"X-Y"触发方式:按下示波器上的自动定标键, 屏幕上可以同时显示出上下两个稳定清晰的正弦波形;选择示波器的采集设置键, 选择屏幕右方"时基模式"中的"X-Y"对两信号进行正交合成, 此时可以在屏幕上观察到李萨如图形;选择"采集模式"中的"高分辨率", 使波形变得平滑以便观察. 为了能够更好地观察李萨如图形, 分别选择通道 1 和通道 2, 按压垂直位置调节旋钮, 即可使图形居中. 转动调节鼓轮, 观察波形的变化, 当波形为一定斜率的直线时, 记下 S_2 的位置 X_i. 再沿同一个方向移动 S_2, 正、负斜率的直线图形会交替出现, 在观察到的波形每次成为一条直线时, 依次记下 S_2 的位置, 共记录 16 个点. 对多次测定的数据用逐差法处理, 根据单次测量与波长的关系式 $\lambda_i = 2|X_i - X_{i-1}|$, 即可得到波长 λ.

(3) 声速的计算.

已知平均波长 $\bar{\lambda}$ 和平均谐振频率 $\bar{f}$(频率由专用信号源频率显示窗口直接读出), 则声速

$$v = \bar{\lambda}\,\bar{f}.$$

因声速还与介质温度有关, 故须记下介质温度 t(单位:℃).

实验数据记入表 13-2 与表 13-3.

(AI) 数据记录与处理

(1) 超声波在空气中传播时的声速经验公式为

$$v_0 = 331.4 \sqrt{1 + \frac{t}{273.15}}, \tag{13-5}$$

将介质温度代入, 计算出声速的经验值 v_0.

表 13-1　谐振频率的测量

次序	1	2	3	4	5	平均值 $\bar{f}$
f/kHz						

（2）共振干涉法测声速.

表 13-2　共振干涉法测超声波波长

	X_i 测量数据		$\Delta X_i = \mid X_{i+8} - X_i \mid$
	$X_i(i=1,2,\cdots,8)$	X_{i+8}	$\Delta X_i(i=1,2,\cdots,8)$
振幅最大时游标的读数/mm			

室温：$t = $ _____ ℃

$\overline{\lambda} = \dfrac{\overline{\Delta X_i}}{4}$，$\overline{v}_{测} = \overline{\lambda}\, \overline{f}$，将计算出的声速同声速经验值 v_0 比较，求出相对误差 E.

$$E = \frac{\Delta v_{测}}{v_0} \times 100\% = \frac{\mid \overline{v}_{测} - v_0 \mid}{v_0} \times 100\%.$$

（3）相位比较法测声速.

表 13-3　相位比较法测超声波波长

$\Delta\varphi$	$X_i/mm(i=1,2,\cdots,8)$	$\Delta\varphi$	X_{i+8}/mm	$\Delta X_i = \mid X_{i+8} - X_i \mid /mm$
π		9π		
2π		10π		
3π		11π		
4π		12π		
5π		13π		
6π		14π		
7π		15π		
8π		16π		

室温：$t = $ _____ ℃

$\overline{\lambda} = \dfrac{\overline{\Delta X_i}}{4}$，$\overline{v}_{测} = \overline{\lambda}\, \overline{f}$，将计算出的声速同声速经验值 v_0 比较，求出相对误差 E.

$$E = \frac{\Delta v_{测}}{v_0} \times 100\% = \frac{\mid \overline{v}_{测} - v_0 \mid}{v_0} \times 100\%.$$

?思考题 ■■

1. 为什么要在压电换能器谐振状态下测定空气中的声速？

2. 为什么压电换能器的发射面和接收面要保持互相平行？

3. 在声速测定实验中采用逐差法处理数据有什么好处？

实验十四

电子电荷的测定——密立根油滴实验

由美国实验物理学家密立根首先设计并完成的密立根油滴实验,是一个在近代物理学发展史上十分重要的实验.它证明了任何带电体所带的电荷都是某一最小电荷——元电荷的整数倍,明确了电荷的不连续性,并精确地测定了元电荷的数值,为从实验上测定其他一些基本物理量提供了可能性.

密立根油滴实验设计巧妙、原理清楚、设备简单、结果准确,被认为是一个著名而有启发性的物理实验,它的设计思想值得借鉴.

实验目的

1. 通过对带电油滴在重力场和静电场中的运动进行测量,验证电荷的不连续性,并测定元电荷的大小.

2. 通过实验中对仪器的调整、油滴的选择、跟踪、测量以及数据的处理等,培养学生科学实验的方法和态度.

实验仪器

ZKY-MLG 型油滴仪.

实验原理

测定油滴所带的电荷,从而确定电子电荷的大小,即元电荷,可以用静态(平衡)测量法和动态(非平衡)测量法.本实验采用静态(平衡)测量法.

当油滴从喷雾器的喷嘴喷出时,极小的油滴由于摩擦均已带电.设油滴的质量为 m,所带的电量为 q,两极板间的电压为 U,距离为 d,则油滴在平行极板间将同时受到重力 $m\boldsymbol{g}$ 和静电力 $q\boldsymbol{E}$ 的作用,如图 14 - 1 所示.调节平行极板间的电压 U,可使两力达到平衡,此时有

$$mg = qE = q\frac{U}{d}. \tag{14-1}$$

可见，为了测出油滴所带的电量 q，除需测定平衡电压 U 和平行极板间距离 d 外，还要测量油滴的质量 m. 因 m 很小，故采用如下特殊方法测定：平行极板间不加电压时，油滴受重力作用而加速下降，由于空气阻力的作用，下降一段距离达到某一速度 v 后，阻力 f_r 与重力 mg 平衡，如图 14-2 所示（空气浮力忽略不计）. 此后油滴匀速下降. 考虑斯托克斯定律，油滴匀速下降时，有

$$f_r = 6\pi a\eta v = mg, \tag{14-2}$$

式中 η 是空气的黏度系数，a 是油滴的半径（由于表面张力，油滴总是呈小球状）.

图 14-1　电场作用下油滴在平行极板间的受力　图 14-2　油滴所受空气阻力与重力平衡

设油滴的密度为 ρ，则油滴的质量 m 可以表示为

$$m = \frac{4}{3}\pi a^3 \rho. \tag{14-3}$$

由式（14-2）和式（14-3）得出油滴的半径为

$$a = \sqrt{\frac{9\eta v}{2\rho g}}. \tag{14-4}$$

油滴的半径在 10^{-6} m 左右，考虑到油滴半径已经接近空气中分子的平均自由程的尺度，空气介质不能视为均匀、连续的，必须将斯托克斯定律中的 η 修正为

$$\eta' = \frac{\eta}{1+\dfrac{b}{pa}}, \tag{14-5}$$

式中 b 为修正常量，p 为大气压强. 这时将式（14-2）和式（14-4）分别修正为

$$f_r = \frac{6\pi a\eta v}{1+\dfrac{b}{pa}},$$

$$a = \sqrt{\frac{9\eta v}{2\rho g} \cdot \frac{1}{1+\dfrac{b}{pa}}}, \tag{14-6}$$

将式（14-6）代入式（14-3），得

$$m = \frac{4}{3}\pi \left(\frac{9\eta v}{2\rho g} \cdot \frac{1}{1+\dfrac{b}{pa}}\right)^{\frac{3}{2}} \rho. \tag{14-7}$$

油滴匀速下降的速度可用以下方法测出：当两极板间的电压 U 为 0 时，设油滴匀速下降的距离为 l，时间为 t，则

$$v = \frac{l}{t}. \tag{14-8}$$

将式(14-8)代入式(14-7),得

$$m = \frac{18\pi}{g \cdot \sqrt{2\rho g}} \left[\frac{\eta l}{t \left(1 + \dfrac{b}{pa}\right)} \right]^{\frac{3}{2}}. \qquad (14-9)$$

将式(14-9)代入式(14-1),得

$$q = \frac{18\pi}{\sqrt{2\rho g}} \left[\frac{\eta l}{t \left(1 + \dfrac{b}{pa}\right)} \right]^{\frac{3}{2}} \cdot \frac{d}{U}. \qquad (14-10)$$

式(14-10)是用平衡测量法测定油滴所带电量的理论公式. 其中,U 为油滴处于平衡状态时的平衡电压,可从油滴仪的数字式电压表上直接读出;t 为油滴匀速下降一段距离所用的时间,可从油滴仪上的计时器直接读出;$\rho, g, \eta, b, d, l, p$ 都是与实验条件和实验仪器有关的或设定的参数. 本实验使用以下参数:

油滴密度　　　　　　　　　$\rho = 981\ \mathrm{kg \cdot m^{-3}}$;

重力加速度　　　　　　　　$g = 9.80\ \mathrm{m \cdot s^{-2}}$;

空气的黏度系数　　　　　　$\eta = 1.83 \times 10^{-5}\ \mathrm{Pa \cdot s}$;

修正常量　　　　　　　　　$b = 8.226 \times 10^{-3}\ \mathrm{Pa \cdot m}$;

大气压强　　　　　　　　　$p = 101\,325\ \mathrm{Pa}$;

平行极板间距离　　　　　　$d = 5.00 \times 10^{-3}\ \mathrm{m}$;

油滴的半径　　　　　　　　$a = \sqrt{\dfrac{9l\eta}{2\rho g t}}$;

油滴匀速下降的距离　　　　$l = 1.60 \times 10^{-3}\ \mathrm{m}$.

将以上数据代入式(14-10),得油滴所带电量的测量公式为

$$q = \frac{1.02 \times 10^{-14}}{U \left[t \left(1 + 0.02\sqrt{t}\,\right) \right]^{\frac{3}{2}}}.$$

对不同的带电油滴进行测量,我们会发现它们所带的电量值均为某一最小量 e 的整数倍,即

$$q = ne \quad (n = \pm 1, \pm 2, \cdots),$$

式中 e 为元电荷($e = 1.602\,177\,33 \times 10^{-19}\ \mathrm{C}$).

仪器描述

油滴仪主要由油滴盒、油滴照明装置、调平系统、测量显微镜、计时器、供电电源、喷雾器、监视器等部分组成.

1. 油滴盒

油滴盒是油滴仪的核心,如图14-3所示,其上极板 4 和下极板 6 是两块经过精磨的平行极板,中间垫有胶木圆环 5,极板间距 $d = 5.00$ mm,置于有机玻璃防风罩 3 内,胶木圆环上有照明发光二极管进光孔、显微镜观察孔. 油滴用喷雾器从喷雾口 8 喷入有机玻璃油雾室 1,经油雾孔 2 落入上极板中央直径为 0.4 mm 的小孔,进入上、下电极之间. 上

极板上装有上极板压簧10,是上极板的电源.关闭油雾孔开关9可防止外界空气扰动对油滴的影响.

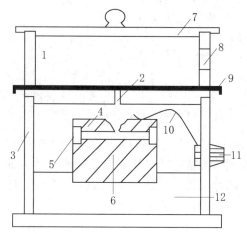

1—有机玻璃油雾室；2—油雾孔；3—有机玻璃防风罩；4—上极板；
5—胶木圆环；6—下极板；7—上盖板；8—喷雾口；9—油雾孔开关；
10—上极板压簧；11—上极板电源接头；12—基座.

图 14‑3　油滴盒

2. 监视器分划板

监视器分划板如图 14‑4 所示,面板上共有 10 格,每格 0.20 mm,但测量油滴匀速下落时间时只取中间 8 格(1.60 mm).

0	⬭（开始下落的位置）⬬（开始计时的位置）	
油滴下落距离		
1.60 mm	⬬（结束计时的位置）	
	⬭（停止下落的位置）	

图 14‑4　监视器分划板

3. 油滴仪面板

ZKY－MLG 型油滴仪面板如图 14－5 所示.

1—CCD 盒；2—调焦旋钮；3—光学系统；4—确认键；5—水准仪；6—平衡/提升切换键；

7—0 V/工作切换键；8—计时开始/结束切换键；9—电压调节旋钮；10—电源开关.

图 14－5　ZKY－MLG 型油滴仪面板

 实验步骤

1. 调整仪器

（1）将仪器放平稳，调节仪器底部左、右两只调平螺钉，使水准仪的气泡处于中央位置，这时平行极板处于水平位置. 转动显微镜调焦旋钮，将物镜头插到底.

（2）重新设置仪器页面参数：将前面给出的重力加速度、油滴密度和大气压强用"→""←"和"＋"键重新设置后，按"确认键"即可.

注　调整仪器时，如要打开有机玻璃油雾室，应先将"0 V/工作切换键"置于"0 V"位置.

2. 练习测量

（1）练习控制油滴.

① 条件设置. 先设置仪器面板上的各参数："计时开始/结束切换键"置于"结束"位置（红灯亮），"0 V/工作切换键"置于"工作"位置（红灯亮），"平衡/提升切换键"置于"平衡"位置（绿灯亮）.

② 开始练习. 通过调节"电压调节旋钮"将加在平行极板上的平衡电压调到 400 V 左右，调整长条形金属油雾孔开关，使其中央的圆孔与油雾孔对齐，将油从油雾室旁的喷雾口喷入（喷一次即可），关上油雾孔开关. 微调显微镜的调焦旋钮（调焦），这时监视器荧光屏上出现大量清晰的油滴，像夜空繁星. 观察几秒钟，从其中选一颗上升较慢且亮度适中的油滴进行观察，降低平衡电压，使这颗油滴静止不动. 然后将"0 V/工作切换键"置于"0 V"位置（绿灯亮），去掉加在极板上的平衡电压，让它自由下落一段距离. 然后将"0 V/工作切换键"置于"工作"位置（红灯亮），使之减速下降；接着将"平衡/提升切换键"置于

"提升"位置(红灯亮),加上提升电压,使油滴上升.如此反复升降,并在发现油滴变模糊时,微调显微镜的调焦旋钮,使之清晰,直到熟练掌握控制油滴升降的方法为止.

（2）练习测量油滴运动的时间.

任意选择几颗能受控制的运动速度快慢不同的油滴,在某一条横线处调平衡后,让它下落,待它下落一小段距离后,将"计时开始/结束切换键"置于"开始"位置(绿灯亮),开始计时,再等油滴下落一段距离后,将"计时开始/结束切换键"置于"结束"位置(红灯亮),停止计时.如此反复进行练习,以掌握测量油滴运动时间的方法.

注 仪器每次计时自动复零.

（3）练习选择油滴.

要做好本实验,很重要也是最困难的一点是选择合适的油滴.所选择的油滴体积不能太大,太大的油滴虽然比较亮,但一般带的电量比较多,下降速度也比较快,时间不容易测准确.油滴也不能选得太小,太小则布朗运动的影响太过明显.选择平衡电压在 $150\sim350$ V 范围内,15 s 左右匀速下降 1.60 mm 的油滴进行正式测量比较合适.

3. 正式测量

（1）找平衡电压值.

选择一颗适当的油滴,仔细调节平衡电压 U,使油滴静止,并将该油滴置于分划板某条横线附近,以便准确判断该油滴是否静止,然后记录平衡电压 U 值.

（2）测量下落时间.

① 提升油滴.将"平衡/提升切换键"置于"提升"位置,将已调平衡的油滴提升到第一条线,当油滴到达第一条线时,置于"平衡"位置,这时油滴减速上升.

② 测量时间.将"0 V/工作切换键"置于"0 V"位置,这时油滴开始下落.当油滴下落到测量开始线(第二条线)时,将"计时开始/结束切换键"置于"开始"位置,仪器开始计时.当油滴继续下落到测量终止线(倒数第二条线)时,停止计时.这时仪器监视屏右上方新显示的时间值就是测得的下落时间值.

（3）对同一颗油滴重复测量 5 次,而且每次测量前都要重新微调平衡电压.如果油滴逐渐变得模糊,要微调显微镜调焦旋钮,跟踪油滴,勿丢失.

按上述步骤选择 3 颗不同的油滴进行测量,将实验数据填入表 14-1.

数据记录与处理

表 14-1 测量油滴数据记录

油滴编号	测量值	测量次序					平均值	$\bar{q}$ /C	$n=\dfrac{\bar{q}}{e_0}$	n 取整	$\bar{e}=\dfrac{\bar{q}}{n}$ /C	Δe /C	$m=\dfrac{\bar{e}}{e_0/m_0}$ /kg	Δm /kg
		1	2	3	4	5								
1	U/V													
	t/s													

油滴编号	测量值	测量次序					平均值	$\overline{q}$ /C	$n=\dfrac{\overline{q}}{e_0}$	n 取整	$\overline{e}=\dfrac{\overline{q}}{n}$ /C	Δe /C	$\overline{m}=\dfrac{\overline{e}}{e_0/m_0}$ /kg	Δm /kg
		1	2	3	4	5								
2	U/V													
	t/s													
3	U/V													
	t/s													

$e_0 = 1.60 \times 10^{-19}$ C，$m_0 = 9.11 \times 10^{-31}$ kg.

根据定义求出相对误差

$$E_e = \frac{|e_0 - \overline{e}|}{e_0} \times 100\%，\qquad E_m = \frac{|m_0 - \overline{m}|}{m_0} \times 100\%.$$

最终结果表示为

$$e = \overline{e} \pm \overline{\Delta e}，\qquad m = \overline{m} \pm \overline{\Delta m}.$$

为了证明电荷的不连续性和所有电荷 q 都是元电荷 e 的整数倍 ne，并得到元电荷 e 的值，我们应对实验测得的各个电量 q 求最大公约数.这个最大公约数就是元电荷 e 值，也就是电子的电荷值.因实验测量不熟练，测量误差可能偏大，要求出 q 的最大公约数有时比较困难，通常我们用"反向验证"的办法进行数据处理，即用公认的电子电荷值 $e = 1.602\,177\,33 \times 10^{-19}$ C 去除实验测得的电量 q，得到一个接近某一个整数的数值，这个整数就是油滴所带的元电荷的数目 n.再用这个 n 去除实验测得的电量，即得电子的电荷值 e.

用这种方法处理数据，只能作为一种实验验证，仅在油滴的带电量比较小（几个电子电荷）时可以采用.当 n 值较大时〔这时的平衡电压 U 很低（100 V 以下），匀速下降 2 mm 的时间很短（10 s 以下）〕，时间较难测准，且平衡电压较小，更易产生误差.这也是实验中不宜选用带电量比较大的油滴的原因.

？思考题

1.如何选定待测的油滴？为什么选择平衡电压在 150～350 V 范围内，下落时间在 15 s 左右匀速下降 1.60 mm 的油滴？

2.为什么必须使油滴做匀速运动？实验中怎样才能保证油滴做匀速运动？

相关拓展

密 立 根

密立根是美国杰出的实验物理学家和教育家，他把毕生精力用于科学研究和教育事业，他是电子电荷的最先测定者.

    密立根从 1907 年开始进行测量电子电荷的实验. 1909 年至 1917 年他对带电油滴在相反的重力场和静电场中的运动进行了详细的研究. 1913 年发表电子电荷的测量结果 $e=(4.770\pm0.009)\times10^{-10}$ 静电单位. 这一著名的"油滴实验"轰动整个科学界，使密立根名扬四海.

    1916 年，密立根又解决了普朗克常量的精确测量问题，证实了爱因斯坦光电效应方程，第一次由光电效应实验测量了普朗克常量. 密立根还从事宇宙线的广泛研究，并取得了一定成果.

    密立根由于测量电子电荷和研究光电效应的杰出成就荣获 1923 年诺贝尔物理学奖.

实验十五

弗兰克-赫兹实验

　　1913 年,丹麦物理学家玻尔提出了一个氢原子模型,并指出原子存在能级.该模型在预言氢原子光谱的观察中取得了显著的成功.根据玻尔的原子理论,原子光谱中的每条谱线表示原子从一个较高能级跃迁至另一个较低能级时的辐射.

　　1914 年,物理学家弗兰克和赫兹对曾用来测量电离电势的实验装置做了改进,他们同样采取慢电子(能量在几十电子伏以内)与单元素气体原子碰撞的办法,但着重观察碰撞后电子发生什么变化.通过实验测量,电子和原子碰撞时会交换某一定值的能量,且可以使原子从低能级激发到高能级.弗兰克-赫兹实验直接证明了原子发生跃迁时吸收和发射的能量是分立的、不连续的,证明了原子能级的存在,从而证明了玻尔原子理论的正确性,两人也因此获得了 1925 年诺贝尔物理学奖.

　　弗兰克-赫兹实验至今仍是探索原子结构的重要手段之一,实验中用"拒斥电压"筛去小能量电子,该方法已成为广泛应用的实验技术.

实验目的

1. 测定氩原子的第一激发电势,证明原子能级的存在,研究原子能量的量子化现象.
2. 学习测定原子激发电势的方法.
3. 学习用实验研究来检验物理假说和验证理论的方法.
4. 训练用最小二乘法处理实验数据的技巧.
5. 体会设计新实验的物理构思和设计技巧.

实验仪器

智能弗兰克-赫兹实验测试仪、示波器.

实验原理

1. 玻尔原子理论的要点

原子系统只能处于一系列分立且具有确定能量值的稳定状态,即原子系统的定态,其相应的能量分别为 $E_1, E_2, E_3,$ 等等;原子从一个定态过渡到另一个定态称为跃迁,原因是原子吸收或辐射了一定的能量:

$$\Delta E = h\nu = |E_m - E_n|, \qquad (15-1)$$

式中 h 为普朗克常量, ν 为辐射频率.

2. 原子的跃迁、激发电势和能级差

原子在正常情况下处于低能态,即基态,当原子吸收电磁波或受其他粒子碰撞而发生能量交换时,可由基态跃迁到能量较高的激发态,所需的能量称为临界能量(设为 eV_0).电子与原子碰撞时,如果电子能量大于临界能量,则碰撞过程中电子将转移给原子跃迁所需的临界能量,其余能量仍由电子保留,此种碰撞为非弹性碰撞.

初速度为零的电子在电势差为 V_0 的加速电场的作用下,获得能量 eV_0,当这种电子与稀薄气体(如氩)的原子碰撞时就会发生能量交换,氩原子获得的能量为

$$\Delta E = E_2 - E_1 = eV_0, \qquad (15-2)$$

式中 E_1 为基态能量, E_2 为第一激发态能量,从而氩原子由基态跃迁到第一激发态.电势差 V_0 称为氩原子的第一激发电势, ΔE 称为第一能级差.

原子处于激发态是不稳定的,在实验中被慢电子轰击到第一激发态的原子将返回基态,进行这种跃迁时,就应该有 eV_0 的能量发射出来.跃迁时,原子以放出光子的形式向外辐射能量,这种辐射的能量为

$$eV_0 = h\nu = h \frac{c}{\lambda} \quad (c \text{ 为光速}). \qquad (15-3)$$

汞原子的第一激发电势为 4.9 V.对于汞原子,辐射出光子的波长为

$$\lambda = \frac{hc}{eV_0} = \frac{6.63 \times 10^{-34} \times 3.00 \times 10^{14}}{4.9 \times 1.6 \times 10^{-19}} \mu m \approx 0.25 \ \mu m.$$

从光谱学的研究中确实观察到了这条波长为 $\lambda = 253.7$ nm 的紫外线.由此可知,测定 V_0,就能得到氩原子系统的第一能级差.由此方法还可测量其他元素的第一激发电势和能级差.几种元素的第一激发电势如表 15-1 所示.

表 15-1　几种元素的第一激发电势

元素	钠(Na)	钾(K)	锂(Li)	镁(Mg)	汞(Hg)	氦(He)	氖(Ne)
第一激发电势 V_0/V	2.12	1.63	1.84	3.2	4.9	21.2	18.6

3. 弗兰克-赫兹管中被加速的电子和氩原子能量交换的规律性

(1) 实验曲线.

弗兰克-赫兹实验原理如图 15-1 所示,在充氩的弗兰克-赫兹管(F-H 管)中,电子由阴极 K 发出,阴极 K 和第二栅极 G_2 之间的加速电压 V_{G_2K} 使电子加速.在阳极 A 和第

二栅极 G_2 之间可设置拒斥电压 V_{G_2A}，F－H 管内空间电势分布如图 15－2 所示.

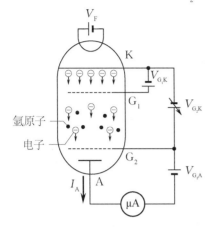
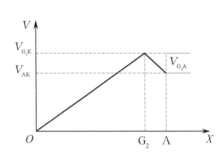

图 15－1　弗兰克-赫兹实验原理　　　　**图 15－2　F－H 管内空间电势分布**

当电子能量足够大时，就能越过由拒斥电压 V_{G_2A} 引起的拒斥电场到达阳极 A 而形成阳极电流 I_A. 如果有电子在 K 与 G_2 之间与氩原子发生碰撞，并把一部分能量传给氩原子，电子所剩的能量就可能很小，不能越过拒斥电场，达不到阳极 A，不能形成阳极电流. 这类电子增多，阳极电流 I_A 将明显下降. 逐渐增大加速电压 V_{G_2K}，观测阳极电流随 V_{G_2K} 的变化，可得 I_A－V_{G_2K} 曲线，如图 15－3 所示.

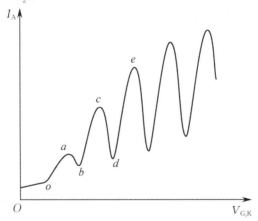

图 15－3　I_A－V_{G_2K} 曲线

（2）曲线特点.

① I_A 不是随着 V_{G_2K} 的增大而单调增大，曲线中间出现了多次凹陷和凸起，即存在若干个谷点和峰点.

② 相邻的两个谷点或峰点之间对应的电势差都是 V_0.

（3）对曲线的解释.

① 当灯丝加热时，阴极 K 的氧化层将发射电子，在 K 与 G_2 间的电场作用下被加速而获得越来越大的能量. 但在起始阶段，由于加速电压 V_{G_2K} 较低，电子的能量较小，在运

动过程中,它与氩原子相碰撞(为弹性碰撞)只有微小的能量交换. 这样,穿过 G_2 的电子所形成的阳极电流 I_A 将随加速电压 V_{G_2K} 的增大而增大(见图 15-3 中的 oa 段).

② 当 V_{G_2K} 达到氩原子的第一激发电势时,电子在 G_2 附近与氩原子相碰撞(此时为非弹性碰撞). 电子把从加速电场中获得的全部能量传递给氩原子,使氩原子从基态跃迁到第一激发态. 而电子本身由于把全部能量传递给氩原子,即使能穿过 G_2,也不能克服拒斥电场,因此被折回 G_2. 所以,此时阳极电流 I_A 将显著减小(见图 15-3 中的 ab 段). 氩原子处于激发态是不稳定的,在实验中被电子轰击到第一激发态的氩原子将跃迁回基态.

③ 随着加速电压 V_{G_2K} 的增大,电子能量也随之增大,若与氩原子相碰后还留有足够的能量,就可以克服拒斥电场的作用而到达阳极 A,这时阳极电流 I_A 又开始增大(见图 15-3 中的 bc 段).

④ 继续增大加速电压 V_{G_2K} 直至达到氩原子第一激发电势的 2 倍时,电子在 K 与 G_2 之间又会因为第 2 次非弹性碰撞而失去能量,因而又造成第 2 次阳极电流的减小(见图 15-3 中的 cd 段).

这种能量转移随着加速电压 V_{G_2K} 的增大而呈现周期性变化. 如果以加速电压 V_{G_2K} 为横坐标,以阳极电流 I_A 为纵坐标,就可以得到谱峰曲线,两相邻谷点(或峰点)之间的加速电压差值,就是氩原子的第一激发电势.

这个实验说明了 F-H 管内的慢电子与氩原子碰撞,使原子从低能级激发到高能级,通过测量氩的第一激发电势(定值,即吸收和发射的能量是完全确定的、不连续的)证明了玻尔的假设——原子能级的存在.

实验步骤

(1) 熟悉实验装置结构和使用方法.

(2) 按照实验要求连接实验线路,检查无误后开机.

(3) 缓慢将灯丝电压 V_F 调至 2.5 V,第一栅极电压 V_{G_1K} 调至 1.0 V,拒斥电压 V_{G_2A} 调至 7.5 V,预热 1 min.

(4) 改变加速电压 V_{G_2K},观察阳极电流 I_A 相应的变化情况,记录相关数据.

(5) 在仪器上给定的范围内改变灯丝电压 V_F 以及第一栅极电压 V_{G_1K} 或拒斥电压 V_{G_2A},重复进行实验,观察实验曲线的变化,分析原因.

(6) 实验结束,将实验装置恢复为原始状态.

建议工作状态:

电流量程:$10^{-7}\ \mu A$(小部分情况下)或 $10^{-6}\ \mu A$(大部分情况下).

灯丝电压 V_F:3.0 V 左右.

第一栅极电压 V_{G_1K}:1.5 V 左右.

拒斥电压 V_{G_2A}:6.0 V 左右.

加速电压 V_{G_2K}:不超过 80.0 V.

数据记录与处理

(1) 手动测量.

功能波段开关置"手动"位置,电压波段开关置"加速"位置,微电流量程开关置 $10^{-7}\mu A$ 或 $10^{-6}\mu A$.缓慢调节加速电位器(多圈电位器),从电流表上可观察到电流信号的变化,数字面板表上指示加速电压数值.将电流和加速电压变化的数据记录下来,即可在坐标纸上描出谱峰曲线,并进行数据处理.

(2) 示波器显示谱峰曲线.

定量地读出谱峰所对应的电压值,可利用示波器的外部 X 输入功能.将弗兰克-赫兹实验仪的扫描电压加到示波器的外部 X 输入端即可.对 X 轴定标的步骤如下.

① 按图 15-4 所示连接弗兰克-赫兹实验仪和示波器.

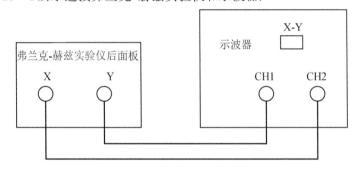

图 15-4　弗兰克-赫兹实验仪与示波器连接方式

② 将示波器 X-Y 按钮接通;暂时断开示波器的 Y 输入,或将示波器的 Y 输入置于接地状态($\perp$).外部 X 输入应放在直流耦合(DC)上.

③ 此时应在屏上观察到一水平扫描线,调节后面板 X 输入 BVC 插座上方的增益调节电位器(0~15 V),使水平扫描线径迹正好为 10 div.

④ 恢复示波器 Y 输入,或将示波器 Y 输入的接地状态($\perp$)恢复到直流耦合(DC)方式.

示波器设置如下.

Y 轴:直流耦合(DC)方式.

灵敏度选择:0.5~1 V/div.

X 轴:外部输入,直流耦合(DC)方式.

定标后的示波器水平灵敏度为 10 V/div,根据谱峰的位置可在屏上读出对应的电压值.

(3) 数据处理.

将在不同状态下测试所得的 I_A 和 V_{G_2K} 对应值画在同一坐标纸上,描绘出 I_A-V_{G_2K} 曲线,对所得曲线进行分析比较,得出结论,并在图上标出 V_0 的值.

!注意事项 ■■

　1.F-H 管很容易因电压设置不合适而遭到损坏,所以一定要按照规定的实验步骤并选取适当的状态进行实验.

2.灯丝电压对 F-H 管的工作状态影响最大,调节时以每次改变 0.1 V 为宜.在测量过程中,逐步增大加速电压时,电流表指针应出现极大、极小交替摆动的电流信号.若发现电流表指针突然超出量程(打表现象),说明 F-H 管中出现电离效应,应立刻减小加速电压,并减小灯丝电压.长时间处于电离状态会造成 F-H 管损坏或性能变差.

3.实验仪使用了一段时间后,F-H 管的工作条件可能与原先提供的参考数值有偏离,可按上面的方法,重试并选取合适的灯丝电压.

4.刚开机测量的信号电流大小与连续工作后的信号电流大小有差别,若发现信号电流增大许多,可切换电流量程或减小灯丝电压.

5.用示波器观察波形时,一般要将微电流量程置于 10^{-6} μA 挡,并适当增大灯丝电压,在屏上可观察到 6~7 个峰.若在显示的谱峰曲线最后有明显电流直线上升现象,可减小灯丝电压,以消除电离效应.用手动方式多次测量氩原子的第一激发电势,并做比较.分析灯丝电压、拒斥电压的改变对实验曲线的影响.

?思考题 ■■

1.灯丝电压 V_F 对 I_A-V_{G_2K} 曲线有何影响?

2.拒斥电压 V_{G_2A} 对 I_A 有何影响?

3.为什么 I_A-V_{G_2K} 曲线呈周期性的变化?

实验十六

光电效应的研究及普朗克常量的测量

光电效应是指一定频率的光照射在金属表面时会有电子从金属表面逸出的现象. 1887年,赫兹在用两套电极做电磁波的发射与接收实验中,发现当紫外光照射到接收电极的负极时,接收电极间更易于放电.这表明负极在光照射下发射出电子,这就是所谓的光电效应.光电效应中,电子逸出的最大速度与光强无关,且用频率低于某一阈值的光照射时不会产生光电流.这些实验结果都无法用光的波动说很好地进行解释.

1900年,普朗克为了解决黑体辐射中的疑点,假定黑体内的能量不再是经典物理学认为的连续分布,而是由不连续的能量子构成,能量子的能量为 $h\nu$,其中 ν 是辐射的频率, h 是一个与环境无关的物理学常量,后来被称为普朗克常量.1905年,爱因斯坦在《关于光的产生和转化的一个试探性观点》论文中,将普朗克的能量子概念引入光学,将光看成由光(量)子构成,从而很完美地从理论上解释了光电效应现象.之后,美国物理学家密立根通过长期、细心的实验,从实验上证实了爱因斯坦的光电效应理论,并凭借该理论通过实验测量出了普朗克常量.爱因斯坦的光电效应理论和密立根的光电效应实验对光的本质的认识及早期量子理论的发展,具有里程碑式的意义.

实验目的

1. 了解什么是光电效应,并在此基础上加深对光的量子性的理解.
2. 利用光电效应实验测量普朗克常量.

实验仪器

ZKY-GD-4智能型光电效应(普朗克常量)实验仪、示波器.

实验原理

光电效应的实验原理如图 16-1 所示.一束单色光照射到真空光电管的阴极 K 上,

产生的光电子在电场的作用下向阳极迁移,形成光电流.改变外加电压U_{AK},测量出光电流I的大小,即可得出光电管的伏安特性曲线.其基本实验现象如下.

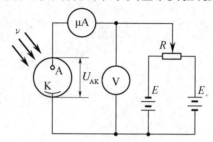

图 16-1　光电效应的实验原理

（1）对应于某一频率,光电效应的I-U_{AK}关系如图16-2所示.可见,对一定的频率,存在一电压U_0,当$U_{AK} \leqslant -U_0$时,电流为零.这个电压U_0称为遏止电压.

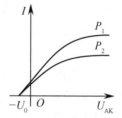

图 16-2　光电效应的I-U_{AK}关系

（2）当$U_{AK} > -U_0$且增大时,I迅速增大,然后趋于饱和,饱和光电流I_M的大小与入射光的强度P成正比.

（3）对于不同频率的光,其遏止电压的值不同,如图16-3所示(图中$\nu_1 > \nu_2$).

（4）遏止电压U_0与频率ν的关系如图16-4所示.U_0与ν呈线性关系.当入射光频率低于某极限值ν_0(ν_0随不同金属而异)时,不论光的强度如何、照射时间多长,都没有光电流产生.

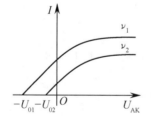

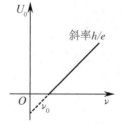

图 16-3　不同频率的光对应不同的遏止电压　　图 16-4　U_0-ν关系

（5）光电效应是瞬时效应.即使入射光的强度非常微弱,只要频率大于ν_0,照射后立即有光电子产生,照射时间的数量级至多为10^{-9} s.

按照爱因斯坦的光子理论,光由光子构成,频率为ν的光子具有能量$E = h\nu$.当光子照射到金属表面上时,能量被金属中的电子全部吸收.一部分能量用于克服金属表面原子吸引力做功,余下的就变为电子离开金属表面后的动能.按照能量守恒定律,爱因斯坦

提出了著名的光电效应方程

$$\frac{1}{2}mv_0^2 = h\nu - A,\qquad(16-1)$$

式中 m 为电子质量，v_0 为电子最大逸出速度，h 和 ν 分别表示普朗克常量和照射光频率，A 即上述电子逸出表面所需克服金属表面原子吸引力所做的功，称为逸出功.

设照射光频率满足 $h\nu - A > 0$，有光电子产生且有剩余动能. 此时，只要外电路闭合，即使外加电压 $U_{AK} = 0$，光电子也能到达阳极 A 形成光电流 I_A，I_A 的量值可由微安表读出. 当 U_{AK} 的极性为 K 负 A 正（正向电压）时，电场对光电子起加速作用，光电子向 A 运动的过程中速度增大. 外加电压 U_{AK} 增大到一定值后，如果光强不变，则单位时间入射的光子数不变，单位时间产生的光电子数也不变，从而单位时间到达 A 的电子数不变. 即使继续增大 U_{AK}，I_A 也不会增大，光电管进入正向饱和状态，饱和光电流 I_M 的大小与照射光的强度 P 成正比.

当 K 正 A 负（反向电压）时，电场使电子减速，部分动能较小的电子无法到达阳极 A，光电流逐渐减小. 进一步增大反向电压的大小 $|U_{AK}|$ 直至 $|U_{AK}| = U_0$，使动能最大的电子抵达 A 前也刚好减速为零，此时无电子进入 A，I_A 骤降为零，光电管进入反向截止状态，U_0 就是该光电管对该照射光的遏止电压，如图 16-2 所示. 这种测量计数方法可称为零电流法. 此时电子的动能完全转化为其在电场中的电势能，即

$$\frac{1}{2}mv_0^2 = eU_0.\qquad(16-2)$$

由式（16-1）可知，不同频率的光产生的光电子所具有的最大动能不同，故其遏止电压也不同，如图 16-3 所示. 遏止电压与照射光频率呈线性关系，作遏止电压与频率的关系图，可得到类似图 16-4 所示的结果.

将式（16-2）代入式（16-1），可得

$$eU_0 = h\nu - A.\qquad(16-3)$$

式（16-3）表明，遏止电压 U_0 是频率 ν 的线性函数，直线斜率 $k = \dfrac{h}{e}$. 只要用实验方法得出不同频率对应的遏止电压，求出直线斜率，利用元电荷 e 就可算出普朗克常量 h.

理论上，测出各频率的光照射下阴极电流为零时对应的 U_{AK}，其绝对值即为该频率的遏止电压. 而实际上由于光电管的阳极反向电流、暗电流、本底电流及极间接触电势差的影响，实测电流并非完全是阴极电流，实测电流为零时对应的 U_{AK} 也并非遏止电压. 在实测电流中，非阴极电流主要来自下列两个方面：

① 阳极反向电流. 在光电管的制作过程中，阳极往往容易被污染，若沾上少许阴极材料，入射光照射阳极或入射光从阴极反射到阳极上都会造成阳极光电子发射. 当 U_{AK} 为负值时，阳极发射的电子向阴极迁移构成了阳极反向电流.

② 暗电流和本底电流. 暗电流和本底电流分别是热激发产生的热电子发射电流与杂散光照射光电管产生的光电流.

要避免非阴极电流的影响，应在开始实验前进行调零（见实验步骤），使阳极反向电流、暗电流和本底电流都很小，之后在测量各谱线的遏止电压 U_0 时可采用零电流法，即直接将各谱线照射下测得的电流为零时对应的电压 U_{AK} 的绝对值作为遏止电压 U_0. 这

样电流中残留的微小的非阴极电流使各谱线的遏止电压大约都相差 ΔU，这对 $U_0 - \nu$ 曲线的斜率无大的影响,因此对 h 的测量不会产生大的影响.

📖 仪器描述

ZKY-GD-4 智能型光电效应（普朗克常量）实验仪由汞灯、汞灯电源、滤色片、光阑、光电管、测试仪构成,其结构如图 16-5 所示.实验仪的调节面板如图 16-6 所示.实验仪有手动和自动两种工作模式,具有数据自动采集、存储、实时显示、动态显示采集曲线(连接示波器,可同时显示 5 个存储区中存储的曲线)及采集完成后查询的功能.

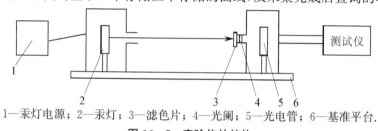

1—汞灯电源；2—汞灯；3—滤色片；4—光阑；5—光电管；6—基准平台.

图 16-5　实验仪的结构

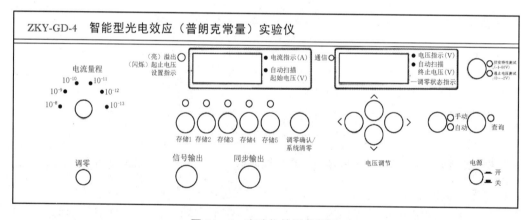

图 16-6　实验仪的调节面板

⚙️ 实验步骤

1. 测试前准备

(1) 预热.将实验仪及汞灯电源接通（将汞灯及光电管暗箱的遮光盖盖上）,预热 20 min.调整光电管与汞灯距离约为 40 cm,并保持不变.

(2) 调零.将"电流量程"选择开关置于 10^{-13} A 挡,按下列步骤进行测试前调零.

① 将光电管暗箱电流输出端 K 与实验仪微电流输入端(后面板上)连接起来.

② 按"调零确认/系统清零"键,直至右上方的电压示数窗显示 4 条短横杠"————",此时系统进入调零状态.

③ 旋转"调零"旋钮,使电流指示为"000.0".

④ 按"调零确认/系统清零"键,右上方电压示数窗口恢复为正常数字显示,此时调零完成,系统进入测试状态.

⑤ 连接信号线.

若要动态显示采集曲线,需将实验仪的"信号输出"端口接至示波器的 Y 输入端,将"同步输出"端口接至示波器的"外触发"输入端.示波器"触发源"开关拨至"外",垂直灵敏度调节旋钮拨至"1 V/div",扫描时间调节旋钮拨至"20 μs/div".此时示波器将用轮流扫描的方式显示 5 个存储区的曲线,X 轴代表电压 U_{AK},Y 轴代表电流 I.

2. 测量普朗克常量 h

测量遏止电压时,"伏安特性测试/遏止电压测试"状态键应为遏止电压测试状态.

① 手动测量.

按"手动/自动"键,切换到手动测量模式,将直径为 4 mm 的光阑及波长为 365.0 nm 的滤色片套装在光电管暗箱的光输入口上,打开汞灯遮光盖.此时,电压表显示 U_{AK} 的值,单位为 V;电流表显示与 U_{AK} 对应的电流值 I,单位对应为所选的"电流量程".

用电压调节键"→""←""↑""↓"可调节 U_{AK} 的值,"→""←"键用于选择调节电压数值的数位,"↑""↓"键用于调节对应数位的值的大小.从低到高调节电压,观察电流值的变化,寻找电流为零时对应的 U_{AK},以其绝对值作为该波长对应的 U_0 的值,并将数据记入表 16 - 1.为尽快找到 U_0 的值,调节时应从高数位到低数位,先确定高数位的值,再顺次往低数位调节.

放下遮光盖后依次换上波长分别为 404.7 nm,435.8 nm,546.1 nm,577.0 nm 的滤色片,重复上面的测量步骤.

② 自动测量.

按"手动/自动"键,切换到自动测量模式.此时电流表左边的指示灯闪烁,表示系统处于自动测量扫描范围设置状态,可用电压调节键设置扫描起始电压和终止电压.

对不同波长,建议将电压扫描范围大致分别设置为以下区间:365.0 nm,$-1.90 \sim$ -1.50 V;404.7 nm,$-1.60 \sim -1.20$ V;435.8 nm,$-1.35 \sim -0.95$ V;546.1 nm,$-0.80 \sim$ -0.40 V;577.0 nm,$-0.65 \sim -0.25$ V.

实验仪设有 5 个数据存储区,每个存储区可存储 500 组数据,并有指示灯表示其状态.灯亮表示该存储区已存有数据,灯不亮表示空存储区,灯闪烁表示系统预选的或正在存储数据的存储区.

设置好扫描起始电压和终止电压后,按相应的存储按键,实验仪将先清除存储区原有的数据,等待约 30 s,再按 4 mV 的步长自动扫描,并显示、存储相应的电压、电流值.

扫描完成后,实验仪自动进入数据查询状态,此时查询指示灯亮,显示区显示扫描起始电压和相应的电流值.用电压调节键改变电压值,就可查阅测试过程中当前扫描电压对应的电流值.读取电流为零时所对应的 U_{AK},取其绝对值作为该波长对应的 U_0 的值,并将数据记入表 16 - 1.

按"查询"键,查询指示灯灭,系统恢复到扫描范围设置状态,可进行下一次测量.

在自动测量过程中或测量完成后，按"手动/自动"键，系统恢复到手动测量模式，模式转换前工作的存储区内的数据将被清除.

若实验仪与示波器连接，则可得到 U_{AK} 为负值时各谱线在选定的扫描范围内的伏安特性曲线.

数据记录与处理

根据测得的实验数据作出遏止电压 U_0 相对于照射光频率 ν 的曲线. 分析该曲线，并尝试根据该曲线求出普朗克常量 h. 注意，所有参与运算的物理量都要统一为国际单位制. 将所得结果与 h 的标准值 h_0 比较，并求出测量值的相对误差 $E = \dfrac{|h - h_0|}{h_0} \times 100\%$.
已知元电荷 $e = 1.602 \times 10^{-19}$ C，普朗克常量标准值 $h_0 = 6.626 \times 10^{-34}$ J·s.

表 16-1 U_0-ν 关系   光阑孔 $\Phi =$ _____ mm

波长 λ_i/nm		365.0	404.7	435.8	546.1	577.0
频率 ν_i/(10^{14} Hz)		8.214	7.408	6.879	5.490	5.196
遏止电压 U_0/V	手动					
	自动					

?思考题 ■※

1. 爱因斯坦的光电效应理论包含哪些要点？尝试将其总结出来. 与光的波动学说比较，理解爱因斯坦理论的革命性所在.

2. 试根据爱因斯坦的光电效应方程，说明如何利用光电效应测量普朗克常量.

铁磁材料的磁滞回线和基本磁化曲线

磁性材料应用广泛,从常用的永久磁铁、变压器铁芯,到录音、录像、计算机存储用的磁带、磁盘等,都采用了磁性材料.磁滞回线和基本磁化曲线反映了磁性材料的主要特征.通过本实验对这些性质进行研究,不仅能掌握基本磁化曲线的测绘方法、了解如何使用示波器观察磁滞回线,而且能加深对材料磁特性的认识.

实验目的

1. 认识铁磁材料的磁化规律,比较两种典型的铁磁材料的动态磁化特性.
2. 测绘样品的磁滞回线,比较其磁滞损耗大小.
3. 测定样品的 B_s、H_s、B_r、H_c 等参数.
4. 测定样品的基本磁化曲线,作 B - H 及 μ - H 曲线.

实验仪器

FB310A 型磁滞回线实验仪、DSOX 1202A 型数字示波器等.

实验原理

铁磁材料是一种性能特异、用途广泛的材料.铁、钴、镍及其合金以及含铁的氧化物(铁氧体)均属铁磁材料.其特征有:在外磁场作用下能被强烈磁化,磁导率 μ 很高;存在磁滞现象,即外磁场磁化作用停止后,铁磁材料仍保留磁化状态,其剩余磁感应强度(简称剩磁)不仅依赖于磁场强度,而且还依赖于原先的磁化程度.图 17 - 1 所示为铁磁材料的磁感应强度 B 与磁场强度 H 之间的关系曲线.

图 17 - 1 中的原点 O 表示磁化之前铁磁材料处于磁中性状态,即 $B = H = 0$. 当磁场强度 H 从零开始增大时,磁感应强度 B 随之缓慢增大(见图中 Oa 段),接着急剧增大(见图中 ab 段),过 b 点后 B 的增长趋于缓慢,且当 H 增至 H_s 时,B 达到饱和值 B_s,曲

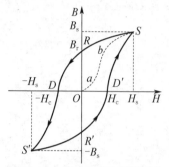

图 17-1 铁磁材料的起始磁化
曲线和磁滞回线

线 OS 称为起始磁化曲线. 如果将磁场强度 H 减小，B 并不沿原来的曲线 OS 减小，而是沿另一条新的曲线 SR 减小. 比较曲线 OS 和 SR 可知，H 减小，B 也相应减小，但相比于磁化过程，B 的变化滞后于 H 的变化，此现象称为磁滞. 磁滞的明显特征是，当 $H=0$ 时，B 不为零，而是保留剩磁 B_r.

当磁场反向，逐渐变至 $-H_c$ 时，磁感应强度 B 消失. 这说明要消除剩磁必须施加反向磁场. 其中 H_c 称为矫顽力，它的大小反映铁磁材料保持磁性的能力，曲线 RD 称为退磁曲线.

图 17-1 还表明，当磁场强度由 $H_s \to 0 \to -H_c \to -H_s \to 0 \to H_c \to H_s$ 的次序变化时，相应的磁感应强度 B 则沿闭合曲线 $SRDS'R'D'S$ 变化，该闭合曲线称为磁滞回线. 所以，当铁磁材料处于交变磁场（如变压器中的铁芯）中时，它将沿磁滞回线反复被磁化→退磁→反向磁化→反向退磁，在此过程中要耗费额外的能量，并以热的形式从铁磁材料中释放，这种损耗称为磁滞损耗. 可以证明，磁滞损耗与磁滞回线所围面积成正比.

一块初始态为 $H=B=0$ 的铁磁材料在磁场强度由弱逐渐变强的交变磁场中依次进行磁化与退磁，可以得到面积由小到大向外扩张的一簇磁滞回线，如图 17-2 所示. 这些磁滞回线顶点的连线称为铁磁材料的基本磁化曲线（见图中粗实线）. 由此可定义其磁导率 $\mu = \dfrac{dB}{dH}$（在某一特定点附近可近似表示为 $\mu = \dfrac{B}{H}$）. 因 B 与 H 是非线性的，故铁磁材料的 μ 不是常数，而是随 H 变化的（见图 17-3）. 铁磁材料的相对磁导率可高达数千乃至数万，因此在较弱的磁化场下也能被磁化出非常强的磁感应强度，这一特点是它用途广泛的主要原因之一.

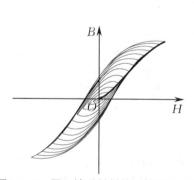

图 17-2 同一铁磁材料的一簇磁滞回线

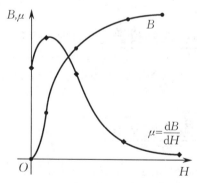

图 17-3 铁磁材料 μ 与 H 关系曲线

磁化曲线和磁滞回线是铁磁材料分类和选用的主要依据之一. 图 17-4 所示为常见的两种典型的磁滞回线，其中，软磁材料的矫顽力小、剩磁弱、磁滞回线窄、磁滞回线所包围的面积小，在交变磁场中磁滞损耗小，适用于电子设备中的各种电感元件、变压器及镇流器的铁芯等；硬磁材料的矫顽力大、剩磁强、磁滞回线较宽，磁滞特性非常显著，可用来制成永磁体，应用于各种电表、扬声器、录音机等.

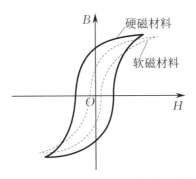

图 17 - 4　不同铁磁材料的磁滞回线

观察和测量磁滞回线和基本磁化曲线的线路如图 17 - 5 所示.待测样品为 EI 型硅钢片,N 为励磁绕组的匝数,n 为测量磁感应强度 B 而设置的绕组的匝数,R_1 为励磁电流取样电阻.设通过励磁绕组的交流励磁电流为 i,根据安培环路定理,样品的磁场强度为

$$H = \frac{Ni}{L}, \tag{17 - 1}$$

式中 L 为样品的平均磁路长度.

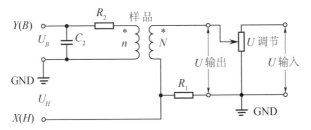

图 17 - 5　实验线路连接图

因为

$$i = \frac{U_H}{R_1}, \tag{17 - 2}$$

所以

$$H = \frac{N}{LR_1} \cdot U_H, \tag{17 - 3}$$

式中 N, L, R_1 均已知.故由图 17 - 5 中所示的 U_H 可以确定 H.

在交变磁场下,样品的磁感应强度瞬时值 B 是通过测量绕组和 $R_2 C_2$ 回路给定的.根据法拉第电磁感应定律,由于样品中磁通量 Φ 的变化,在测量绕组中产生的感生电动势的大小为

$$\mathscr{E}_B = n \frac{\mathrm{d}\Phi}{\mathrm{d}t}, \tag{17 - 4}$$

因此

$$\Phi = \frac{1}{n} \int \mathscr{E}_B \mathrm{d}t, \tag{17 - 5}$$

从而可以推导出磁感应强度的大小

$$B = \frac{\Phi}{S} = \frac{1}{nS} \int \mathscr{E}_B \, \mathrm{d}t, \tag{17-6}$$

式中 S 为样品的横截面积.

如果忽略自感电动势和电路损耗,则根据基尔霍夫定律,$R_2 C_2$ 回路满足以下方程:

$$\mathscr{E}_B = i_2 R_2 + U_B, \tag{17-7}$$

式中 i_2 为感生电流,U_B 为电容 C_2 两端的电压. 设在 Δt 时间内,i_2 向电容 C_2 的充电电量为 Q,则

$$U_B = \frac{Q}{C_2}, \tag{17-8}$$

所以

$$\mathscr{E}_B = i_2 R_2 + \frac{Q}{C_2}. \tag{17-9}$$

如果选取足够大的 R_2 和 C_2,使 $i_2 R_2 \gg \dfrac{Q}{C_2}$,则

$$\mathscr{E}_B = i_2 R_2. \tag{17-10}$$

又因为

$$i_2 = \frac{\mathrm{d}Q}{\mathrm{d}t} = C_2 \frac{\mathrm{d}U_B}{\mathrm{d}t}, \tag{17-11}$$

所以

$$\mathscr{E}_B = C_2 R_2 \frac{\mathrm{d}U_B}{\mathrm{d}t}. \tag{17-12}$$

由式(17-6)和式(17-12)可得

$$B = \frac{C_2 R_2}{nS} U_B, \tag{17-13}$$

式中 C_2, R_2, n 和 S 均已知. 因此,通过测量图 17-5 中所示的 U_B 即可确定 B.

综上所述,将图 17-5 中的 U_H 和 U_B 分别加到示波器的通道 1 和通道 2 便可观察样品的 B-H 曲线;如果将 U_H 和 U_B 加到测试仪的信号输入端,则可测定样品的饱和磁感应强度 B_s、剩磁 B_r、矫顽力 H_c 以及磁导率 μ 等参数.

 实验步骤

1. 电路连接

首先测量样品 1 的磁滞回线,按图 17-6 所示连接线路,取 R_1 为 2.5 Ω,R_2 为 30 kΩ,C_2 为 6 μF. U_H 和 U_B 分别接 DSOX 1202A 型数字示波器的通道 1 和通道 2,实验仪面板上的插孔"$\perp$"为公共地端.

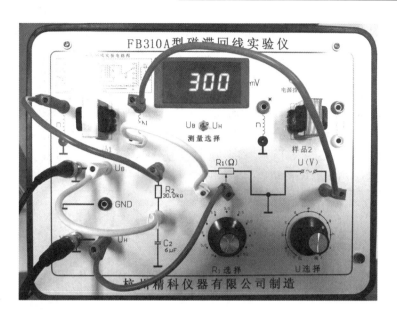

图 17‑6　线路连接图

2. 样品退磁

顺时针方向转动输出信号的励磁电压"U 选择"旋钮,使输出电压从 0 增到最大,然后逆时针方向转动旋钮,使输出电压 U 从最大值降为 0,如此反复操作,以消除剩磁,确保样品处于磁中性状态,即 $B=H=0$.

3. 观察并测定样品磁滞回线

DSOX 1202A 型数字示波器各项功能可参考附录 2.

注　由于本实验中正弦波信号频率较低,两个信号在选择"耦合方式"时,应该选择"直流耦合".

(1) 开启数字示波器电源,观察屏幕上的波形,若显示为两个独立正弦波信号,则如图 17‑7 中标号①所示,按下示波器的采集设置键,屏幕右方出现"时基模式",选择"时基模式"为"X‑Y",对两信号进行正交合成,此时可在屏幕上观察到磁滞回线.调节"采集模式",将其从"标准模式"调整为"高分辨率",使磁滞回线波形变得平滑以便观察.

(2) 如图 17‑7 中标号②所示,为使磁滞回线居中,分别选择通道 1 和通道 2,按压位置调节旋钮,即可实现居中.

(3) 将实验仪上的电压测量转换开关拨至 U_H 处,转动"U 选择"旋钮,增大励磁电压,可发现 U_H 的电压数值也逐步增大,所观察到的磁滞回线面积也逐步增大.当 $U_H \approx 300$ mV 时,开始测定样品的磁滞回线.

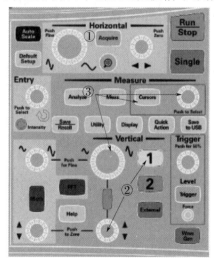

图 17‑7　示波器调节面板图

（4）如图 17－7 中标号③所示,调节示波器的灵敏度旋钮,使屏幕上磁滞回线大小合适.为准确测量各特征点的电压,按下示波器的光标键,屏幕上出现两横两竖四条虚线（可能在屏幕外,需要旋转推动以选择旋钮将其调到屏幕内）.这四条虚线分别为 X1,X2,Y1,Y2 光标,点击"光标"右侧灰色按钮,可以选定光标.选定的光标可以通过推动以选择旋钮移动,若磁滞回线已居中,可将光标 X1 或 X2 移动到特征点处,屏幕下方显示的数值即为待测点水平电压值.将光标 Y1 或 Y2 移动到特征点处,屏幕下方显示的数值即为待测点竖直电压值,如图 17－8 所示.将测定的数值分别填入表 17－1.注意,为了方便比较,应使两样品 U_H 的大小相同.

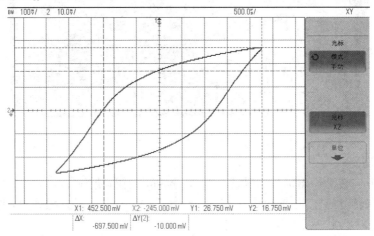

图 17－8　观测磁滞回线特征点

4. 观察基本磁化曲线

按实验步骤 2 对样品进行退磁.调节输出信号的励磁电压"U 选择"旋钮,从 $U=0$ 开始,逐渐提高励磁电压 U,将在显示屏上得到面积由小到大一个套一个的一簇磁滞回线.这些磁滞回线顶点的连线就是样品的基本磁化曲线.

5. 测定样品的基本磁化曲线

逆时针调节输出信号的励磁电压"U 选择"旋钮,使 U_H 较小（20～30 mV）,然后以 20 mV 为间隔依次增大 U_H 的输出值,测定样品 2 的 1～20 组不同 U_H 值时的 U_B 值,结果记入表 17－2.根据已知的元件参数即可计算磁场强度和磁感应强度的数值.

数据记录与处理

（1）根据表 17－1 中的数据,用坐标纸在同一坐标系中绘制样品 1,2 的磁滞回线,测定和计算样品 1,2 的 B_s,B_r,H_s,H_c 等参数,并比较样品 1,2 磁滞损耗的大小.注意,样品 1 和样品 2 为尺寸（平均磁路长度 L 和横截面积 S）相同而磁性不同的两 EI 型硅钢片,两者的励磁绕组匝数 N 和磁感应强度 B 的测量绕组匝数 n 也相同.其参数如下：

$$N=50,\quad n=150,\quad L=60 \text{ mm},\quad S=80 \text{ mm}^2.$$

表 17-1 描绘样品磁滞回线数据记录表

	样品 1	样品 2
电压 U_{H_s}/mV		
电压 U_{H_c}/mV		
电压 U_{B_s}/mV		
电压 U_{B_r}/mV		
H_s/(A·m^{-1})		
H_c/(A·m^{-1})		
B_s/T		
B_r/T		
比较样品 1 和样品 2 磁滞损耗的大小	样品 1 _____样品 2（填"大于"或"小于"）	

（2）根据表 17-2 的 U_H 及 U_B 的测量值，计算样品 2 的 B，H 和 μ 值，用坐标纸绘制 B-H，μ-H 曲线.

表 17-2 测定样品 2 基本磁化曲线数据记录表

样品 2				
U_H/mV	U_B/mV	B/T	H/(A·m^{-1})	μ/(10^{-2} H·m^{-1})

续表

样品 2

U_H/mV	U_B/mV	B/T	$H/(\text{A} \cdot \text{m}^{-1})$	$\mu/(10^{-2}\ \text{H} \cdot \text{m}^{-1})$

?思考题 ■■

1. 简述铁磁材料的分类及其应用.

2. 为什么用示波器能观察铁磁材料的磁滞回线?

3. 分别说明 B_s, H_s, B_r, H_c 的物理意义.

实验十八

电 子 和 场

带电粒子在电场和磁场中的运动规律已经在近代物理及电子技术中得到了广泛的应用,如示波管、显像管、雷达指示管、电子显微镜、回旋加速器等器件.本实验的设计旨在加深对电子在电场及磁场中运动规律的理解,了解示波管和显像管的工作原理.本实验中,电子的运动速度总是远小于光速的,故不必考虑相对论效应,可以把电子看作遵从牛顿运动定律的经典粒子.而且实验中电子运动的空间范围远比原子的尺度大,因此也不必考虑量子效应.

实验目的

1. 了解示波管的构造和工作原理,研究静电场对电子的加速聚焦作用.
2. 定量分析电子束在横向匀强电场作用下的偏转情况.
3. 定量分析电子束在横向磁场作用下的偏转情况.
4. 定量分析电子束在轴向磁场作用下的螺旋运动,测定荷质比.

实验仪器

DZS-D型电子束实验仪.

实验原理

1. 示波管

示波管是本实验研究的重要器件,示波管的工作原理与显像管非常相似,又称为阴极射线管(CRT)或电子束示波管,是阴极射线示波器中的主要器件,广泛应用于近代科学技术领域,是一种非常重要的电子器件.利用示波管来研究电子在电场和磁场中的运动规律非常方便,研究示波管中电子的运动也有助于了解阴极射线示波器的工作原理.

示波管的结构如图18-1所示,主要包括:

（1）电子枪.用于发射电子,把电子加速到一定速度并将电子流聚焦成一细束.

（2）偏转系统.由两对平板电极构成,包括一对上下放置的 Y 轴偏转板（或称垂直偏转板）和一对左右放置的 X 轴偏转板（或称水平偏转板）.

（3）荧光屏.用以显示电子束打在示波管端面的位置.

以上这几部分都密封在一只玻璃壳中.玻璃壳内抽成高真空,以免电子穿越整个管长时与气体分子发生碰撞,故管内的残余气压不超过 0.1 Pa.

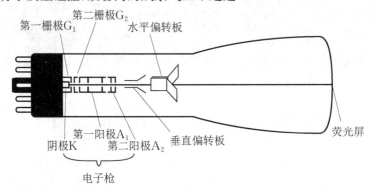

图 18‑1　示波管的结构

电子枪的电极结构如图 18‑2 所示.电子源是阴极 K,它是一个金属圆柱筒,里面装有加热用的灯丝 H.当灯丝通电时,可把阴极加热到很高的温度.阴极表面材料是钡和锶的氧化物,此材料中的电子在加热时较容易逸出表面,并能在阴极周围空间自由运动,这一过程称为热电子发射.与阴极共轴布置的还有 4 个圆筒状电极,栅极 G_1,G_2 离阴极近,栅极的电势低于阴极,有以下两个作用:一方面,调节栅极电压的大小,控制透过栅极出去的电子数目,从而调节最终荧光屏上光点的亮度,所以栅极也称为控制栅极;另一方面,栅极电压和第一阳极电压构成一定的空间电势分布,使由阴极发射的电子束在栅极附近形成一个交叉点.第一阳极 A_1 和第二阳极 A_2 的作用也有两个:一方面,构成聚焦电场,使经过第一交叉点发散了的电子在聚焦场作用下又会聚起来;另一方面,使电子沿示波管轴线方向显著加速.因此,电子枪出口的电子束经过聚焦和加速的双重作用后会形成沿示波管轴线方向高速运动的电子流.电子流高速打在荧光屏上,荧光屏上的荧光物质在高速电子轰击下发出荧光,荧光屏上光点的亮度取决于到达荧光屏的电子数目和电子运动速度,因而改变栅极电压和阳极电压（又称加速电压）的大小就可以控制光点的亮度.水平偏转板和垂直偏转板是互相垂直的两对平行板,对偏转板加以不同的偏转电压,就可以控制荧光屏上光点出现的位置.

2. 电子的加速和电偏转

为了描述电子的运动,我们选用直角坐标系,其中 Z 轴沿示波管轴线方向,X 轴沿示波管正面所在平面上的水平线方向,Y 轴沿示波管正面所在平面上的竖直线方向.

从阴极发射的通过电子枪各个小孔的电子,从电子枪小孔射出时具有 Z 方向上的速度 v_z,v_z 的值取决于阴极 K 和第二阳极 A_2 之间的电压 $V_2 = V_B + V_C$,式中各电势所代表的物理意义可参考图 18‑2.

电子从 K 移动到 A_2,势能降低了 eV_2.如果电子逸出阴极时的初始动能可以忽略不

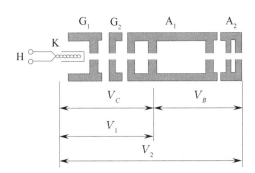

图 18-2　电子枪的电极结构与电势分布

计,那么它从 A_2 射出时的动能 $\frac{1}{2}mv_Z^2$ 就等于 eV_2,即

$$\frac{1}{2}mv_Z^2 = eV_2. \tag{18-1}$$

此后,电子再通过两组偏转板.如果偏转板之间没有加电压,那么电子将笔直地通过,最后打在荧光屏的中心(假定电子枪瞄准了中心),形成一个小光点.如果两个垂直偏转板(水平放置的一对)之间加有电压 V_d,使偏转板之间形成一个横向电场 E_Y,那么作用在电子上的电场力便使电子获得一个横向速度 v_Y(不改变它的轴向速度分量 v_Z).这样,电子在离开偏转板时运动的方向将与 Z 轴成一个夹角 θ,这个 θ 角由下式决定:

$$\tan\theta = \frac{v_Y}{v_Z}. \tag{18-2}$$

如图 18-3 所示,设板间距离为 d 的两个偏转板之间的电压为 V_d,其间产生一个横向电场 $E_Y = \frac{V_d}{d}$,电子受到了一个大小为 $F_Y = eE_Y = \frac{eV_d}{d}$ 的横向力.电子在从偏转板之间通过的时间 Δt 内,获得一个横向动量 mv_Y,且等于力的冲量,即

$$mv_Y = F_Y \Delta t = eV_d \frac{\Delta t}{d}. \tag{18-3}$$

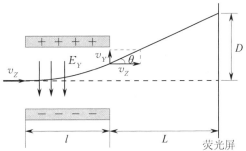

图 18-3　电子在电场中的偏转

于是

$$v_Y = \frac{e}{m}\frac{V_d}{d}\Delta t, \tag{18-4}$$

式中 Δt 为电子以轴向速度 v_Z 通过距离 l(l 等于偏转板的长度)所需要的时间.因此 $\Delta t =$

$\dfrac{l}{v_Z}$. 将其代入式(18-4),得

$$v_Y = \frac{e}{m}\frac{V_d}{d}\frac{l}{v_Z},$$ (18-5)

再将式(18-5)代入式(18-2),得

$$\tan\theta = \frac{v_Y}{v_Z} = \frac{eV_d l}{dmv_Z^2},$$ (18-6)

再将式(18-1)代入式(18-6),最后得到

$$\tan\theta = \frac{V_d}{V_2}\frac{l}{2d}.$$ (18-7)

式(18-7)表明,偏转角随偏转电压 V_d 的增大而增大,随偏转板长度 l 的增长而增大,偏转角的正切值与两个偏转板之间的距离 d 成反比. 对于给定的总电压来说,两个偏转板之间的距离越近,偏转电场就越强. 最后,降低加速电压 V_2 也能增大偏转角,这是因为减小了电子的轴向速度,延长了偏转电场对电子的作用时间. 并且,对于相同的横向速度,轴向速度越小,得到的偏转角也会越大.

电子束离开偏转区域以后又沿一条直线行进,该直线是电子离开偏转区域那一点的轨迹的切线. 这样,荧光屏上的光点会偏移一个垂直距离 D,而这个距离可近似由关系式 $D = L\tan\theta$ 确定,这里 L 是偏转板到荧光屏的距离(忽略荧光屏的微小曲率,更严格地说,L 应为偏转板中心到荧光屏的距离). 于是有

$$D = L\frac{V_d}{V_2}\frac{l}{2d}.$$ (18-8)

电偏转灵敏度定义为偏转板上加单位电压时,所引起的电子束在荧光屏上的偏移. 考虑垂直偏转板的长度 l_Y、板间距离 d_Y 与其到荧光屏的距离 L_Y,则根据定义,示波管的 Y 轴电偏转灵敏度为

$$S_Y = \frac{D_Y}{V_d} = \frac{l_Y L_Y}{2d_Y V_2}.$$ (18-9)

同理,示波管的 X 轴电偏转灵敏度为

$$S_X = \frac{D_X}{V_d} = \frac{l_X L_X}{2d_X V_2},$$ (18-10)

式中 l_Y,d_X 与 L_X 分别为水平偏转板的长度、板间距离与其到荧光屏的距离.

为了提高偏转准确度和灵敏度,使电子束不受偏转板出口边缘效应的影响,常采用斜置偏转板. 这种情况下电子束的偏转量更接近于真实偏转量,但表达式较复杂,这里不再讨论.

3. 电聚焦原理

电子枪内的加速场和聚焦场主要存在于各电极之间的区域. 图 18-4 为电聚焦示意图,左图中虚线为等势线,实线为电场线,右图为电子经过聚焦加速电场不同位置时的受力分析. 通过 A_1 的有横向速度分量的电子,在进入 A_1 和 A_2 之间的区域后,被电场的横向分量推向轴线. 与此同时,电场的轴向分量 E_z 使电子加速;当电子向 A_2 运动,进入接近 A_2 的区域时,该区域电场的横向分量有把电子推离轴线的倾向,但是由于电子在这个区域比在前一个区域运动得更快,向外的冲量比前面的向内的冲量要小,因此总的效果

仍然是使电子靠拢轴线. 而在轴向,电子仍然受电场的轴向分量 E_z 影响而加速.

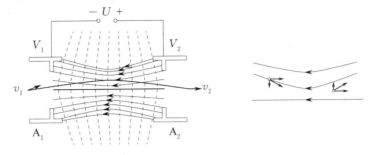

图 18-4　电聚焦示意图

4. 电子的磁偏转原理

电子束通过磁场时,在洛伦兹力的作用下发生偏转. 如图 18-5 所示,设实线方框区域内有均匀的磁场,磁感应强度为 B,方向与纸面垂直向外,在该区域外 $B = 0$. 电子以速度 v_Z 垂直射入磁场,受洛伦兹力 $ev_Z B$ 的作用,在磁场区域内做匀速圆周运动,轨道半径为 R. 电子沿 AC 弧穿出磁场区域后做匀速直线运动,最后打在荧光屏的 P 点上,光点的偏转位移为 D_B.

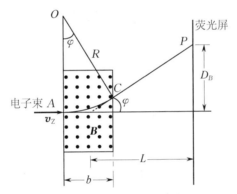

图 18-5　电子在磁场中的偏转

由牛顿第二定律,有 $f = ev_Z B = m\dfrac{v_Z^2}{R}$, 于是得

$$R = \frac{mv_Z}{eB}. \tag{18-11}$$

设偏转角 φ 不很大,近似地有

$$\tan\varphi \approx \frac{b}{R} = \frac{D_B}{L}.$$

由上两式得磁偏转位移为

$$D_B = \frac{e\,b L}{m v_Z}B, \tag{18-12}$$

结合式(18-1),消去 v_Z,得

$$D_B = \sqrt{\frac{e}{2mV_2}}\,bLB. \tag{18-13}$$

式(18-13)表明,光点的偏转位移 D_B 与磁感应强度 B 成正比,与加速电压 V_2 的平方根成反比.将式(18-13)和式(18-8)相比较,可以看出,加速电压对磁偏转的影响,比对电偏转的影响灵敏度小.因此,使用磁偏转时,通过提高显像管中电子束加速电压来增强荧光屏上图像的亮度水平比使用电偏转有利.而且,磁偏转便于得到电子束的大角度偏转,更适合于大屏幕的需要.因此,显像管往往采用磁偏转.但是,偏转线圈的电感与较大的分布电容,不利于高频使用,而且体积和重量都较大,不及电偏转系统,故示波管往往采用电偏转.

偏转磁场是由一对平行线圈产生的,有

$$B = kI_a,$$

式中 I_a 是励磁电流,k 是与线圈结构和匝数有关的常数.代入式(18-13),得

$$D_B = \frac{kI_a ebL}{\sqrt{2meV_2}}. \tag{18-14}$$

令 $k_m = \frac{kebL}{\sqrt{2me}}$,则有

$$D_B = k_m \frac{I_a}{\sqrt{V_2}}, \tag{18-15}$$

k_m 称为磁偏常数.可见,当加速电压一定时,偏转位移与励磁电流 I_a 呈线性关系.

为了描述磁偏转的灵敏程度,定义

$$S_m = \frac{D_B}{I_a} = k_m \frac{1}{\sqrt{V_2}} \tag{18-16}$$

为磁偏转灵敏度,单位为 mm/A. S_m 越大,磁偏转的灵敏度越高.

5. 磁聚焦和电子荷质比的测量原理

置于长直螺线管中的示波管,在不受任何偏转电压作用且正常工作时,调节亮度和聚焦,可在荧光屏正中心上得到一个小光点.从电子枪出口出射的电子的轴向运动速度为 v_z,它与第二阳极电压 V_2 的关系见式(18-1).

当给其中一对偏转板加上交变电压时,电子将获得横向的分速度(用 v_r 表示),此时荧光屏上便出现一条直线.随后给长直螺线管通一直流电流 I,螺线管内便产生磁场,其磁感应强度大小用 B 表示.运动电子在磁场中要受到洛伦兹力 $F = ev_r B$ 的作用(v_z 方向受力为零),该力使电子在垂直于磁场(垂直于螺线管轴线)方向的平面内做匀速圆周运动.设其圆周运动的半径为 R,则有

$$R = \frac{mv_r}{eB}, \tag{18-17}$$

圆周运动的周期为

$$T = \frac{2\pi R}{v_r} = \frac{2\pi m}{eB}. \tag{18-18}$$

因此,电子既沿轴线方向做匀速直线运动,又在垂直于轴线的平面内做匀速圆周运动,它的运动轨迹是一条螺旋线,其螺距用 h 表示(见图 18-6),且有

$$h = v_z T = \frac{2\pi m}{eB} v_z. \tag{18-19}$$

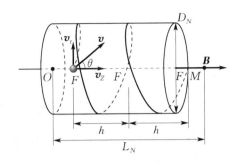

图 18 - 6　电子在轴向磁场作用下的螺旋运动

从式(18 - 18)和式(18 - 19)可以看出,电子运动的周期和螺距均与 v_r 无关.虽然各个电子的径向速度不同,但由于轴向速度相同(均为 v_z),由一点出发的电子束,经过一个周期以后,它们又会在与出发点相距一个螺距的地方重新相遇.这就是磁聚焦的基本原理.由式(18 - 1)和式(18 - 19)可得

$$\frac{e}{m} = \frac{8\pi^2 V_2}{h^2 B^2},$$
(18 - 20)

其中长直螺线管内的磁感应强度为

$$B = \frac{\mu_0 NI}{\sqrt{L_N^2 + D_N^2}}.$$
(18 - 21)

将式(18 - 21)代入式(18 - 20),可得电子荷质比为

$$\frac{e}{m} = \frac{8\pi^2 V_2 (L_N^2 + D_N^2)}{\mu_0^2 N^2 h^2 I^2},$$
(18 - 22)

式中 $\mu_0 = 4\pi \times 10^{-7}$ H/m 为真空磁导率; L_N, D_N, N 分别为长直螺线管的长度、底面圆的直径以及线圈匝数.

 实验步骤

1. 电聚焦实验

(1) 在主机机箱后部接入 220 V 交流电,主机与示波管之间用专用导线连接,其他不必连线,开启主机箱后面的电源开关,将"电子束/荷质比"选择开关 K_1 打到"电子束"位置,适当调节示波管辉度,调节聚焦,使示波管显示屏上光点聚焦成一细点(注意:光点不要太亮,以免烧坏荧光屏,缩短示波管寿命).

(2) 光点调零.通过调节 X 轴"偏转电压"和 Y 轴"偏转电压"旋钮,使光点位于荧光屏的中心.

(3) 分别调节阳极电压 $V_2 = 600$ V,700 V,800 V,900 V,1 000 V,调节聚焦电压旋钮和辅助聚焦(改变聚焦电压),使光点一次次达到最佳的聚焦效果,测量并记录各不同阳极电压时对应的电聚焦电压 V_1 于表 18 - 1 中.

(4) 求出 $\dfrac{V_2}{V_1}$.

2. 电偏转实验

（1）按图 18-7 所示接线.

图 18-7　垂直电偏转实验接线图（水平电偏转接线用虚线表示）

（2）开启电源开关，将"电子束/荷质比"选择开关 K_1 及 K_2 都打到"电子束"位置. 适当调节亮度旋钮，使示波管辉度适中，调节聚焦，使示波管显示屏上光点聚成一细点.

（3）光点调零. 如图 18-7 所示，用导线将 Y 轴偏转板插孔与电偏转电压表的输入插孔相连接（电源负极内部已连接），调节 Y 轴"偏转电压"旋钮，使电偏转电压表的指示为零，再调节 Y 轴偏转板的"光点调零"旋钮，把光点移动到荧光屏 Y 轴方向的居中位置.

（4）测量光点 Y 轴方向偏转位移 D_Y 随垂直偏转电压 V_d 大小的变化. 调节阳极电压旋钮，使阳极电压固定在 $V_2 = 600$ V. 改变光点的位移量 D_Y 值，并测量相应电偏转电压 V_d 值，每隔 5 mm 测一组 V_d，D_Y 值，将数据一一记入表 18-2. 然后调节到 $V_2 = 800$ V，重复以上实验步骤.

3. 磁偏转实验

（1）开启电源开关，将"电子束/荷质比"选择开关 K_1 及 K_2 都打到"电子束"位置. 适当调节亮度旋钮，使示波管辉度适中，调节聚焦，使示波管显示屏上光点聚成一细点.

（2）光点调零. 在磁偏转输出电流为零时，通过调节 X 轴"偏转电压"和 Y 轴"偏转电压"旋钮，使光点位于荧光屏的中心.

（3）测量偏转量 D_B 随磁偏电流 I 的变化. 给定 $V_2 = 600$ V，按图 18-8 所示接线，按下"电流选择"按钮，"0～0.25 A"挡指示灯亮，调节"电流粗调"及"电流细调"旋钮（改变磁偏电流的大小），每增大 10 mA 测量一组 D_B 值. 改变 $V_2 = 800$ V，再测一组 I，D_B 数据，记入表 18-3.

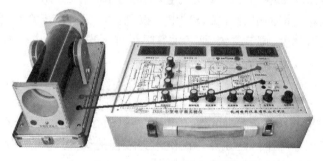

图 18-8　磁偏转实验接线图

4. 磁聚焦和电子荷质比的测量

（1）按图 18 - 9 所示接线.

图 18 - 9 磁聚焦和电子荷质比的测量接线图

（2）将"电流粗调"及"电流细调"旋钮逆时针旋到底.

（3）开启电子束测试仪电源开关，"电子束/荷质比"转换开关 K_1 打到"荷质比"位置，K_2 打到"电子束"位置，此时荧光屏上出现一条直线，把阳极电压调到 800 V.

（4）释放"电流选择"按钮，"0～3.5 A"挡指示灯亮，顺时针转动"电流粗调"及"电流细调"旋钮，逐渐加大电流，使荧光屏上的直线一边旋转一边缩短，直到变成一个小光点. 读取电流值，然后将电流值逐渐减小直到为零. 再将螺线管前面板上的电流换向开关扳到另一边，改变励磁电流方向，再次从零开始增大电流，使屏上的直线反方向旋转并缩短，直到再一次得到一个小光点. 读取电流值并记入表 18 - 4. 通过计算求得电子荷质比 $\frac{e}{m}$.

（5）改变阳极电压为 900 V，重复步骤（4）.

（6）实验结束，将励磁电流调节的"电流粗调"及"电流细调"旋钮逆时针旋到底.

数据记录与处理

1. 电聚焦

记录不同 V_2 下的 V_1 数值于表 18 - 1 中，求出 $\frac{V_2}{V_1}$.

表 18 - 1 电聚焦测量数据

V_2/V	600	700	800	900	1 000
V_1/V					
$\frac{V_2}{V_1}$					

试分析 V_1，V_2，$\frac{V_2}{V_1}$ 对电聚焦效果的影响.

2. 电偏转（垂直方向）

（1）阳极电压 $V_2 = 600$ V 及 $V_2 = 800$ V 时，记录 Y 轴方向的 V_d，D_Y 数据于表 18 - 2 中.

表 18－2　电偏转（垂直方向）测量数据

	D_Y/mm	−25	−20	−15	−10	−5	0	5	10	15	20	25
$V_2 = 600$ V	V_d/V											
$V_2 = 800$ V	D_Y/mm	−25	−20	−15	−10	−5	0	5	10	15	20	25
	V_d/V											

（2）以 V_d 为横坐标、D_Y 为纵坐标，作 D_Y-V_d 图. 通过计算直线斜率求得电偏转灵敏度 S_Y，即 $S_Y = \dfrac{D_Y}{V_d}$. 比较不同阳极电压对电偏转效果的影响.

3. 磁偏转

（1）阳极电压 $V_2 = 600$ V 及 $V_2 = 800$ V 时，记录 I，D_B 数据于表 18－3 中.

表 18－3　磁偏转测量数据

	I/mA	10	20	30	40	50	60	70	80	90	100
$V_2 = 600$ V	D_B/mm										
$V_2 = 800$ V	I/mA	10	20	30	40	50	60	70	80	90	100
	D_B/mm										

（2）以 I 为横坐标、D_B 为纵坐标，作 D_B-I 图. 通过计算直线斜率求得磁偏转灵敏度 S_m，即 $S_m = \dfrac{D_B}{I}$. 比较不同阳极电压对磁偏转效果的影响.

4. 磁聚焦和电子荷质比的测量

将测量数据记入表 18－4，计算电子荷质比.

表 18－4　磁聚焦和电子荷质比的测量数据（第一次聚焦）

电流	电压	
	800 V	900 V
$I_{正向}$ /A		
$I_{反向}$ /A		
$I_{平均}$ /A		

（1）仪器主要参数.

螺线管的长度：$L_N = 0.234$ m.

螺线管的线圈匝数：$N = 526$.

螺线管的底面圆直径：$D_N = 0.090$ m.

Y 轴偏转板至荧光屏距离：$h_Y = 0.145$ m.

X 轴偏转板至荧光屏距离：$h_X = 0.115$ m.

（2）数据处理计算公式.

电子荷质比：

$$\frac{e}{m} = \frac{8\pi^2 V_2 (L_N^2 + D_N^2)}{\mu_0^2 N^2 h^2 I^2} \quad （本实验螺距 h 用 h_Y 代替）.$$

！注意事项 ■▪

1. 荧光屏上光点亮度不能调得太强，不要让聚焦后的光点长时间停留在荧光屏上的某一位置，以免损坏荧光屏.

2. 每次调节到磁聚焦并测量完对应的励磁电流后，务必将励磁电流调回到零，以免螺线管出现过热现象.

在资讯发达的信息时代,光导纤维(简称光纤)由于具有损耗低、容量大、衰减小、传输距离远、抗干扰性强、体积小、质量轻、成本低等优点成为现代信息传递中不可替代的传输媒介,它广泛应用于通信、交通、工业、医疗、教育、航空航天和计算机等领域.通过测量光纤中的光速,有助于了解光在光纤介质中传播的真实物理过程,深刻理解介质折射率的意义.

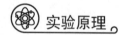 实验目的

1. 学习光纤中光速测定的基本原理及光纤光速测定系统的调试技术.
2. 了解数字信号电光/光电变换及再生原理.
3. 学习数字式光纤长度测量仪的基本原理及应用技术.

实验仪器

FOV - C 型光纤中光速测定实验仪、光纤信道、(双踪)示波器等.

实验原理

1. 光纤传输基本原理

阶跃型多模光纤的结构如图 19 - 1 所示,它由纤芯和包层两部分组成,纤芯的半径为 a,折射率为 n_1,包层的外半径为 b,折射率为 n_2,且 $n_1 > n_2$.从物理光学的角度考虑,光波实际上是一种振荡频率很高的电磁波,当光波在光纤中传播时,光纤就起着一种光波导的作用.在光纤中主要存在两大类电磁场形态.一类是沿光纤横截面呈驻波状,而沿光纤轴线方向为行波的电磁场形态,这种形态的电磁场的能量沿横向不辐射,只沿轴线方向传播,故称这类电磁场形态为传导模;另一类电磁场形态的能量在轴线方向传播的同时沿横向方向也有辐射,这类电磁场形态称为辐射模.利用光纤来传输光信息时就是

依靠光纤中的传导模. 随着纤芯半径 a 的增加, 光纤中允许存在的传导模的数量也会增多, 纤芯中存在多个传导模的光纤称为多模光纤; 当 a 小到某一程度时, 纤芯中只允许称为基模的一种电磁场形态存在, 这种光纤就称为单模光纤. 目前, 光纤通信系统中使用的多模光纤纤芯直径为 $50~\mu\mathrm{m}$ 或 $62.5~\mu\mathrm{m}$, 包层外径为 $125~\mu\mathrm{m}$; 单模光纤的纤芯直径在 $5\sim10~\mu\mathrm{m}$ 范围内, 包层外径也为 $125~\mu\mathrm{m}$. 另外, 在纤芯范围内折射率不随径向坐标 ρ 变化 [即 $n_1(\rho)=n_1=$ 常数] 的光纤, 称为阶跃型光纤; 否则, 称为渐变型光纤.

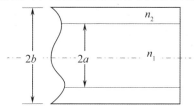

图 19-1　阶跃型多模光纤的结构示意图

当一束光由光纤的入射端耦合到光纤内部之后, 会在光纤内同时激励起传导模和辐射模, 但经过一段传输距离, 辐射模的电磁场能量沿横向辐射殆尽后, 只剩下传导模沿光纤轴向继续传播. 光波在传播过程中除了因光纤纤芯材料的杂质和密度不均引起的吸收损耗和散射损耗外, 不会有辐射损耗, 且目前的制造工艺已经能使这种吸收和散射损耗达到非常小的程度, 所以传导模的电磁场能量在光纤中以极小的损耗传输很远的距离. 这是光纤的传输特性之一.

对于通信用的石英光纤, 纤芯折射率 n_1 一般在 1.5 左右, 包层折射率 n_2 与 n_1 的差异只有 0.01 的数量级, 故各传导模到达光纤终点的时间差与它们所需的平均传播时间的比值不会大于 0.66%, 而实际值还要小得多. 所以, 在利用测定调制光信号在给定长度光纤中的传播时间来确定光纤中光速的实验中, 可近似认为各种传导模是"同时"到达光纤另一端的, 这一近似与测量装置的系统误差相比是完全允许的. 根据以上论述, 光纤中光速的表达式可近似为

$$v_z=\frac{2\pi f}{\beta}=\frac{2\pi f}{n_1 k_0}=\frac{c}{n_1}, \tag{19-1}$$

式中 β 是光纤中传导模电磁波沿轴向传播的波数, $\beta=n_1 k_0$, $k_0=\sqrt{\omega^2\mu_0\varepsilon_0}$ 是光波在自由空间中传播的波数, $c=\dfrac{2\pi f}{k_0}$ 是光波在自由空间中的传播速度.

2. 光纤中光速测定的实验技术

图 19-2 所示是测定光纤中光速实验装置的方框图, 在该图中由信号源提供的周期为 T、占空比为 50% 的方波序列 (即时钟信号) 对半导体激光二极管 (LD) 的发光强度进行调制, 调制后的光信号经光纤传输一定距离后输出, 再经过 PIN 型光电二极管和调制信号再生电路变回成一个周期为 T、占空比为 50% 的方波序列, 但这一方波序列相对于作为参考信号的原始方波序列有一定的延时 τ (可用示波器直接测得). 这一延时既包括了测量系统的电路延时, 也包括了我们要测定的调制后的光信号在光纤中传输所经历的时间. 在保持电路延时不变的状态下, 分别用长度为 L_1 和 L_2 ($L_1\gg L_2$) 的双光纤信道进行两次测量. 所得的延时 τ_1 和 τ_2 之差, 就是光信号在长度为 L_1-L_2 的光纤中所经历的

时间.在测量 τ_1 和 τ_2 的同时,利用数字式光纤长度测量仪测出 L_1 和 L_2 的具体数值,就可算出光纤中的光速.这一方法称为双光纤延时比较法,简称双光纤法.

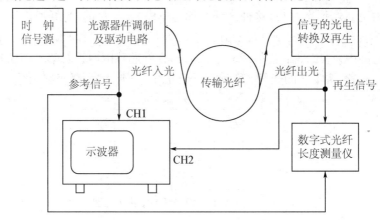

图 19‐2   测定光纤中光速实验装置的方框图

3. 数字式光纤长度测量仪的工作原理

如果把再生信号和作为参考信号的原始调制信号接到一个具有异或逻辑功能的逻辑电路的两个输入端,则在 $0\sim\pi$ 的相移所对应的延时范围 $\left(0\sim\dfrac{T}{2}\right)$ 内,该电路的输出波形是一个周期为 $\dfrac{T}{2}$,但脉冲宽度与以上两路信号的相对延时成正比的方波序列,如图 19‐3 所示.

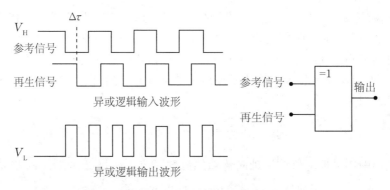

图 19‐3   异或逻辑光纤长度传感器的工作原理图

该方波序列的直流电平与参考信号和再生信号之间延时的特性曲线如图 19‐4 所示,由图可知,在 $0\sim\dfrac{T}{2}$ 的延时范围内由异或逻辑电路输出的平均电平值 V_0(可用直流电压表测出)与两输入信号之间延时 $\Delta\tau$ 的关系为

$$V_0 = V_L + 2(V_H - V_L)\frac{\Delta\tau}{T}, \tag{19-2}$$

式中 $\Delta\tau$ 为两路信号的相对延时, T 为原始调制信号的周期(可用示波器测得), V_L 是两路输入信号同相($\Delta\tau = nT, n = 0,1,2,\cdots$)时异或门输出的低电平值, V_H 是两路输入信号反相 $[\Delta\tau = (2n+1)T/2, n = 0,1,2,\cdots]$ 时异或门输出的高电平值.

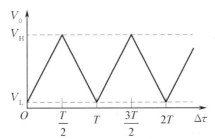

**图 19 - 4　异或逻辑电路输出方波序列的直流电平与
两输入信号之间延时的特性曲线**

因此,异或逻辑电路在图 19 - 3 所示的应用中,就是一种延时传感器. 在异或逻辑电路中两路输入信号的相对延时 $\Delta\tau$ 包括电路延时和光路延时两部分,其中光路延时与光纤信道的长度成正比. 在光纤长度不会使测量系统总延时超过 $\dfrac{T}{2}$ 的情况下,式(19 - 2)也可改为

$$V_0 = V_L + \left[\frac{2(V_H - V_L)}{T}\left(\tau_0 + \frac{L}{v_z}\right)\right] = V_L + \frac{2(V_H - V_L)}{T}\tau_0 + \frac{2(V_H - V_L)}{Tv_z}L$$

$$= \alpha + KL,\tag{19 - 3}$$

式中 τ_0 和 $\dfrac{L}{v_z}$ 分别为电路延时和光路延时,L 和 v_z 分别为光纤长度和光纤中的光速. 可见,异或逻辑电路在上述用法中,也相当于光纤长度传感器,其传感特性如图 19 - 5 所示. 其中截距 α 与测量系统的电路延时 τ_0、调制信号的周期 T,以及异或逻辑电路的高低电平 V_H,V_L 有关;斜率 K 与待测的光速 v_z、调制信号的周期 T,以及异或逻辑电路的高低电平 V_H,V_L 有关. 直流电平 V_0 随光纤长度 L 的增加具有线性增加关系. 这样,只要分别测量出接入不同长度的标准光纤(光纤长度已知)时异或逻辑电路输出的方波序列的直流电平,在测量系统电路延时 τ_0 和调制信号周期 T 固定的情况下,便可以确定 α 和 K,从而确定光纤长度传感器的传感特性. 这样,经过定标校准就可把输出电平值转换为光纤长度测量值,构成数字式光纤长度测量仪.

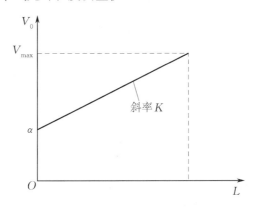

图 19 - 5　光纤长度传感器的传感特性

实验步骤

1. 实验仪器说明

（1）主机.

FOV - C型光纤中光速测定实验仪(简称主机)前面板如图19 - 6所示.主机前面板由三个不同功能的模块组成,在图19 - 6中由左至右依次为Ⅰ:时钟信号源和光源器件的调制及驱动电路;Ⅱ:光功率计和信号的光电转换及再生电路;Ⅲ:数字式光纤长度测量仪电路.

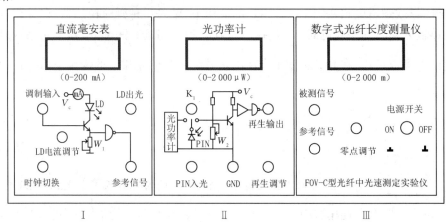

图19 - 6 FOV - C型光纤中光速测定实验仪前面板

（2）光纤信道及跳线.

图19 - 7(a)所示为本实验配套的长光纤绕线盘,图19 - 7(b)所示为光纤连接跳线,两条光纤连接跳线通过连接器相连,构成实验中使用的短光纤信道(见图19 - 8);两条光纤连接跳线的其中一端分别连入光纤绕线盘上的两个光纤连接器插孔,另一端分别接入主机面板上的LD出光及PIN入光插孔,则把长光纤信道接入测量系统.

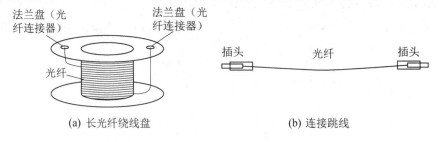

（a）长光纤绕线盘 （b）连接跳线

图19 - 7 光纤信道

2. 实验线路连接

如图19 - 8所示,把电路Ⅰ中的参考信号插孔和光纤长度测量仪Ⅲ中的参考信号插孔相连,电路Ⅱ中的再生输出插孔和光纤长度测量仪Ⅲ中的被测信号插孔相连.这样,参考信号和再生信号分别输入光纤长度测量仪中异或逻辑电路的两个输入端,以便完成光纤长度测量.

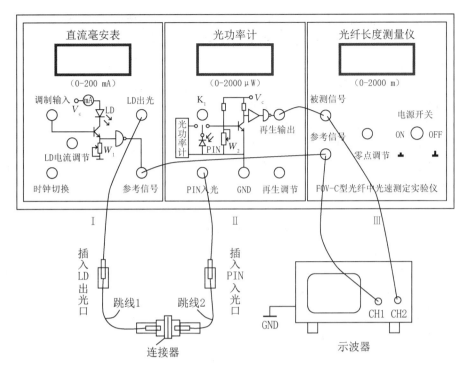

图 19 - 8　测量系统连接图

把示波器的 CH1 通道接到主机前面板的参考信号插孔,CH2 通道接到主机前面板的被测信号(或再生输出)插孔,示波器的同步触发源选"CH1",以观察和比较参考信号和再生信号波形.

按实验需要在主机前面板 LD 出光插孔和 PIN 入光插孔之间接入短光纤信道或长光纤信道.

3. 光纤信道长度的测定

(1) 如图 19 - 8 所示连接测量系统,先把由两条光纤跳线和连接器组成的短光纤信道接入系统.把电路Ⅱ中的切换开关 K_1 拨到左侧"光功率计"位置.接通电源,调节电路Ⅰ中的"LD 电流调节"电位器,使毫安表读数在 $10 \sim 20$ mA 范围内变化,观察光功率计有无读数,若有读数,表明实验系统光路正常.拨动主机前面板的时钟切换开关,选择时钟信号周期,使示波器 CH1 通道上参考信号的周期为 16 μs.

(2) 调节"LD 电流调节"电位器,使光功率计上显示的接收端 PIN 光电二极管入射光功率为任一功率 P_1,调好后把切换开关 K_1 拨到右侧.

(3) 调节电路Ⅱ中的"再生调节"电位器,使示波器 CH2 通道的方波序列正脉冲宽度与参考信号的正脉冲宽度一样(同为 8 μs),即占空比为 50 %.调节主机前面板右侧的"零点调节"电位器,使光纤长度测量仪的读数为零,即把只由两条光纤跳线组成的短光纤信道长度校准为零.

(4) 保持"再生调节"电位器的调节状态不变,在图 19 - 8 所示的测量系统中,把光纤跳线 1 和跳线 2 与连接器之间的连接断开,然后再把它们插入长光纤信道的两个光接口.调节"LD 电流调节"电位器,当示波器 CH2 通道的方波序列正脉冲宽度与参考信号的正脉冲宽度一样（同为 $8\ \mu s$）时，读取并记录光纤长度测量仪的读数，即为长光纤长度 L. 由于上一步中已把由两条光纤跳线组成的短光纤信道长度校准为零，这一步测得的长光纤长度为长光纤绕线盘内的光纤长度（不含两条光纤跳线长度）.

（5）把切换开关 K_1 拨到左侧，调节"LD 电流调节"电位器，选择任意不同的入射光功率（P_2，P_3，P_4，P_5，P_6，P_7，P_8），重复进行测量.

4. 双光纤法测量光纤中的光速

（1）把由两条光纤跳线和连接器组成的短光纤信道接入图 19‐8 所示测量系统.

（2）把切换开关 K_1 拨到左侧，调节"LD 电流调节"电位器，使接收端 PIN 光电二极管入射光功率为任一功率 P_1. 再把切换开关 K_1 拨到右侧，调节"再生调节"电位器使示波器 CH2 通道的方波序列正脉冲宽度与参考信号的正脉冲宽度一样（同为 $8\ \mu s$），从示波器屏幕上读取并记录参考信号与再生信号之间的延时 τ_1.

（3）保持"再生调节"电位器的调节状态不变，把长光纤信道通过两条光纤跳线接入测量系统. 调节"LD 电流调节"电位器，再次使示波器 CH2 通道的方波序列正脉冲宽度与参考信号的正脉冲宽度一样（同为 $8\ \mu s$）. 从示波器屏幕上读取并记录参考信号与再生信号之间的延时 τ_2.

（4）根据实验数据，计算调制信号在上述被测光纤信道中的传输时间

$$\Delta\tau = \tau_2 - \tau_1.$$

（5）把切换开关 K_1 拨到左侧，调节"LD 电流调节"电位器，使光功率计上显示的接收端 PIN 光电二极管入射光功率为任意不同值（P_2，P_3，P_4，P_5，P_6，P_7，P_8）. 对应每一个入射光功率，重复上述的操作，并把实验数据记入表 19‐1.

以上光纤长度的测定和双光纤法中延时的测量建议同步进行. 只需在接入短光纤信道完成上述调节后，记录延时 τ_1 的同时进行光纤长度零点调节；接入长光纤信道并完成上述调节后，记录延时 τ_2 的同时记录长光纤长度 L 即可.

根据光纤长度和延时差计算光纤中的光速，求取平均值，并和理论值进行比较，求出绝对误差和相对误差，并表示出测量结果.

数据记录与处理

表 19‐1　双光纤法测量光速

光纤长度、延时及光速	PIN 入射光功率							
	P_1	P_2	P_3	P_4	P_5	P_6	P_7	P_8
L/m								
$\tau_1/\mu s$								

光纤长度、延时及光速	PIN 入射光功率							
	P_1	P_2	P_3	P_4	P_5	P_6	P_7	P_8
$\tau_2/\mu s$								
$\Delta\tau=(\tau_2-\tau_1)/\mu s$								
$v_z=\dfrac{L}{\Delta\tau}/(\mathrm{m\cdot s^{-1}})$								
$\overline{v}_z/(\mathrm{m\cdot s^{-1}})$								

$$v_{zi}=\left|\frac{L_i}{t_{2i}-t_{1i}}\right|.$$

$$\Delta v_z=\frac{\sum\limits_{i=1}^{n}|v_{zi}-\overline{v}_z|}{n}\quad(n\text{ 为实验测量次数}).$$

$$E=\frac{\Delta v_z}{\overline{v}_z}\times100\%.$$

$$v_z=\overline{v}_z\pm\Delta v_z.$$

!注意事项 ■ ▫

1. 实验中不可用力弯折光纤,以防折断.光纤连接器用完应套上端面保护套,置于长光纤绕线盘表面,防止丢失.

2. PIN 光电二极管入射光功率在"LD 电流调节"电位器可调范围内任意选取.

3. 对应表 19-1 中每一个 PIN 入射光功率的两次延时或光纤长度测量,"再生调节"电位器的调节状态必须相同.

实验二十

半导体热敏电阻温度特性的研究

热敏电阻是用一种电阻值对温度极为敏感的半导体材料制成的非线性敏感器件. 按其电阻温度系数分类,可以分正温度系数(PTC)和负温度系数(NTC)两大类. 目前使用较为普遍的是 NTC 热敏电阻,在一定范围内,其电阻值随外界温度升高而减小.

用锰、镍、钴、铀、铁、锌、钛和镁等金属氧化物半导体材料制成的 NTC 热敏电阻是最常见的,也是产量最多的一种 NTC 热敏电阻. 因其具有灵敏度高、体积小、热惯性小和寿命长等优点,在无线电、遥控、自动化、测量等领域都有广泛应用. 例如,NTC 热敏电阻可用于制成半导体测温计来测量温度的微小变化,也可用于制成微波功率计、流量表、真空计、风速表、延时元件和定时开关等器件. 由实验可知,与金属的电阻值随温度升高而增大不同,NTC 热敏电阻的电阻值会随温度升高按指数规律迅速减小,而且半导体的电阻温度系数也远远大于金属. 例如,从 0 ℃ 变到 300 ℃,金属铂的电阻变化约一倍,而一般的 NTC 热敏电阻的电阻值变化可达一千倍. 通常温度变化 1 ℃,NTC 热敏电阻的电阻值变化幅度为 $1\% \sim 6\%$.

还有一种用单晶半导体材料锗、硅、硼、碳化硅制成的单晶 NTC 热敏电阻,具有很多金属氧化物半导体材料所不具备的优点,在涉及高压、低温、高频的场合,尤其是在微波通信领域都有不可替代的作用. 而金属氧化物半导体材料制成的 NTC 热敏电阻一般来说不适用于这些场合.

实验目的

1. 掌握惠斯通电桥的原理及使用方法.
2. 研究 NTC 热敏电阻的温度特性.
3. 掌握半导体温度计的校正方法.

实验仪器

QJ23 型直流单臂电桥、直流稳压电源、电阻箱、滑动变阻器、微安表、检流计、

DHW 型温度传感实验装置.

 实验原理

1. 热敏电阻温度特性测量原理

在一定的温度范围内,半导体的电阻率 ρ_T 和热力学温度 T 之间的关系为

$$\rho_T = a_0 \mathrm{e}^{\frac{B}{T}}, \tag{20-1}$$

式中 a_0 和 B 均为常数,其数值均与材料性质有关,a_0 的物理意义可以理解为:当 T 趋于无穷大时热敏电阻材料的电阻率,B 为热敏指数.

根据电阻定律,热敏电阻的电阻值为

$$R_T = \rho_T \frac{l}{S} = a \mathrm{e}^{\frac{B}{T}}, \tag{20-2}$$

式中 $a = a_0 \dfrac{l}{S}$,l,S 分别是热敏电阻的电极间距和横截面积,a 是条件电阻值,由热敏电阻的材料、形状和尺寸决定,a 和 B 两常数可以用实验方法求出.热敏电阻的温度特性如图 20-1 所示.

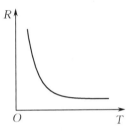

图 20-1　热敏电阻的温度特性

将式(20-2)两边取对数,使之变成直线方程,则有

$$\ln R_T = \ln a + \frac{B}{T}, \tag{20-3}$$

或写成 $y = A + Bx$,式中 $y = \ln R_T$,$A = \ln a$,$x = \dfrac{1}{T}$.不同温度 T 对应的电阻值可以用惠斯通电桥测出,并相应地算出 x 和 y,然后取 y,x 分别为纵、横坐标,描出数据点后进行线性拟合.由拟合直线截距 $A = \ln a$ 得到 $a = \mathrm{e}^A$,由拟合直线斜率 B 可求出半导体的激活能 ΔE(金属氧化物半导体材料制成的 NTC 热敏电阻的激活能 $\Delta E = 2Bk$;本实验采用的掺杂单晶半导体 NTC 热敏电阻的激活能 $\Delta E = Bk$,$k = 1.38 \times 10^{-23}$ J·K^{-1} 为玻尔兹曼常量).

根据热敏电阻温度系数 ω 的定义:

$$\omega = \frac{1}{R_T} \frac{\mathrm{d}R_T}{\mathrm{d}T} = -\frac{B}{T^2} \times 100\%, \tag{20-4}$$

可算出各种不同温度时的电阻温度系数.

2. 热敏电阻温度计的制作及校准

如果以热敏电阻某一温度下的电阻值(对应的温度称为下限温度)接入电桥,并调成平衡状态,则检流计中无电流通过.若此时再以升高温度的热敏电阻接入,则电桥处于非平衡状态,检流计发生偏转.于是可用不同偏转格数来标记不同温度(对应满偏的温度称为上限温度).这便是由热敏电阻和非平衡态电桥组成的半导体温度计的构造原理.

3. 相关仪器工作原理

（1）惠斯通电桥工作原理.

电桥是一种精密的电学测量仪器，可用来测电阻、电容、电感等. 本实验讨论的是惠斯通电桥（也称为单臂电桥），其工作电路如图 20-2 所示. R_1，R_2，R_3 是阻值可调的标准电阻. R_1，R_2 是比率臂，R_3 是比较臂，R_x 是待测电阻. 在 B，D 间串接检流计 G，E 是电源.

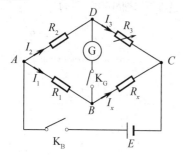

图 20-2　惠斯通电桥工作电路

闭合 K_B 及 K_G，调节 R_1，R_2，R_3，使检流计电流为零，即 $I_g = 0$，此时电桥处于平衡状态，有 $U_{AD} = U_{AB}$，$I_1 = I_x$，$I_2 = I_3$. 由欧姆定律得

$$I_1 R_1 = I_2 R_2, \quad\quad (20-5)$$

$$I_x R_x = I_3 R_3, \quad\quad (20-6)$$

式（20-6）除以式（20-5），结合 $I_1 = I_x$，$I_2 = I_3$，有

$$R_x = \frac{R_1}{R_2} \cdot R_3 = k \cdot R_3, \quad\quad (20-7)$$

式中 $k = \dfrac{R_1}{R_2}$ 称为倍率.

在实际应用的电桥中，为了便于操作和计算，通常将 R_1，R_2 制作成具有简单比值的比率臂旋钮，倍率 k 分别取 0.001，0.01，0.1，1，10，100，1 000 等. 从仪器上直接读出 k 和 R_3，待测电阻 R_x 就可通过式（20-7）计算出来.

（2）检流计的灵敏度.

式（20-7）是在电桥平衡的条件下推导出来的，而电桥是否平衡，实验中是根据检流计的指针有无偏转来判断的. 当检流计指针无偏转时，检流计中可能仍然有电流通过，只不过是 I_g 小到检流计测不出来，所以实际电桥的平衡是相对的.

（3）DHW 型温度传感实验装置.

DHW 型温度传感实验装置在本实验中是 QJ23 型直流单臂电桥的配套实验装置，该实验装置可配合 QJ23 型直流单臂电桥测量热敏电阻的温度特性曲线，其中配有 2.7 kΩ MF51 型热敏电阻以及铜电阻 Cu50. 本实验装置采用智能温度控制器控温，主要包括温控仪和加热炉两部分. 装置的温控仪面板及加热炉结构分别如图 20-3 和图 20-4 所示.

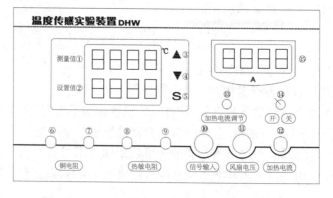

图 20-3　DHW 型温度传感实验装置温控仪的面板

图 20-3 中各按键、电位器功能及显示数字介绍如下.

①测量值:显示加热炉内部温度;

②设置值:显示设置的控制温度;

③加数键:在参数设置状态下,增大设置值;

④减数键:在参数设置状态下,减小设置值;

⑤设置键:按一次,设置值会有一位数码管闪烁,则该位进入修改状态(这时可按下加数键或减数键改变闪烁位的数字),再按一次,闪烁位向左移一位,不按设置键8 s(即等待数码管闪烁8 s),设置值会自动停止闪烁并返回至设置值显示界面;

⑥,⑦铜电阻输出端;

⑧,⑨热敏电阻输出端;

⑩加热炉信号输入插座;

⑪风扇电压输出插座;

⑫加热电流输出插座;

⑬加热电流调节电位器;

⑭加热电流输出控制开关;

⑮加热电流显示屏.

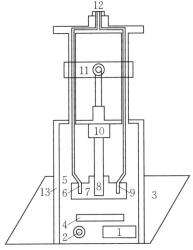

1—风扇开关;2—风扇电压输入插座;3—底座;4—风扇;5—隔离圆筒;6—测温传感器;7—测试圆铜块;8—加热器;9—被测传感器;10—隔离块;11—加热电流输入插座;12—信号输出插座;13—隔热层.

图 20-4 DHW 型温度传感实验装置的加热炉结构示意图

本实验装置的加热炉设有两种通风模式,可通过加热炉底座上的风扇开关进行切换.自然通风模式较为温和,降温时间较长,可用于测量热敏电阻降温温度特性曲线,且重复性较好.强制通风模式依靠加热炉底部的风扇完成散热,可使降温速度满足实验需要,实验时可根据实际情况选择合适的模式.

实验步骤

1. 测量 NTC 热敏电阻的温度特性曲线

参照图 20-5 进行接线,测量在不同温度下的热敏电阻阻值.

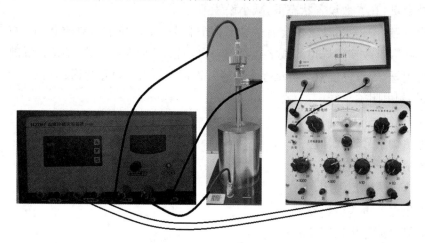

图 20-5　测量热敏电阻温度特性的接线图

（1）惠斯通电桥面板设置.

电源选择旋钮调至"3 V"的位置,倍率旋钮调至"×1"的位置,将电桥开关打向"外接"位置,并连接一个灵敏度较低的检流计.这样是为了防止实验过程由于电桥自带的检流计灵敏度过高而导致实验耗时过长.

（2）练习测量待测电阻值.

将温度传感实验装置面板加热电流输出控制开关置于"关"的位置,打开温度传感实验装置和惠斯通电桥的电源开关,同时用手点按 B 键（K_B）和 G 键（K_G）,接通电桥,观察检流计指针的偏转情况,然后调节电桥上的电阻 R_3,使检流计指针指零,则电桥处于平衡状态,记下此时电阻 R_3 的电阻值,最后松开手停止点按 B 键和 G 键.因为电桥的倍率选择为1,所以在常温下热敏电阻的电阻值等于电阻 R_3 的电阻值.

（3）正式测量待测电阻值.

将温度传感实验装置面板加热电流输出控制开关置于"开"的位置,调节加热电流调节电位器,让加热电流初始值为 0.25 A,从温度传感实验装置的温度显示屏上可以看到加热炉内温度在缓慢上升,此时,同时用手点按 B 键和 G 键,调节电桥上的电阻 R_3,使电桥处于平衡状态,记下电阻 R_3 的值.为了能够在温度上升区间的任一温度下测出热敏电阻的电阻值,在温度上升的过程中,需要密集式地接通电桥,调节电阻 R_3,使电桥能够不断地处于平衡状态.实验中的测量要求是:从 35.0 ℃开始,每间隔 5.0 ℃测量一次,直至温度上升到 80.0 ℃,并把各温度值以及各温度下测量到的电阻值 R_3（等于 R_T）记入表 20-1.特别提示,温度上升时,如果温度上升过慢,则可适当加大加热电流,但切忌使温度上升过快.

2. 校准半导体温度计

(1) 参照图 20-6 进行接线. 这是一个非平衡电桥电路,电桥面板电源选择旋钮调至"外接"位置,将外接检流计换成微安表. 滑动变阻器输出电压调至最小,将电桥的待测电阻端换接成电阻箱.

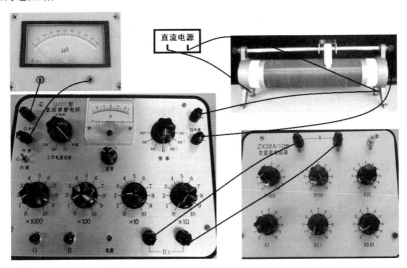

图 20-6　校准半导体温度计的接线图

(2) 零点校准.

外接电阻箱取已测到的下限温度时热敏电阻的电阻值,调节电桥电阻 R_3,使其电阻值等于外接电阻箱的电阻值,接通电桥,则电桥达到平衡. 这时微安表指针与"0"重合,不发生偏转.

(3) 满偏校准.

保持电桥中电阻 R_3 不变,外接电阻箱取已测到的上限温度时热敏电阻的电阻值,接通电桥. 如果微安表指针向左偏转,则将微安表的正、负极导引线在电桥的接线柱上交换位置;如果微安表指针向右偏转,则调节滑动变阻器,使微安表指针满偏.

(4) 保持滑动变阻器和 R_3 电阻值不变,外接电阻箱分别取已测到的热敏电阻在不同温度时的电阻值 R_T. 从低温电阻到高温电阻分别记下不同温度时微安表指针向右偏转的格数 N.

数据记录与处理

(1) 把各温度下测量的热敏电阻的电阻值记入表 20-1,以 T 为横坐标、R_T 为纵坐标,作 R_T-T 温度特性曲线. 以 $\dfrac{1}{T}$ 为横坐标、$\ln R_T$ 为纵坐标,作 $\ln R_T$-$\dfrac{1}{T}$ 直线,求出直线斜率 B 和截距 $A\Big($ 截距可在求出 B 后,由直线方程 $\ln R_T = A + \dfrac{B}{T}$ 算出,而不必由作图法求,以免坐标纸过大 $\Big)$,从而求出激活能 ΔE 和各温度下电阻温度系数.

（2）把不同温度(不同电阻值)下微安表向右偏转的格数 N(须估读一位)记入表 20-1,并作 N-T 曲线.

注 本实验的报告含3张满纸作图的坐标纸,一是 R_T 与 T 的关系图,二是 $\ln R_T$ 与 $\frac{1}{T}$ 的关系图,三是 N 与 T 的关系图.

表 20-1　实验数据记录

$t/℃$	35.0	40.0	45.0	50.0	55.0	60.0	65.0	70.0	75.0	80.0
T/K										
$\frac{1}{T}\big/\text{K}^{-1}$										
R_T/Ω										
$\ln R_T$										
$-\omega/\text{K}^{-1}$										
N										

?思考题 ■

　　1. 热敏指数具有什么物理意义?
　　2. 惠斯通电桥中 B 键和 G 键各有什么作用?
　　3. 试简述改装半导体温度计的主要步骤.

实验二十一

超声光栅法测定超声波的波速

光通过处在超声波作用下的透明介质时发生衍射的现象称为声光效应. 1922 年，布里渊曾预言液体中的高频声波能使可见光产生衍射效应, 10 年后被证实. 1935 年, 拉曼和奈斯发现, 在一定条件下, 声光效应的衍射光强分布类似于普通光栅的衍射. 这种衍射称为拉曼-奈斯声光衍射, 它提供了一种调控光束频率、强度和方向的方法. 本实验要求在了解超声光栅基本原理的基础上掌握实验的调节和测量方法.

实验目的

1. 了解超声光栅产生的原理.
2. 掌握利用超声光栅对液体中声速的测定方法.

实验仪器

分光计、WSG-Ⅰ型超声光栅仪、低压汞灯、超声信号源、超声池、测微目镜.

实验原理

超声波作为一种纵波在液体中传播时, 其声压使液体分子产生周期性的变化, 促使液体的折射率也相应地做周期性的变化, 形成疏密波. 此时, 如果有平行单色光沿垂直于超声波传播方向通过该疏密相间的液体, 就会产生衍射, 这一作用类似光栅, 所以称为超声光栅.

超声波传播时, 如果前进波被一个平面反射, 就会反向传播. 在一定条件下, 前进波与反射波叠加会形成高频率的纵向驻波, 驻波的最大振幅可以达到单一行波的两倍, 这就加剧了波源和反射面之间液体的疏密变化程度. 某时刻, 纵驻波的某一波节两边的质点都涌向这个节点, 使该节点附近成为质点密集区, 而相邻的波节处为质点稀疏区; 半个周期后, 这个节点附近的质点就向两边散开, 变为稀疏区, 而相邻波节处就变为密集区.

在这些驻波中，稀疏作用使液体折射率减小，而压缩作用使液体折射率增大. 如图 21-1 所示，在距离等于波长 A 的两点，液体的密度相同，折射率也相等.

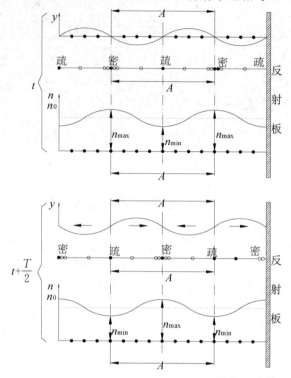

图 21-1 在 t 和 $t+\dfrac{T}{2}$（T 为超声振动周期）两个时刻振幅 y、液体疏密分布和折射率 n 的变化

波长为 λ 的单色平行光沿着垂直于超声波传播方向通过上述液体时，因折射率的周期性变化使光波的波阵面产生了相应的相位差，经透镜聚焦出现衍射条纹. 这种现象与平行光通过透射光栅的情形相似. 因为超声波的波长很短，只要盛装液体的液体槽的宽度不影响平面波（宽度为 l）传播，槽中的液体就相当于一个衍射光栅，图 21-1 中行波的波长 A 相当于光栅常数. 由超声波在液体中产生的光栅作用称为超声光栅.

当满足声光拉曼-奈斯衍射条件 $\dfrac{2\pi\lambda l}{A^2}\ll 1$ 时，这种衍射相似于平面光栅衍射，可得光栅方程

$$A\sin\varphi_k=k\lambda, \tag{21-1}$$

式中 k 为衍射级次，φ_k 为零级与 k 级间的夹角（衍射角）.

图 21-2 所示为 WSG-I 型超声光栅仪衍射光路，在调好的分光计上，由单色光源和平行光管中的会聚透镜（L_1）与可调狭缝 S 组成平行光系统.

让光束垂直通过装有锆钛酸铅陶瓷片（或称 PZT 晶片）的液槽，在槽的另一侧，用自准望远镜中的物镜（L_2）和测微目镜组成测微望远系统. 若振荡器使 PZT 晶片发生超声振动，形成稳定的驻波，则从测微目镜可观察到衍射光谱. 从图 21-2 中可以看出，当 φ_k 很小时，有

$$\sin \varphi_k = \frac{l_k}{f},$$

式中 l_k 为衍射光谱零级至 k 级的距离，f 为透镜的焦距.所以超声波的波长为

$$A = \frac{k\lambda}{\sin \varphi_k} = \frac{k\lambda f}{l_k}. \qquad (21-2)$$

超声波在液体中的传播速度为

$$V = A\nu = \frac{\lambda f\nu}{\Delta l_k}, \qquad (21-3)$$

式中 ν 是振荡器和 PZT 晶片的共振频率，$\Delta l_k = |l_{k+1} - l_k|$ 为同一色光衍射条纹间距.

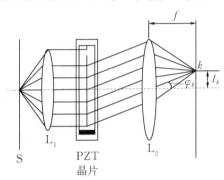

图 21-2　WSG-Ⅰ型超声光栅仪衍射光路图

 实验步骤

（1）分光计的调整.用自准法使望远镜聚焦于无穷远，望远镜的光轴与分光计的转轴中心垂直，平行光管与望远镜同轴并射出平行光，望远镜的光轴与载物台的台面平行.目镜调焦，以看清分划板刻线.以平行光管出射的平行光为准，调节望远镜，使观察到的狭缝清晰，狭缝应调至最小（实验过程中无须再调节）.

（2）采用低压汞灯作光源，将待测液体（如蒸馏水、乙醇或其他液体）注入超声池内，液面高度以超声池侧面的液体高度刻线为准，将此超声池放置于分光计的载物台上，使超声池座的缺口对准并卡住载物台侧面的锁紧螺钉，放置平衡，并用锁紧螺钉锁紧.放置时，使超声池两侧表面基本垂直于望远镜和平行光管的光轴.

（3）两支高频连接线的一端各插入超声池盖板上的接线柱，另一端接入超声光栅仪电源箱的高频输出端，然后将超声池盖板盖上.开启超声信号源电源，从阿贝目镜观察衍射条纹，细微调节频率微调旋钮，使电振荡频率与 PZT 晶片固有频率相等，此时，衍射光谱的级次会显著增多且更为明亮.

（4）如果分光计已调整到位，左右转动超声池，能使射于超声池的平行光束完全垂直于超声束.同时，观察视场内的衍射光谱左右级次亮度及对称性，直到从目镜中观察到稳定而清晰的左右各 2 级的衍射条纹为止.取下阿贝目镜，换上测微目镜，调焦目镜，使观

察到的衍射条纹清晰.利用测微目镜逐级测量其位置读数(如$-2,-1,0,+1,+2$),并将数据记入表 21-1.再用逐差法求出条纹平均间距及标准差(记入表 21-2),从而求得在液体中超声波的波速.

数据记录与处理

表 21-1　超声光栅光谱数据

谐振频率 $\nu=$_____MHz,实验温度:_____℃

波长/nm	k 级条纹位置/mm				
	l_{-2}	l_{-1}	l_0	l_1	l_2
$\lambda=578.0$(黄)					
$\lambda=546.1$(绿)					
$\lambda=435.8$(蓝)					

测微目镜中衍射条纹位置读数,小数点后第三位为估读值.

表 21-2　用逐差法计算各色光衍射条纹平均间距及标准差

光色	衍射条纹平均间距 $\overline{\Delta l_k}\pm\sigma_{\overline{\Delta l_k}}$	声速 V_i
黄	±	
绿	±	
蓝	±	

声速:$V=\dfrac{\lambda f\nu}{\Delta l_k}$ ($f=170$ mm 为透镜 L_2 的焦距);$\Delta l_k=|l_{k+1}-l_k|$.

对 3 种不同波长测量的声速求平均声速 $\overline{V}$.

标准值:$V_0=1\,482.9$ m/s (在 20 ℃的水中的声速).

相对误差:$E=\dfrac{|\overline{V}-V_0|}{V_0}\times100\%$.

标准偏差:$\sigma_{\overline{V}}=\sqrt{\dfrac{\sum\limits_{i=1}^{3}(V_i-\overline{V})^2}{3\times(3-1)}}$.

结果表示:$V=\overline{V}\pm\sigma_{\overline{V}}$.

已知水中的声速随温度做抛物线式变化,$V_{水}=1\,557-0.024\,5(74-t)^2$(单位:m/s),$t$ 为摄氏温度,那么按这个公式计算,水中的声速 $V_{水}=$_____ m/s.

！注意事项

1. 在测量超声波的声速时,PZT 晶片未放入有介质的超声池前,禁止开启信号源.

2. 提取超声池应拿两端面,不要触摸两侧表面通光部位,以免污染.如果有污染,可用酒精或乙醚清洗干净,也可用镜头纸擦净.

?思考题 ■■

如何利用式(21-3)由已知光波长测未知光波长？

电表的改装与校准

电表(如电流表、电压表等)在电学测量中有着广泛的应用,了解电表和使用电表就显得十分重要.磁电式电流计(表头)由于构造的原因,一般只能测量较小的电流和电压,如果要用它来测量较大的电流或电压,就必须进行改装,以扩大其量程.多用表就是对电流计进行多量程改装而成的电表,它在电路的测量和故障检测中得到了广泛的应用.

实验目的

1.测量电流计内阻 R_g 及量程 I_g.

2.掌握将 $100\ \mu\mathrm{A}$ 电流计改装成较大量程的电流表和电压表的方法.

3.学会校准电流表和电压表.

4.设计一个 $R_中$ 为 $15\ \mathrm{k\Omega}$ 左右的欧姆表,要求它能使用电动势在 $1.35 \sim 1.60\ \mathrm{V}$ 范围内的电源,能进行欧姆调零.

实验仪器

FB308 型电表改装与校准实验仪.

实验原理

常见的磁电式电流计主要由放在永久磁场中的由细漆包线绕制的可以转动的线圈、用来产生机械反力矩的游丝、指示用的指针和永磁体组成.当电流通过线圈时,载流线圈在磁场中产生一磁力矩 $M_磁$,使线圈转动,并带动指针偏转.指针偏转角度的大小与线圈通过的电流大小成正比,所以可由指针的偏转角度直接指示出电流值.

1. 测量量程 I_g、内阻 R_g

电流计允许通过的最大电流称为电流计的量程,用 I_g 表示.电流计的线圈有一定内阻,用 R_g 表示.I_g 与 R_g 是表示电流计特性的两个重要参数.

测量内阻 R_g 的常用方法有中值法(半电流法)和替代法.

(1) 中值法.

中值法的测量原理如图 22-1 所示.将被测电流计接在电路中,使电流计满偏,再用十进位电阻箱 R_2 与电流计并联,作为分流电阻,改变电阻值即改变分流程度.当电流计指针指示到中间值,且标准表读数仍保持不变时,分流电阻值等于电流计的内阻.

(2) 替代法.

替代法的测量原理如图 22-2 所示.将被测电流计接在电路中,记录标准表数值.用十进位电阻箱 R_2 替代被测电流计,改变 R_2 阻值,使标准表数值与记录值相同,则电阻箱的电阻值为被测电流计内阻.替代法是一种运用很广的测量方法,具有较高的测量准确度.

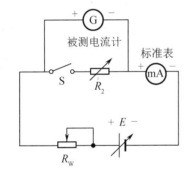

图 22-1　中值法测量内阻

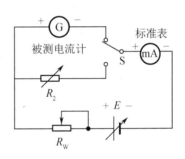

图 22-2　替代法测量内阻

2. 改装为大量程电流表

根据电阻并联规律可知,如果表头与一个阻值适当的电阻 R_2 并联(见图 22-3),则可使表头不能承受的那部分电流从 R_2 上分流通过.这种由表头和并联电阻 R_2 组成的整体(图中虚线框部分)就是改装后的电流表.设改装后的电流表量程为 I,由欧姆定律得

$$(I - I_g)R_2 = I_g R_g,$$

$$R_2 = \frac{I_g R_g}{I - I_g} = \frac{R_g}{\dfrac{I}{I_g} - 1}, \tag{22-1}$$

式中 $\dfrac{I}{I_g}$ 表示改装后电流表扩大量程的倍数.令 $n = \dfrac{I}{I_g}$,则式(22-1)可表示为

$$R_2 = \frac{R_g}{n - 1}. \tag{22-2}$$

图 22-3 所示为改装电流表原理图.用标准电流表测量电流时,标准电流表应串联在被测电路中,所以要求标准电流表有较小的内阻.另外,在表头上并联阻值不同的分流电阻,便可改装成多量程的电流表.

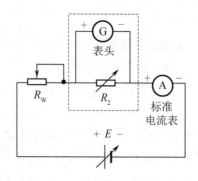

图 22‑3　改装电流表原理图

3. 改装为电压表

一般表头能承受的电压很小，不能用来测量较大的电压.为了测量较大的电压，可以给表头串联一个阻值适当的电阻 R_2，如图 22‑4 所示，使表头上不能承受的那部分电压降落在电阻 R_2 上.这种由表头和串联电阻 R_2 组成的整体就是电压表，串联的电阻 R_2 称为扩程电阻.选取不同大小的 R_2，就可以得到不同量程的电压表.设表头的量程为 I_g、内阻为 R_g，改装后的电压表的量程为 U，由欧姆定律得

$$I_g(R_g+R_2)=U, \tag{22-3}$$

$$R_2=\frac{U}{I_g}-R_g. \tag{22-4}$$

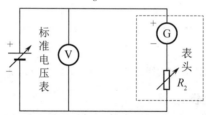

图 22‑4　改装电压表原理图

改装电压表原理如图 22‑4 所示，用标准电压表测电压时，标准电压表总是并联在被测电路上.为了不致因并联了电压表而改变电路的工作状态，要求标准电压表有较高的内阻.

4. 电表的校准

电表扩程后要经过校准方可使用.校准是指将改装表与一个标准表进行比较，当两表通过相同的电流(或电压)时，若改装表的读数为 I_X(或 U_X)，标准表的读数为 I_0(或 U_0)，则改装表刻度的修正值为 $\Delta I=I_0-I_X$(或 $\Delta U=U_0-U_X$).将该量程中的各个刻度都校准一遍，可得到一组 $(I_X,\Delta I)$[或$(U_X,\Delta U)$]值，将相邻两点用直线连接，图形呈折线状，即得到 I_X‑ΔI(或 U_X‑ΔU)曲线，称为校准曲线，如图 22‑5 所示.以后使用这个电表时，就可以根据校准曲线对各读数值进行修正，从而获得较高的准确度.

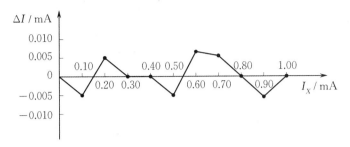

图 22 - 5　电流表校准曲线示例

根据改装表的量程和测量值的最大绝对误差,可以计算改装表的最大相对误差,即

$$最大相对误差 = \frac{最大绝对误差}{量程} \times 100\% \leqslant 1\% \times a,$$

式中 $a = 0.05, 0.1, 0.2, 0.3, 0.5, 1.0, 1.5, 2.0, 2.5, 3.0, 5.0$ 是国家标准规定的电表的准确度等级. 根据最大相对误差的大小就可以定出电表的准确度等级.

5. 改装为欧姆表

用来测量电阻大小的电表称为欧姆表. 根据调零方式的不同,可分为串联分压式和并联分流式两种. 其原理如图 22 - 6 所示.

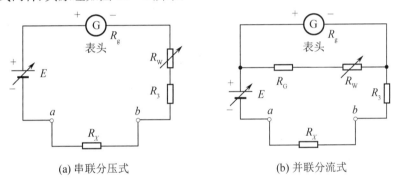

(a) 串联分压式　　　　　　　　　　　(b) 并联分流式

图 22 - 6　改装欧姆表原理图

在图 22 - 6(a)中, E 为电源, R_3 为限流电阻, R_W 为调零电位器, R_X 为被测电阻, R_g 为表头内阻. 在图 22 - 6(b)中, R_G 与 R_W 一起组成分流电阻(其他与前者一致).

欧姆表使用前先要进行欧姆调零,即 a, b 两点短接(相当于 $R_X = 0$),调节 R_W 的阻值,使表头指针正好满偏. 可见,欧姆表的零点就是在表头标度尺的满刻度处,与电流表和电压表的零点正好相反.

下面主要介绍串联分压式欧姆表. 如图 22 - 6(a)所示,当 a, b 端接入被测电阻 R_X 后,通过 a, b 两点的电流为

$$I = \frac{E}{R_g + R_W + R_3 + R_X}. \tag{22-5}$$

对于给定的表头和线路来说, R_g, R_W, R_3 都是常量. 由此可见,当电源电动势 E 保持不变时,被测电阻和电流值一一对应,即接入不同的电阻,表头就会有不同的偏转读数. R_X 越大,电流 I 越小. 短接 a, b 两端,即 $R_X = 0$ 时,

$$I = \frac{E}{R_g + R_w + R_3} = I_g, \tag{22-6}$$

此时指针满偏.

当 $R_X = R_g + R_w + R_3$ 时，

$$I = \frac{E}{R_g + R_w + R_3 + R_X} = \frac{I_g}{2}, \tag{22-7}$$

此时指针指向表头刻度盘的中间位置，对应的阻值为中值电阻 $R_{中}$，显然 $R_{中} = R_g + R_w + R_3$.

当 $R_X = \infty$（相当于 a, b 开路）时，$I = 0$，即指针在表头的机械零位.

所以欧姆表的标度尺为反向刻度，且刻度是不均匀的. 电阻 R 越大，刻度越密.

如果表头的标度尺已按已知电阻值绘制刻度线，那么就可以用电流表来直接测量电阻了. 根据这种关系绘制的欧姆表刻度如图 22-7 所示.

图 22-7 欧姆表刻度盘

并联分流式欧姆表是利用对表头分流来进行调零的，具体参数请自行设计.

欧姆表在使用过程中电源的端电压会有所改变，而表头的内阻 R_g 及限流电阻 R_3 为常量，故要求 R_w 随电源端电压的变化而改变，以满足欧姆调零的要求. 设计时用可调电源模拟电源端电压的变化，变化范围取 $1.35 \sim 1.60$ V.

📖 仪器描述

FB308 型电表改装与校准实验仪面板如图 22-8 所示，该仪器主要集成了标准数字式电流表和标准数字式电压表，用于对改装后的电流表和电压表进行校准. 改装表用内阻大约为 1.6 kΩ、100 等分的大面板模拟表头，读数方便，并提供一个 4.7 kΩ 可调电阻及 10 kΩ 的定值限流电阻. 此外，仪器提供可调直流稳压输出源，0～2 V，0～10 V 两挡可调.

操作注意事项如下：

（1）仪器内部有限流保护措施，但工作时也要尽可能避免工作电源短路（或近似短路），以免造成不必要的损失.

（2）实验时应注意电压源的输出挡位的选择，0～10 V 挡位一般只用于特定电压表改装. 本实验选用 0～2 V 挡位.

（3）仪器采用开放式设计，被改装表头只允许通过 100 μA 的小电流，过载则会损坏表头.所以一定要仔细检查线路和电路参数,确定无误后才能将改装表头接入使用.

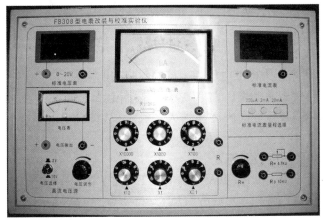

图 22 - 8　FB308 型电表改装与校准实验仪面板

（4）仪器采用高可靠性能的专用连接线,正常的使用寿命很长.使用时不要用力过猛,插线时要对准插孔,避免插头的塑料护套变形.

电表的准确度等级是用来表示电表的准确度的.按照国家标准,电流表与电压表分为 11 个准确度等级,分别为 0.05,0.1,0.2,0.3,0.5,1.0,1.5,2.0,2.5,3.0,5.0.准确度等级数值越小,电表的准确度越高.通常所用电表的准确度等级可在电表的刻度盘上标出.改装表的误差最大值与量程的比值为最大引用误差.用电表进行测量时,将所得到的最大引用误差去掉％号,就定为该电表的准确度等级.如果所得结果在两个规定的准确度等级数值之间,则此时电表的准确度等级定为低准确度的一级.例如,某一电表测量所得最大引用误差值为 0.7％,该电表的准确度等级就定为 1.0,而不能定为 0.5.

实验步骤

1. 用替代法测出表头的内阻

按照图 22 - 2 接线,先将 E 调至 0V,接通 E、R_{w}、被测表头和标准表,调节 E 和 R_{w},使被测表头满偏,记录标准表的读数,此值即为被测表头的量程 $I_{\mathrm{g}} = $ _____ μA;再断开接到被测表头的接线,转接到电阻箱 R_2,调节 R_2 使标准表的电流保持刚才记录的数值.这时电阻箱 R_2 的数值即为被测表头的内阻 $R_{\mathrm{g}} = $ _____ Ω.

2. 将一个量程为 100 μA 的表头改装成量程为 1 mA 的电流表

（1）根据电路参数,估计 E 值大小,并根据式（22 - 2）计算出分流电阻值,调节电阻箱 R_2.

（2）参考图 22 - 3 接线,先将 E 调至 0 V,确认接线正确后,调节 E 和 R_{w},使表头满偏,这时记录标准电流表读数.注意:R_{w} 作为限流电阻,阻值不要调至最小值.然后每隔 0.2 mA 逐步减小读数直至零点,再按原间隔逐步增大到满量程,每次记下标准电流表相应的读数并填入表 22 - 1.

3. 将一个量程为 $100~\mu A$ 的表头改装成量程为 $1.5~V$ 的电压表

(1) 根据电路参数,估计 E 的大小,并根据式(22-4)计算扩程电阻的阻值(可用 R_2 进行实验).按图22-4进行连线,调节 E 和 R_2 值,使表头满偏.于是 $100~\mu A$ 的表头与电阻箱 R_2 就成为改装的 $1.5~V$ 电压表.

(2) 用数显电压表作为标准电压表来校准改装的电压表.

调节电源电压,使表头满偏($1.5~V$),记下标准电压表读数.然后每隔 $0.3~V$ 逐步减小改装读数直至零点,再按原间隔逐步增大到满量程,每次记下标准电压表相应的读数并填入表22-2.

4. 改装欧姆表及标定表面刻度

(1) 根据表头参数 I_g 和 R_g 以及电源电压 E,选择 R_W 为 $4.7~k\Omega$,R_3 为 $10~k\Omega$.

(2) 按图22-6(a)进行连线.调节电源 $E=1.5~V$,短接 a,b 两点,调节 R_W 阻值,使表头满偏,即完成欧姆表的调零.

(3) 测量改装欧姆表的中值电阻.将电阻箱 R_X 接在欧姆表的 a,b 两端,调节 R_X,使表头指针指向其刻度盘中间位置,这时电阻箱 R_X 的数值即为中值电阻 $R_{中}$,将其填入表22-3.

(4) 调节 R_X 阻值,参照表22-3取一组特定的 R_{Xi} 数值,读出相应的偏转格数并填入表22-3.利用所取 R_{Xi} 数值和偏转格数绘制出改装欧姆表的标度盘.

(5) 确定改装欧姆表的电源使用范围.短接 a,b 两端,将工作电源调到 $0 \sim 2~V$ 挡,调节 E 为 $1~V$ 左右,先将 R_W 逆时针调到底,调节 E,直至表头满偏,记录 E_1 值;接着将 R_W 顺时针调到底,调节 E,直至表头满偏,记录 E_2 值.$E_1 \sim E_2$ 就是改装欧姆表的电源使用范围.

数据记录与处理

表 22-1　电流表改装记录表

待改装表头格数	改装电流表读数 I_X /mA	标准电流表读数 I_0/mA			误差 ΔI /mA ($\Delta I = I_0 - I_X$)
		减小格数方向	增大格数方向	平均值	
20.0	0.2				
40.0	0.4				
60.0	0.6				
80.0	0.8				
100.0	1.0				

表 22-2　电压表改装记录表

待改装表头格数	改装电压表读数 U_X / V	标准电压表读数 U_0/ V			误差 ΔU /V ($\Delta U = U_0 - U_X$)
		减小格数方向	增大格数方向	平均值	
20.0	0.3				

待改装表头格数	改装电压表读数 U_X / V	标准电压表读数 U_0 / V			误差 ΔU / V $(\Delta U = U_0 - U_X)$
		减小格数方向	增大格数方向	平均值	
40.0	0.6				
60.0	0.9				
80.0	1.2				
100.0	1.5				

表 22－3　欧姆表改装记录表

$$E = \underline{\hspace{3cm}} V, R_{中} = \underline{\hspace{3cm}} \Omega$$

R_{Xi}/Ω	$\frac{1}{5}R_{中}$	$\frac{1}{4}R_{中}$	$\frac{1}{3}R_{中}$	$\frac{1}{2}R_{中}$	$R_{中}$	$2R_{中}$	$3R_{中}$	$4R_{中}$	$5R_{中}$
偏转格数									
电源使用范围	$E_1 = \underline{\hspace{2cm}}$ V, $E_2 = \underline{\hspace{2cm}}$ V								

?思考题 ■■

1.将一个量程为 $I_g = 100\ \mu A$、内阻为 $R_g = 1\ 000\ \Omega$ 的表头分别改装成量程为 5 V 和 10 V 的电压表.试画出改装电路图,并分别计算扩程电阻 R_2 的值.

2.设计 $R_{中} = 10\ k\Omega$ 的欧姆表.现有两只量程为 $100\ \mu A$ 的表头,其内阻分别为 $2\ 500\ \Omega$ 和 $1\ 000\ \Omega$,选哪只表头较好?

实验二十三
利用霍尔效应测量磁场分布和磁阻效应

1879 年,美国物理学家霍尔在研究载流导体在磁场中所受力的性质时,发现了一种电磁效应,即如果在电流的垂直方向加上磁场,则会在与电流和磁场都垂直的方向上建立一个电场,这一现象称为霍尔效应.由于这种效应对金属材料很不明显,因而一直未能得到实际应用.20 世纪 50 年代以来,随着半导体材料、制造工艺和技术的发展,先后制成了许多有显著霍尔效应的材料,如 n 型锗、锑化铟等,对这一效应实际应用的研究随之增加,其中比较突出的应用是用来测量磁场.通过研究霍尔效应还可测得霍尔系数,由此可获得材料的导电类型、载流子浓度及载流子迁移率等重要参数.霍尔元件是一种利用霍尔效应把磁信号转变为电信号以实现信号检测的半导体器件,具有响应快、工作频率高、功耗低等特点.用霍尔元件作探头制成的磁场测量仪器,其测量范围宽、精度高且频率响应宽,既可测大范围的均匀场,也可测不均匀场或某点的磁场.

磁阻器件因其灵敏度高、抗干扰能力强等优点,在工业、交通、仪器仪表、医疗器械、探矿等领域应用十分广泛,如数字式罗盘、交通车辆检测、导航系统、伪钞鉴别、位置测量等探测器.磁阻器件品种较多,可分为正常磁电阻、各向异性磁电阻、巨磁电阻、庞磁电阻和隧道磁电阻等,其中正常磁电阻的应用十分普遍.锑化铟传感器是一种价格低廉、灵敏度高的正常磁电阻传感器,有着十分重要的应用价值.

实验目的

1. 了解磁阻效应与霍尔效应的关系与区别.
2. 了解电磁铁励磁电流和磁感应强度的关系及气隙中磁场分布特点.
3. 测定磁感应强度和磁阻元件电阻大小的对应关系,研究磁阻效应下磁感应强度与电阻变化量的函数关系(选做).

实验仪器

FB512 型磁阻效应实验仪(励磁电流 I_M:0～1 000 mA 连续可调;霍尔元件工作电流

I_1、磁阻元件工作电流 I_2:0~5 mA;水平位移 X:−16 mm~16 mm).

⚛ 实验原理

1. 霍尔效应

如图 23-1 所示,把一厚度为 d 的长方形半导体薄片放入磁场中,且其平面与磁场 $\boldsymbol{B}$ 垂直,若电流 I_H 沿图示方向流过该半导体薄片,则运动的带电粒子(又称载流子,电子或空穴)因受到洛伦兹力的作用而发生偏转.由于带电粒子被约束在固体材料中,这种偏转的结果是半导体薄片在垂直于电流和磁场的方向上两端分别产生正、负电荷的积累,从而形成附加的横向电场,即霍尔电场.霍尔电场的方向取决于样品的导电类型.在薄片的两个横向面 a,b 之间,与电流 I_H 和磁场 $\boldsymbol{B}$ 垂直的方向所产生的电压 U_H 称为霍尔电压.

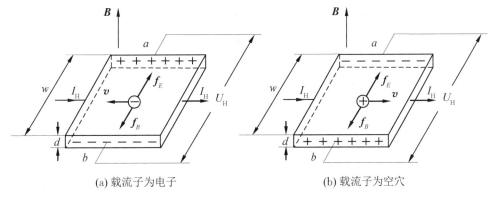

(a) 载流子为电子 　　　　　　　　　(b) 载流子为空穴

图 23-1　霍尔效应原理图

当电流 I_H 通过半导体霍尔元件时,由于载流子具有一定的漂移速度 v,因此垂直磁场对运动的带电载流子产生洛伦兹力的作用,洛伦兹力可表示为
$$f_B = q\boldsymbol{v} \times \boldsymbol{B}, \tag{23-1}$$
式中 q 为载流子所带的电量.该洛伦兹力使载流子发生横向的偏转.由于样品有边界,因此偏转的载流子将在边界积累起来,由此产生一个垂直于电流方向的横向电场 $\boldsymbol{E}$,直到载流子在电场 $\boldsymbol{E}$ 下的作用力 $f_E = q\boldsymbol{E}$ 与磁场中的洛伦兹力达到受力平衡为止,即
$$q\boldsymbol{v} \times \boldsymbol{B} = q\boldsymbol{E}. \tag{23-2}$$
这时载流子在样品中运动时不再发生横向偏转.霍尔电压就是由这个电场建立起来的.

由于 n 型半导体和 p 型半导体的载流子分别是电子和空穴,它们所带电荷的符号相反,因此产生的横向电场方向恰好反向,从而 n 型半导体和 p 型半导体的霍尔电压有不同的符号,据此可以判断霍尔元件的导电类型.

设一 p 型半导体中空穴的浓度为 p,样品宽度为 w,厚度为 d,通过样品横截面的霍尔电流 $I_H = pq\nu wd$,则空穴的速度 $v = \dfrac{I_H}{pqwd}$,代入式(23-2),有

$$E = |\boldsymbol{v} \times \boldsymbol{B}| = \frac{I_{\mathrm{H}}B}{pqwd}. \tag{23-3}$$

两边各乘以 w，得

$$U_{\mathrm{H}} = Ew = \frac{I_{\mathrm{H}}B}{pqd} = R_{\mathrm{H}}\frac{I_{\mathrm{H}}B}{d}, \tag{23-4}$$

式中 $R_{\mathrm{H}} = \dfrac{1}{pq}$ 称为霍尔系数. 在应用中一般将式(23-4)写成

$$U_{\mathrm{H}} = K_{\mathrm{H}}I_{\mathrm{H}}B, \tag{23-5}$$

式中比例系数 $K_{\mathrm{H}} = \dfrac{R_{\mathrm{H}}}{d} = \dfrac{1}{pqd}$ 称为霍尔元件的灵敏度，单位为 $\mathrm{mV \cdot mA^{-1} \cdot T^{-1}}$. 一般 K_{H} 越大越好. K_{H} 与载流子浓度 p 成反比，半导体内载流子浓度远比金属的载流子浓度小，所以都用半导体材料制作霍尔元件. K_{H} 还与材料片厚度 d 成反比，因此霍尔元件通常做得很薄，一般只有 $0.2\,\mathrm{mm}$.

由式(23-5)可以看出，已知霍尔元件的灵敏度 K_{H}，只要分别测出霍尔电流 I_{H} 及霍尔电压 U_{H} 就可以算出磁场 $\boldsymbol{B}$ 的大小. 这就是霍尔效应测量磁场的原理.

因此，根据霍尔电流 I_{H} 和磁场 $\boldsymbol{B}$ 的方向，实验测出霍尔电压的正负，由此确定霍尔系数的正负，即判定载流子的正负，是研究半导体材料类型的重要方法. 对于 n 型半导体制成的霍尔元件，其载流子为电子，霍尔系数和灵敏度均为负；反之，对于 p 型半导体制成的霍尔元件，其载流子为空穴，霍尔系数和灵敏度均为正.

2. 磁阻效应

在一定条件下，导电材料的电阻值 R 因霍尔效应随磁感应强度 $\boldsymbol{B}$ 的变化而变化，这种现象称为磁阻效应. 同霍尔效应一样，磁阻效应也是因载流子在磁场中受到洛伦兹力而产生的. 在达到稳态时，某一速度的载流子所受到的电场力与洛伦兹力相等，载流子在两端聚集产生霍尔电场，比该速度慢的载流子将向电场力方向偏转，比该速度快的载流子则向洛伦兹力方向偏转，这种偏转导致载流子的漂移路径增加，或者说，沿外加电场方向运动的载流子数目减少，从而使电阻增加，表现出横向磁阻效应. 如果将图 23-1 中 a，b 端短接，霍尔电场将不存在，所有载流子将向 a 端偏转，也表现出磁阻效应.

通常以电阻率的相对变化量 $\dfrac{\Delta\rho}{\rho(0)}$ 来表示磁阻，$\rho(0)$ 为零磁场时的电阻率，电阻率的变化量 $\Delta\rho = \rho(B) - \rho(0)$，$\rho(B)$ 为加了磁场 B 后的电阻率，而电阻的相对变化量 $\dfrac{\Delta R}{R(0)} \propto \dfrac{\Delta\rho}{\rho(0)}$. 其中，电阻的变化量 $\Delta R = R(B) - R(0)$，$R(0)$ 和 $R(B)$ 分别为零磁场的电阻和加了磁场 B 后的电阻.

理论计算和实验都证明了磁场较弱时，一般磁阻器件的 $\dfrac{\Delta R}{R(0)}$ 正比于 B 的二次方，即 $\dfrac{\Delta R}{R(0)} = kB^2$（其中 k 为常量），而在强磁场中 $\dfrac{\Delta R}{R(0)}$ 则为 B 的一次函数.

假设流过材料的电流恒定为 I_0，磁场 $B = B_0\cos\omega t$（其中 B_0 为常量），则磁阻为

$$R(B) = R(0) + \Delta R = R(0) + R(0)\frac{\Delta R}{R(0)} = R(0) + R(0)kB_0^2\cos^2\omega t$$

$$= R(0) + \frac{1}{2}R(0)kB_0^2 + \frac{1}{2}R(0)kB_0^2\cos 2\omega t. \qquad (23-6)$$

由式（23-6）可知，$R(0) + \dfrac{1}{2}R(0)kB_0^2$ 为不随时间变化的电阻值，而电阻变化量 $\dfrac{1}{2}R(0)kB_0^2\cos 2\omega t$ 以角频率 2ω 做余弦变化. 因此，磁阻元件在弱正弦交流磁场中将产生倍频交流电阻变化量.

磁阻上的分压 $U(B)$ 为一频率为磁场 B 振荡频率两倍的交流电压和一直流电压的叠加，即

$$U(B) = I_0 R(B) = I_0\left[R(0) + \frac{1}{2}R(0)kB_0^2\right] + \frac{1}{2}I_0 R(0)kB_0^2\cos 2\omega t$$

$$= U(0) + \tilde{U}\cos 2\omega t,$$

式中 $U(0) = I_0\left[R(0) + \dfrac{1}{2}R(0)kB_0^2\right]$，$\tilde{U} = \dfrac{1}{2}I_0 R(0)kB_0^2$.

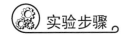 实验步骤

1. 测定励磁电流和磁感应强度的关系

（1）测量不等势电压 U_0.

实验仪的连接如图 23-2 所示，砷化镓霍尔元件的灵敏度 $K_H = 177~\mathrm{mV \cdot mA^{-1} \cdot T^{-1}}$. 测试开始时，调节励磁电流 $I_M = 0$，让电磁铁处于无磁场状态，调节左边霍尔传感器（砷化镓）的位置，使其位于电磁铁气隙最外边（左边），离气隙中心约 16 mm，基本不处于磁场中. 调节霍尔工作电流 $I_H = 3.00~\mathrm{mA}$，预热 5 min 后，将仪器面板上的继电器控制按钮开关 K_1 和 K_2 均按下，测量霍尔传感器的不等势电压 U_0.

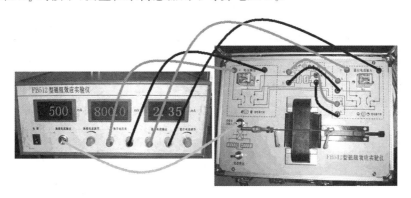

图 23-2　FB512 型磁阻效应实验仪连接图

（2）测量不同励磁电流 I_M 下的霍尔电压 U_H.

不等势电压 U_0 测量完毕后,调节左边霍尔传感器的位置,使传感器印刷板上零刻度对准电磁铁的中间基准线,调节励磁电流 I_M 分别为 $0,100,200,\cdots,1\,000$ mA,把对应的霍尔电压 U_H 数据记入表 23-1. 其中,正、反向霍尔电压 U_H 的测量是通过改变仪器面板上的"电流换向"开关来实现的.

2. 测量电磁铁气隙磁场沿水平方向的分布

调节励磁电流 $I_M = 500$ mA,当 $I_H = 3.00$ mA 时,测量霍尔电压 U_H 与水平位移 X 的关系,把数据记入表 23-2,并根据数据作出 B-X 关系曲线.

3. 测量磁阻效应下磁感应强度和电阻变化量的关系（选做）

（1）调节传感器位置,使传感器印刷板上零刻度对准电磁铁的中间基准线,把励磁电流先调节为 0,释放 K_1,K_2,按下 K_3,对锑化铟霍尔元件电阻变化量进行测量（此时磁阻元件的灵敏度最高）,K_4 打向上方. 在无磁场的情况下,调节磁阻元件工作电流 I_2,使仪器数字式毫伏表显示电压 $U_2 = 800.0$ mV,记录此时的 I_2 数值. 然后按下 K_1,K_2,记录此时砷化镓霍尔元件的输出电压 $U_{1正向}$ 和输入电流 I_1,再改变 K_4 方向,测一次 $U_{1反向}$ 值,记录数据并计算磁感应强度 B. 各开关恢复原状.

（2）按上述步骤,逐步增大励磁电流,并改变 I_2,在基本保持 $U_2 = 800.0$ mV 不变的情况下,重复以上过程,把数据记入表 23-3.

🅰 数据记录与处理

1. 测定励磁电流和磁感应强度的关系

根据表 23-1 中的数据,作 B-I_M 关系曲线. 磁感应强度 B 的计算公式为

$$B = \frac{U_H}{K_H I_H},$$

式中 U_H 用公式 $U_H = \dfrac{|U_{H正向} - U_0| + |U_{H反向} - U_0|}{2}$ 计算.

表 23-1 电磁铁磁化曲线数据表

不等势电压 $U_0 = $ _____ mV

I_M/mA	$U_{H正向}$/mV	$U_{H反向}$/mV	U_H/mV	B/mT
0				
100				
200				
300				
400				
500				
600				
700				

续表

I_M/mA	$U_{H正向}$/mV	$U_{H反向}$/mV	U_H/mV	B/mT
800				
900				
1 000				

2. 测定电磁铁气隙沿水平方向的磁场分布

根据表 23 - 2 中的数据,作 B - X 关系曲线.

表 23 - 2　电磁铁气隙沿水平方向的磁场分布数据表

X/mm	$U_{H正向}$/mV	$U_{H反向}$/mV	U_H/mV	B/mT
−16				
−15				
−14				
−12				
−10				
−8				
−6				
−4				
−2				
0				
2				
4				
6				
8				
10				
12				
14				
15				
16				

3. 测量磁阻效应下磁感应强度和电阻变化量的关系(选做)

根据表 23 - 3 中的数据,作 B - $\dfrac{\Delta R}{R(0)}$ 关系曲线,并进行拟合.

表 23 - 3 中有关计算公式如下:

$$B = \frac{U_1}{K_H I_1} \quad (K_H = 177 \text{ mV} \cdot \text{mA}^{-1} \cdot \text{T}^{-1}),$$

$$R = \frac{U_2}{I_2}, \quad \Delta R = R(B) - R(0).$$

表 23 - 3　测量磁感应强度和电阻变化量的关系数据表

I_M/mA	测量磁感应强度（砷化镓）				测量电阻变化量（锑化铟）		B/T	R/Ω	$\dfrac{\Delta R}{R(0)}$
	$U_{1正向}$ /mV	$U_{1反向}$ mV	U_1 /mV	I_1/mA	U_2/mV	I_2/mA			
0									
10									
30									
50									
70									
90									
110									
130									
150									
170									
190									
200									
250									
300									
350									
400									
450									
500									
550									
600									
650									
700									
750									
800									
850									
900									
950									
1 000									

?思考题 ■■

1. 磁阻效应是什么? 霍尔元件为何有磁阻效应?

2. 锑化铟磁阻元件在弱磁场时和强磁场时的电阻变化量与磁感应强度关系有何不同? 这两种特性各有什么应用?

 **相关拓展**

几何磁阻效应

磁阻效应与样品的形状有关,不同几何形状的样品,在同样大小的磁场作用下,其电阻变化不同,此现象称为几何磁阻效应. 样品电阻 $R = \rho \dfrac{l}{S}$,式中 ρ, l, S 分别是样品的电阻率、载流子运动的实际路程和样品的横截面积. 可见,电阻 R 的增大,是由于 l 增大或 S 减小引起的.

图 23-3 中画出了 3 种不同形状的半导体内电流线的分布,(A)为不加磁场的情况,(B)为加磁场的情况. 不加磁场时,电流方向与外加电场方向一致,即与样品边缘平行,与电极垂直. 加磁场后,由于横向电场的产生,电流方向偏离合成电场形成一个角度. 可见,在磁场作用下,电流流过的路程 l 变长,使样品电阻 R 增大. 然而,l 的增大与样品的形状有关,对于长宽比 $\dfrac{l}{b} \gg 1$ 的长条形样品,l 增大不明显[见图 23-3(a)];但对于 $\dfrac{l}{b} \ll 1$ 的扁条形样品,l 增大较明显,因而电阻增大较多[见图 23-3(b)];特别是圆盘形样品,从圆盘中心加以辐射形外电场时,几何磁阻效应特别明显[见图 23-3(c)].

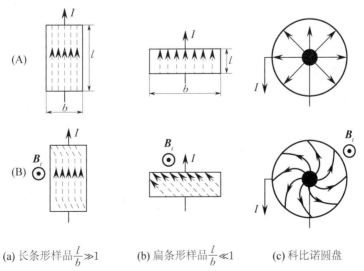

(a) 长条形样品 $\dfrac{l}{b} \gg 1$　　(b) 扁条形样品 $\dfrac{l}{b} \ll 1$　　(c) 科比诺圆盘

图 23-3　不同形状的半导体内电流线分布

实验二十四

用落球法测定液体的黏度系数

当物体在液体中运动时,物体将会受到液体施加的与运动方向相反的阻力,这种阻力称为黏性阻力,简称黏性力.黏性力并不是物体与液体之间的摩擦力,而是由附着在物体表面并随物体一起运动的液体层与附近液体层间的摩擦而产生的.黏性力的大小与液体的性质、物体的形状和相对运动速度等因素有关.

测量液体黏度系数的方法有毛细管法、圆筒旋转法和落球法等.本实验采用落球法(又称斯托克斯法)测定液体的黏度系数.

实验目的

1. 了解用落球法测定液体黏度系数的原理,掌握其适用条件.
2. 学习用落球法测定液体的黏度系数.
3. 熟练运用基本仪器测量时间、长度和温度.
4. 掌握用外推法处理实验数据.

实验仪器

GWJ-1型多管液体黏度系数实验仪、螺旋测微器、游标卡尺、厘米刻度尺、钢球、磁铁.

实验原理

根据斯托克斯定律,假设光滑的钢球在无限广延的液体中运动,如果液体的黏性较大,钢球的半径很小且在其周围液体中不产生旋涡,那么钢球所受到的黏性力为

$$f = 3\pi\eta vd, \tag{24-1}$$

式中 d 为钢球的直径,v 为钢球的速度,η 为液体的黏度系数,它与温度有密切的关系.对液体来说,η 随温度的升高而减小(见表 24-6).

本实验采用落球法来测量液体的黏度系数.钢球在液体中自由下落时,受到 3 个力

的作用,且都在竖直方向,它们分别是钢球受到的重力 $\rho g V$、钢球在液体中所受的浮力 $\rho_0 g V$、液体的黏性力 f.钢球开始下落时,其运动速度较小,相应的黏性力也小,重力大于黏性力和浮力,所以钢球做加速运动.由于黏性力随钢球运动速度的增大而逐渐增大,加速度将越来越小,当钢球所受合外力趋于零时,即趋于匀速运动,此时钢球的速度称为收尾速度,记为 v_0.经计算可得液体的黏度系数为

$$\eta = \frac{(\rho - \rho_0)g d^2}{18 v_0},\qquad (24\text{-}2)$$

式中 ρ_0 为液体的密度,ρ 为钢球的密度,g 为当地的重力加速度.

可见,只要测得 v_0,就可由式(24-2)得到液体的黏度系数.注意,式(24-1)、式(24-2)只有在特定条件下才适用.通过对实验仪器和实验方法的设计,这些条件大多数都可以满足或近似满足(结合本实验所用仪器和实验步骤,思考一下哪些条件可满足,是如何做到的),唯独"无限广延"在实验中是无法实现的.因此,为了准确测出液体的黏度系数,我们需要进一步对实验进行设计,以获得近似"无限广延"的条件.下面将分别采用 3 种方法对液体的黏度系数进行测量,这 3 种方法循序渐进,体现了实验手段和理论手段在物理实验中的作用和特点,同时反映出针对同一个问题应如何在实验中层层深入,不断提高测量结果的准确程度.这正是物理实验的魅力所在.

1. 外推法

用落球法测量出来的收尾速度 v_0 与液体边界范围有关.不妨在实验中就 v_0 对液体边界范围的依赖关系进行定量研究.如果该依赖关系存在规律,则有可能对推导近似"无限广延"条件带来帮助或指引.上述讨论对液体的形状没有做具体要求.这里我们采用试管作为容器,得到具有轴对称性的液柱,研究液柱的尺度大小对 v_0 的影响.为简化测量,可先固定液柱的高度,改变液柱横截面积,这可以用一组直径不同的试管来实现(见图 24-1).

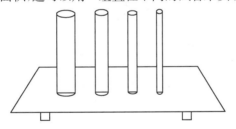

图 24-1　多管液体黏度系数实验仪示意图

将这些试管装上同种待测液体,安装在同一水平底板上,在每根试管上取相等的间距,记为 s(上端应与液面间留有适当距离,使得钢球下落经过上端开始计时时,可以认为钢球已进入匀速运动状态).依次测出钢球在不同试管中通过距离 s 所需的时间 t,各试管的直径用 D 表示.通过大量的实验,可以得到 t 与 D 之间的关系.已有的数据表明,t 与 $\frac{1}{D}$ 呈线性关系,即以 t 为纵坐标、$\frac{1}{D}$ 为横坐标,根据实验数据可以画出一条直线.如果延长该直线与纵轴相交,其截距对应的是 $\frac{1}{D}=0$ 时的 t_0,而 $\frac{1}{D}=0$ 对应 $D \to \infty$,于是可以外推至"无限广延"液体的情形.假设钢球在"无限广延"的液体中匀速下落通过距离 s 所

需的时间为 t_0，那么有

$$v_0 = \frac{s}{t_0}. \tag{24-3}$$

将式（24-3）代入式（24-2），求出液体的黏度系数为

$$\bar{\eta} = \frac{(\rho - \rho_0)gd^2 t_0}{18s}. \tag{24-4}$$

若式中各量均采用国际单位，则 $\bar{\eta}$ 的单位为 $\mathrm{Pa \cdot s}$，$1\,\mathrm{Pa \cdot s} = 1\,\mathrm{kg \cdot m^{-1} \cdot s^{-1}}$。

误差计算：

$$E = \frac{\Delta\eta}{\bar{\eta}} = \frac{\Delta t_0}{t_0} + \frac{\Delta s}{s} + 2\frac{\Delta d}{d}, \tag{24-5}$$

$$\Delta\eta = E\,\bar{\eta}. \tag{24-6}$$

最终测量结果表示为

$$\eta = \bar{\eta} \pm \Delta\eta. \tag{24-7}$$

2. 有限边界条件修正

外推法虽然能比较准确地测量出液体的黏度系数，但由于液柱高度 h 仍是有限的，液体还不是真正意义上的"无限广延"，用式（24-4）得到的测量结果仍存在未知误差。那么有没有更好的方法来解决这个问题呢？换个方式思考，既然容器的边缘效应对球体受到的黏性力有影响，可否一开始就从理论上将液体边界范围的影响因素考虑进来？这实际上是可以的。通过流体力学的分析可以证明，在其他条件不变的前提下，对于本实验中采用的具有轴对称性的柱状液体，钢球在其中所受黏性力［式（24-1）］应修正为

$$f = 3\pi\eta vd\left(1 + 2.4\frac{d}{D}\right)\left(1 + 1.6\frac{d}{h}\right). \tag{24-8}$$

同样，用落球法进行测量，黏度系数也相应地表示为（试着推导一下）

$$\eta_0 = \frac{(\rho - \rho_0)gd^2 t_0}{18s}\cdot\frac{1}{\left(1 + 2.4\dfrac{d}{D}\right)\left(1 + 1.6\dfrac{d}{h}\right)}, \tag{24-9}$$

式中 D 为容器内径，h 为量筒内待测液体高度。将式（24-9）与式（24-4）比较，可以看出，只有当 D 和 h 都趋向 ∞ 时用外推法才能得到准确结果。由于在外推法中未考虑 h 的影响，所以测量结果与式（24-9）相比会存在偏差。（偏大还是偏小？）

3. 高雷诺数修正

除液体的边界条件外，物体在均匀稳定液体中的运动实际上还受到雷诺数 Re 的影响。雷诺数是描述流体运动或物体在均匀稳定液体中运动的一个重要的无量纲参量：

$$Re \equiv \frac{\rho_0 vr}{\eta}, \tag{24-10}$$

式中 ρ_0 为液体密度，v 为流体稳定流速或物体运动速度，r 为运动物体的线性尺度（在本实验中为钢球半径），η 为液体的黏度系数。雷诺数的大小决定了物体在液体中的运动方式。$Re < 1$，即小尺度物体在低密度、高黏度系数的液体中做低速运动，称物体做低雷诺数运动，此时液体中的黏性力起主导作用，液体的惯性力带来的影响可以忽略，运动物体周围液体以层流方式流动；$Re > 1$，即大尺度物体在高密度、低黏度系数的液体中做高速运动，称物

体做高雷诺数运动,此时液体的惯性力作用逐渐增强,尤其是当雷诺数超过某个阈值(一般 $Re > 2\,000$)时液体中的黏性力带来的影响可以忽略,物体周围液体以湍流方式流动,展现出非常复杂的混沌效应. 由于雷诺数对物体在液体中的运动影响很大,即便是对低雷诺数运动,式(24-8)也需要做进一步修正(再乘上一个与雷诺数有关的修正项),即液体的黏性力为

$$f = 3\pi \eta v d \left(1 + 2.4\,\frac{d}{D}\right)\left(1 + 1.6\,\frac{d}{h}\right)\left(1 + \frac{3}{16}Re - \frac{19}{1\,080}Re^2 + \cdots\right). \quad (24-11)$$

由此可见,当 Re 较小时,可以只考虑第一级修正,随着 Re 逐渐增大,需要将第二、第三甚至更多级的修正考虑进来. 而当 $Re \geqslant 1$ 时,公式中的修正项会变得比主项还大,这表明流体运动已经产生了质的变化,基于斯托克斯公式推导的式(24-11)不再适用.

在实际操作中,一般当 $0.1 < Re < 0.5$ 时仅需考虑第一级雷诺数修正(为什么),此时黏度系数计算公式可以写成(试着推导一下)

$$\eta_1 = \frac{(\rho - \rho_0)\,gd^2t_0}{18s}\; \frac{1}{\left(1 + 2.4\,\dfrac{d}{D}\right)\left(1 + 1.6\,\dfrac{d}{h}\right)}\; \frac{1}{\left(1 + \dfrac{3}{16}Re\right)} = \eta_0\,\frac{1}{\left(1 + \dfrac{3}{16}Re\right)},$$

$$(24-12)$$

式中 η_0 即为式(24-9)边界效应修正后的黏度系数.

📖 仪器描述

图24-2所示为 GWJ-1 型多管液体黏度系数实验仪,主要由两部分组成.

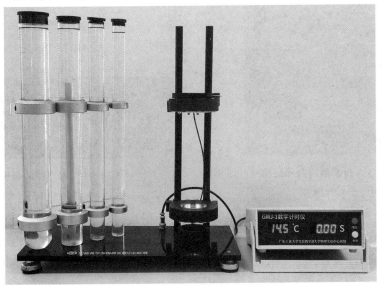

图 24-2　GWJ-1 型多管液体黏度系数实验仪

(1) 试管部分.

底板的一侧分别摆放了四根从左至右直径由大到小的试管. 试管内盛有待测液体

（如蓖麻油、甘油等），为了确保试管能够在底座上稳定，试管穿过上、下两个金属圆环竖直放置于底板上，试管可从圆环上方拆卸，方便其进行实验测量和拆卸清洗．为了确保钢球能顺利从试管中央下落，在试管盖的中心位置设有落球通道，实验时钢球从试管盖中心位置下落，无须拔出试管盖.

（2）感应计时部分.

本实验准确测量的关键在于钢球下落时间的测量．本实验仪利用一套传感器实现多个不同管径的试管中钢球在液体中下落时间的测量．管外侧自上而下设置了两个环绕型多束对射型激光传感器，采用多束激光增大感应区域，即使钢球位置稍有偏差，依然可以被检测到．图 24－3 所示为传感器的内部结构，包含四对激光发射器和接收器．在投入钢球之前，需保证上、下传感器的感应指示灯均呈熄灭状态．感应指示灯灭代表四束激光束均被接收到，若感应指示灯一直都是亮起的状态，说明激光通过试管和液体后，由于折射发生了方向改变，导致接收器无法接收到激光．此时应该对试管进行微调，使激光垂直试管入射，激光经过试管与液体但方向不会改变．一旦激光都被接收到，感应指示灯会熄灭.

从试管中心位置将钢球投入，当钢球经过上传感器时，将挡住激光，钢球挡光时，感应指示灯会有一瞬间的亮起，此时开始计时．经过下传感器时，感应指示灯会再次亮起，结束计时，从而得到钢球在液体中上、下传感器间的下落时间，进而可以计算出液体的黏度系数．计时仪含复位及查询功能（可查询一次），并可以显示环境温度（见图 24－4）．上、下传感器间的距离可调节，从而使钢球感应计时区间可调.

图 24－3　传感器的内部结构

图 24－4　计时仪的面板

为了确保钢球沿管中心轴线位置竖直下落，特设一个台阶形的管托和三个不同大小的管套，台阶形的管托刚好分别与四根试管的管径相匹配，放置于底座上．最大的试管无须管套，其余三根试管有配套的三个不同直径的管套，可将管套放置在上传感器上，使试管上方沿竖直方向固定.

实验步骤

（1）使用水准仪对 GWJ－1 型多管液体黏度系数实验仪底座进行调平.

（2）用螺旋测微器测量钢球的直径 d（选不同方向测量 5 次后取平均），记入表 24 - 1.

（3）用游标卡尺测量各试管的内直径 D（选不同方向测量 5 次后取平均），记入表 24 - 2.

（4）用厘米刻度尺测量感应计时区间的距离 s（选择上传感器的黑色套筒上沿到下传感器的黑色套筒上沿的距离进行测量，选不同方向测量 4 次后取平均），记入表 24 - 3.

（5）将不同直径的试管从小到大依次从金属圆环上方拿出放入环绕型多束对射型激光传感器中进行计时，一定要注意轻拿轻放. 为了保证竖直放置，试管的下方应放置在台阶形管托上，试管的上方（除最大试管外）均需用不同半径的管套将其固定住. 当上、下传感器的感应指示灯均熄灭时，说明传感器内部的激光均已被接收到，可以开始测量.

（6）用镊子将钢球从试管盖中心的下落通道放入，当钢球经过上传感器时，挡住光路，开始计时，此时上传感器感应指示灯亮起. 经过下传感器时，结束计时. 注意，若传感器未计时，应在钢球投入前检查上、下感应指示灯是否熄灭，并检查钢球投入的过程中是否挡住光路（四条光路挡住其中一条即可）. 利用计时仪测量钢球在感应计时区间下落的时间 t，每根试管各测量 5 次，记入表 24 - 4，同时记录测量时的室温 T_0.

（7）用厘米刻度尺测量各试管内液体高度 h（各试管分别测量一次），记入表 24 - 5.

数据记录与处理

表 24 - 1　钢球直径的测量数据

测量次序	1	2	3	4	5	平均值
$(d_i - d_0)$ /mm						
$\| (d_i - d_0) - \overline{d} \|$ /mm						

$$d_0 = \underline{\hspace{2cm}} \text{ mm}$$

注：表中 d_0 为螺旋测微器的零点读数.

表 24 - 2　各试管直径的测量数据

直径/mm	测量次序					平均值
	1	2	3	4	5	
D_1						
ΔD_1						
D_2						
ΔD_2						
D_3						
ΔD_3						
D_4						
ΔD_4						

表 24-3　感应计时区间距离的测量数据

测量次序	1	2	3	4	平均值
距离 s /mm					

表 24-4　各试管中钢球下落时间的测量数据　　　　$T_0 = \underline{\quad\quad}$

时间/s	测量次序					平均值
	1	2	3	4	5	
t_1						
Δt_1						
t_2						
Δt_2						
t_3						
Δt_3						
t_4						
Δt_4						

$$\Delta t_0 = \frac{\overline{\Delta t_1} + \overline{\Delta t_2} + \overline{\Delta t_3} + \overline{\Delta t_4}}{4}.$$

表 24-5　各试管内液体高度的测量数据

试管	h_1	h_2	h_3	h_4	平均值
液体高度/mm					

（1）以 t 为纵坐标、$\frac{1}{D}$ 为横坐标（均取平均值），作 t-$\frac{1}{D}$ 直线，延长该直线与纵轴相交，求截距 t_0.

（2）利用式（24-4）、式（24-5）和式（24-6）计算黏度系数 η 及误差.

（3）利用所测数据及式（24-9），分别计算各试管内考虑边界条件修正后的黏度系数 η_0，并与用外推法测得的 η 值进行比较，说明本实验中边界修正是否有效.

（4）利用所测数据，估算本实验中钢球运动的雷诺数，并根据估算值判断是否需要进行雷诺数修正，如需要，则利用式（24-12）计算修正后的 η_1，分别与上面得到的 η 和 η_0 进行比较，说明本实验中雷诺数修正是否有效.

钢球的密度 $\rho = 7\,800\ \mathrm{kg \cdot m^{-3}}$，蓖麻油的密度 $\rho_0 = 962\ \mathrm{kg \cdot m^{-3}}$，甘油的密度 $\rho_0' = 1\,261\ \mathrm{kg \cdot m^{-3}}$.

蓖麻油的黏度系数与温度的关系如表 24-6 所示.

表 24－6 蓖麻油的黏度系数与温度的关系

温度/℃	$\eta/(\mathrm{Pa \cdot s})$	温度/℃	$\eta/(\mathrm{Pa \cdot s})$	温度/℃	$\eta/(\mathrm{Pa \cdot s})$	温度/℃	$\eta/(\mathrm{Pa \cdot s})$
0	53.0	16	1.37	23	0.73	30	0.45
10	2.42	17	1.25	24	0.67	31	0.42
11	2.20	18	1.15	25	0.62	32	0.39
12	2.00	19	1.04	26	0.57	33	0.36
13	1.83	20	0.95	27	0.53	34	0.34
14	1.67	21	0.87	28	0.52	35	0.31
15	1.51	22	0.79	29	0.48	40	0.23

！注意事项 ■

1. 待测液体应加注至上传感器上方一定位置,以保证钢球在感应计时区间运动时已达到收尾速度.四根试管的待测液体高度应尽量保持一致.

2. 钢球需从试管中轴线位置放入,防止钢球碰到管壁.

3. 试管内的液体应无气泡,钢球表面应光滑无油污.

4. 试管在移动过程中务必注意轻拿轻放,防止其破裂,导致待测液体溢出,如不慎溢出一定要及时进行清理.

5. 当上、下传感器的感应指示灯均熄灭时,才可以开始测量下落时间.

6. 在固定试管时,伸缩管套时要注意不要过于用力,防止夹断.

7 测量过程中液体的温度应保持不变,实验测量过程持续的时间应尽可能短.

？思考题 ■

1. 式(24－4)在什么条件下才能成立?

2. 如何判断钢球已达到收尾速度?

3. 为了减小不确定度,应对测量中哪些量的测量方法进行改进?

弹簧振子与单摆一样,都是物理学中极具启发性的基础模型.物理学很多领域中的不同问题都可以简化为由多个弹簧振子组合而成的系统来进行研究,例如研究简正模、拍等现象,导出波在介质中传播的色散关系,演示信号处理中常用的各种滤波器(高通和低通等)的基本原理等.作为基础模型,弹簧振子模型渗透到自然科学研究的几乎所有领域:化学家用其解释和模拟分子的运动,生物学和医学中用其模拟肌肉组织的行为,统计学家和经济学家则基于谐振子构建对价格波动的预测模型,等等.在实际生活中,弹簧振子广泛用于各种减震系统,在车船、机床、建筑乃至航天工业中都有重要的应用.

实验目的

1. 对弹簧振子振幅很小时的简谐振动进行实验研究,掌握简谐运动的基本特征.
2. 用实验方法验证简谐振动周期的经验公式.
3. 掌握 PASCO 数字化测量仪器的基本测量方法和 Capstone 软件的基本使用方法.
4. 学会使用位置传感器测量物体位置随时间的变化.

实验仪器

A 形大底座及横竖固定杆、5 根不同劲度系数的轻质弹簧、200 g 砝码盘、200 g 黄铜砝码、计算机及 Capstone 软件、卷尺、电子天平、PS - 2103A 型位置传感器、550 型数据采集器.

实验原理

对于理想的弹簧而言,其形变与应力在一定范围内成正比,即 $F = kx$,或者用变化量写成 $\Delta F = k \Delta x$,式中 k 为弹簧的劲度系数.这就是胡克定律,由英国物理学家胡克于 1676 年提出.很多固体材料在发生形变时,只要形变量不超出一定限度,材料满足胡克定律,其应力与应变之间始终呈线性关系.

对满足胡克定律,且振幅很小,做简谐振动的弹簧振子而言,影响其周期 T 的因素很多,如气压 p、温度 t、振子的振幅 A、振子的质量 M 及弹簧的劲度系数 k 等。通过简单的定性实验和观察,可以发现 p,t 对 T 的影响都不大,除非进行非常精密的测量,否则可以不考虑其影响;A 虽然对 T 也有影响,但简谐振动本身要求 A 很小,因此其影响在本实验中也可以忽略;而 M,k 对 T 的影响最为显著。因此,通过分析可以认为 M,k 是影响振子周期 T 的主要因素。

再进一步由定性实验,可以确定 T-M,T-$\dfrac{1}{k}$ 关系曲线。不妨假定常温常压下简谐振子的周期公式为

$$T = Bk^{\beta}M^{\alpha},\qquad(25-1)$$

式中 B,α,β 是待定常数。式(25-1)是否正确,还要通过实验实际测得的数据来验证。对式(25-1)两边取对数,可得

$$\ln T = \ln B + \alpha\ln M + \beta\ln k.\qquad(25-2)$$

当 k 不变时,$\ln B + \beta\ln k$ 是常数,则 $\ln T$ 与 $\ln M$ 之间呈线性关系。可选用劲度系数为 k 的弹簧,改变振子的质量 M,分别测定弹簧振子的振动周期 T,然后以 $\ln M$ 为横轴、$\ln T$ 为纵轴作图,拟合出 $\ln T$-$\ln M$ 直线,该直线的斜率即为 α,截距为 $\ln B + \beta\ln k$。由于 k 已知,因此由此截距可以计算出 B。

同理,当 M 不变时,$\ln B + \alpha\ln M$ 是常数,则 $\ln T$ 与 $\ln k$ 之间呈线性关系。可选用不同劲度系数的一组弹簧,设置相同的振子质量 M,测定它们的振动周期 T,然后以 $\ln k$ 为横轴、$\ln T$ 为纵轴作图,拟合出 $\ln T$-$\ln k$ 直线,该直线的斜率即为 β,截距为 $\ln B + \alpha\ln M$。由于 M 已知,因此由此截距也可以计算出 B。

如上所述,最终可以从 $\ln T$-$\ln M$ 和 $\ln T$-$\ln k$ 关系图中,测量出 α,β 和 B 的数值,从而得到简谐振子周期理论公式

$$T = 2\pi\sqrt{\dfrac{M}{k}}.\qquad(25-3)$$

如果由实验测得的 α,β 和 B 值与理论值相比,均在实验允许的误差范围内,则表明式(25-1)的形式是正确的,经验公式得到证实;反之则说明式(25-1)的形式是错误的,需要重新建立数学模型进行实验验证。

仪器描述

本实验采用 PS-2103A 型位置传感器测量砝码盘下端位置随时间的变化,得到弹簧振子的完整振动数据。位置传感器及其测量原理如图 25-1 所示。位置传感器防护网下是一块压电陶瓷换能片,在工作状态下会不断发出超声波脉冲,这些脉冲沿直线传播,碰到固体或液体障碍物后会发生反射,反射脉冲沿原路径返回,传感器从发出脉冲的时刻 T_0 开始计时,到接收到反射脉冲的时刻 T_1 停止计时,空气中超声波传播速度 v 是传感器内部设置好的,由此可以计算出传感器与障碍物之间的距离 $S = \dfrac{v(T_1 - T_0)}{2}$。由于传感器

发射超声波脉冲的时间间隔很短,所以能实时测量出传感器与障碍物之间距离随时间的微小变化. PS-2103A 型位置传感器发出的超声波脉冲有两种模式,由后方拨杆来控制,分别为宽波(拨杆调至:人,探测范围为 15 cm～8 m)和窄波(拨杆调至:小车,探测范围为 15 cm～3 m).两种模式下测距分辨率均为 1 mm,采样率最高为 250 Hz,即 1 s 可以记录 250 个位置数据.

图 25-1　位置传感器及其测量原理

　　位置传感器记录的模拟信号通过 550 型数据采集器转换为数字信号,然后输入计算机,通过 Capstone 软件进行观察、记录和分析. Capstone 软件的界面及主要功能按钮如图 25-2 所示.

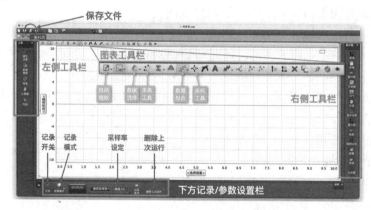

图 25-2　Capstone 软件的界面及主要功能按钮

 实验步骤

　　实验仪器连接如图 25-3 所示,按以下步骤进行实验.
　　(1) 检查 A 形大底座的水平;检查竖杆、横杆,要求两杆固定牢固,横杆上弹簧挂钩固定牢固.
　　(2) 5 根弹簧的劲度系数 k 用颜色进行区分,标注在仪器盒上,将各弹簧 k 值记录下来,填入表 25-1.
　　(3) 选择一根弹簧,挂在弹簧挂钩上,然后将砝码盘挂在下端,并用封口塞将砝码盘上的悬挂口塞紧,防止振动时掉落.

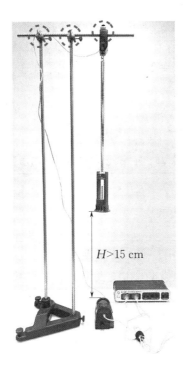

H>15 cm

图 25-3　实验仪器连接图

（4）在砝码盘上放入一块黄铜砝码（注意砝码盘本身质量与砝码一样,均为 200 g）,让砝码及砝码盘（简称振子）保持稳定,然后将位置传感器探测面旋转朝上,并调节至水平,后方拨杆选择窄波模式;将调节好的位置传感器置于砝码盘正下方,用卷尺辅助,使砝码盘底部正对传感器探测面.

（5）将位置传感器连接至550型数据采集器P1端口,打开数据采集器开关,打开计算机和 Capstone 软件,在 Capstone 软件中打开左侧工具栏"硬件设置",检查端口自动识别是否正常.

（6）在 Capstone 软件界面右侧工具栏选择"图表",拖至空白页面上. 图表纵轴选择"位置",单位使用"cm",横轴选择"时间",并在下方记录／参数设置栏将位置传感器的采样率设置成 100 Hz.

（7）双手轻轻将砝码盘从平衡位置向下拉离约1 cm,松手让振子起振. 观察振子的振动状态,要求只有纵向振动,没有明显的横向摆动. 确定振子处于合适振动状态后,点击 Capstone 软件界面下方的记录开关,记录数据,并观察"图表"中自动记录的数据点,可点击图表工具栏的自动缩放按钮,方便观察数据的变化. 记录约 10 个周期后停止. 点击左侧工具栏中的"数据摘要",双击上次运行数据名称（默认文件名为"运行 1""运行 2"等）,用参数（弹簧劲度系数 k 和振子的质量 M）对其进行重新命名.

（8）点击 Capstone 软件界面左上角保存文件按钮,保存文件. 然后不要关闭此文件,增加 1 个砝码,重复上述测量,直至完成添加 4 个砝码时的测量. 注意,所有数据均存储于当前这一个文件中,可通过点击图表工具栏中的数据选择按钮,显示某组或多组数据.

（9）更换其他 4 根弹簧，重复步骤（4）～（8）的测量.

（10）所有数据测量完后，保存文件并复制到 U 盘或移动硬盘中.

（11）用电子天平称量每根弹簧的质量 m_0，记录在表 25-1 中.

数据记录与处理

表 25-1　弹簧的劲度系数与质量

弹簧颜色					
劲度系数 $k/(\text{N}\cdot\text{m}^{-1})$					
质量 m_0/kg					

1. 不同劲度系数 k 下的 $\ln T - \ln M$ 关系

用 Capstone 软件打开上述文件. 在图表工具栏中用数据选择按钮选择某组数据. 点击数据拟合按钮，用其中的"正弦"函数对数据进行拟合. 注意，如果拟合效果不佳，可利用图表工具栏中的高亮工具按钮选中部分周期重新进行拟合. 从拟合结果的参数框中读取此简谐振动的角频率 ω，并用 $T=\dfrac{2\pi}{\omega}$ 计算周期. 在 Capstone 或 Excel 软件中新建表格，按上述操作测量红色弹簧不同振子质量 M 的周期 T，填入表格中，并计算 $\ln T,\ln M$. 然后以 $\ln M$ 为横轴、$\ln T$ 为纵轴，画出该弹簧的 $\ln T - \ln M$ 图，并对结果进行线性拟合. 根据拟合结果验证 $\ln T$ 与 $\ln M$ 间是否满足线性关系，读取拟合直线的斜率 α 和截距 A，并利用 $A=\ln B+\beta\ln k$ 可计算 B 值，将结果填入表 25-2. 然后针对其他弹簧的数据进行同样的分析，将结果均填入表 25-2.

表 25-2　由 $\ln T - \ln M$ 关系测量 α 和 B 的数据记录表

劲度系数 $k/(\text{N}\cdot\text{m}^{-1})$	α	A	B

2. 不同振子质量 M 下的 $\ln T - \ln k$ 关系

在 Capstone 或 Excel 软件中新建表格，按实验步骤中的操作测量某一振子质量 M、不同劲度系数 k 下的振动周期 T，填入表格中，并计算 $\ln T,\ln k$. 然后以 $\ln k$ 为横轴、$\ln T$ 为纵轴，画出该振子质量下的 $\ln T - \ln k$ 图，并对结果进行线性拟合. 根据拟合结果验证 $\ln T - \ln k$ 间是否满足线性关系，读取拟合直线的斜率 β 和截距 A，并利用 $A=\ln B+\alpha\ln M$ 可计算 B 值，将结果填入表 25-3. 然后针对其他振子质量的数据进行同样的分析，将结果均填入表 25-3.

表 25 - 3 由 $\ln T - \ln k$ 关系测量 β 和 B 的数据记录表

振子质量 M/kg	β	A	B

计算表 25 - 2 中 α 的平均值和表 25 - 3 中 β 的平均值:
$$\bar{\alpha} = \underline{\qquad}, \quad \bar{\beta} = \underline{\qquad}.$$

将 $\bar{\beta}$ 代入表 25 - 2 中的截距 A,计算 B 值;再将 $\bar{\alpha}$ 代入表 25 - 3 中的截距 A,计算 B 值,并计算两表中 B 的平均值:
$$\bar{B} = \underline{\qquad}.$$

将上述三个测量结果与式(25 - 3)中的标准值 $\alpha_0 = \dfrac{1}{2}$,$\beta_0 = -\dfrac{1}{2}$,$B_0 = 2\pi$ 比较,分别计算三者的相对误差:
$$E_\alpha = \left|\frac{\bar{\alpha} - \alpha_0}{\alpha_0}\right| \times 100\%, \quad E_\beta = \left|\frac{\bar{\beta} - \beta_0}{\beta_0}\right| \times 100\%, \quad E_B = \left|\frac{\bar{B} - B_0}{B_0}\right| \times 100\%.$$

相关拓展

本实验考虑的弹簧振子是一个理想模型,认为弹簧的质量为零且振动系统无阻尼.若弹簧的质量 m_0 与振子质量 M 相比不可忽略时,则必须考虑弹簧质量对振动的影响.但明显弹簧各部分参与振动的程度不同,其下端完全参与振动,振幅与振子振幅相同,而上端完全不参与振动,振幅为零.可以证明,整个系统的振动状况与振子质量为 $M' = M + Cm_0$ 的理想振子完全相同,即其振动周期
$$T = 2\pi\sqrt{\frac{M'}{k}}. \tag{25 - 4}$$

Cm_0 称为弹簧的有效振动质量,C 为一常数,其大小由弹簧绕制形状等条件决定.对于均匀绕制的圆筒形弹簧,C 的理论值为 $\dfrac{1}{3}$.虽然本实验中各弹簧的质量虽略有不同,但相差不大,故可取各弹簧的平均值 $\overline{m_0}$ 进行计算,则振子的等效质量应该为
$$M' = M + \frac{1}{3}\overline{m_0}. \tag{25 - 5}$$

根据表 25 - 1 中测量的各弹簧质量,用式(25 - 4)和式(25 - 5)修正数据记录与处理中的结果,再计算新结果的相对误差 E'_α,E'_β,E'_B,定量说明弹簧的有效振动质量对本实验结果的影响.

实验二十六

数字化探究实验:单摆法测量重力加速度

一个重物悬挂在一根不可伸长的(硬质)杆或细线的一端并将杆或细线的另一端悬挂起来,就构成了单摆.将重物拉离平衡位置,释放后单摆就在重力作用下进行循环往复的周期摆动.始终在一个竖直平面内摆动的单摆称为平面摆,在一个圆锥面上摆动的则称为球面摆.单摆的研究历史非常悠久,据说伽利略在 1583 年通过观察比萨大教堂吊灯的摆动发现了单摆等时性原理,其真实性虽无法确定,但在其之后出版的巨著《关于两个世界的对话》中,伽利略确实描述了一系列单摆实验,表明了单摆周期不依赖于重物的质量和材料,只与摆长的平方根有关,并据此在 1641 年设计出了第一台摆钟模型.1656 年,荷兰学者惠更斯也独立发明了摆钟.在此之前,最准确的计时工具一昼夜的误差约为 15 min,而摆钟可将此误差缩小至 10 s 以内.摆钟的发明,为研究物体运动提供了精确的计时工具,由此拉开了近代科学技术发展的序幕.不仅如此,单摆在很长一段时间内,被用作测量重力加速度的标准仪器,通过测量重力加速度的差异,单摆还曾被应用于矿藏的勘探等领域.本实验即用数字化传感器和计算机,对单摆在很小角度下的摆动进行研究,并由此测量出当地的重力加速度 g.

实验目的

1. 对单摆小角度的摆动过程进行实验研究,并由此计算出当地的重力加速度 g.
2. 掌握简谐振动的基本特征、运动方程、周期计算公式及其推导方法.
3. 掌握 PASCO 数字化测量仪器的基本测量方法和 Capstone 软件的基本使用方法.
4. 学会使用转动传感器测量角度和角度随时间的变化量.

实验仪器

A 形大底座及横竖固定杆、轻质摆杆、黄铜摆锤、计算机及 Capstone 软件、卷尺、电子天平、PS-2120A 型转动传感器、550 型数据采集器.

实验原理

如果在一固定点上悬挂一根不能伸长、质量可忽略的细杆,并在杆的末端附一质量为 m 的可视为质点的重物,就构成了一个单摆.在单摆的摆角 θ 很小(小于5°)时,单摆做简谐振动,其周期 T 和摆长 L 有如下关系:

$$T = 2\pi \sqrt{\frac{L}{g}}. \tag{26-1}$$

可见单摆周期与单摆质量 M 无关,只与摆长 L 和重力加速度 g 有关.因此,只要测量出单摆周期 T 和摆长 L 即可求出当地的重力加速度 g,即

$$g = \frac{4\pi^2 L}{T^2}. \tag{26-2}$$

角频率 ω 与周期 T 有如下关系:

$$T = \frac{2\pi}{\omega}. \tag{26-3}$$

将式(26-3)代入式(26-2)可得

$$g = L\omega^2. \tag{26-4}$$

式(26-2)和式(26-4)均可用来测量重力加速度.

仪器描述

本实验采用 PS-2120A 型转动传感器测量单摆摆动角度随时间的变化,转动传感器及其测量原理如图 26-1 所示.转动传感器内置了一个微型光电门,转盘转动时,间隔非常小的格栅丝轮会间断地切断光束,在光电探头中形成方波电信号,经由探测电路记录下来.由于格栅丝轮的间隔是固定的,因此可以准确测量出转盘在一定时间内转过的角度.转动传感器中的格栅丝轮间隔非常小,测量转角时分辨率可达 0.09°(0.001 57 rad),转盘最高转速为 30 r/s,理论采样率可达 120 000 Hz,即每秒可记录 12 万个数据点,实际使用中采样率最高可调节到 250 Hz.而且使用滑轮配件(带三个不同直径轮槽)后,它还可以用于测量线速度和位移等物理量.

图 26-1　转动传感器及其测量原理

转动传感器记录模拟信号通过 550 型数据采集器转换为数字信号,然后输入计算机,

通过 Capstone 软件进行观察、记录和分析.Capstone 软件的界面及主要功能按钮如图 26 - 2 所示.

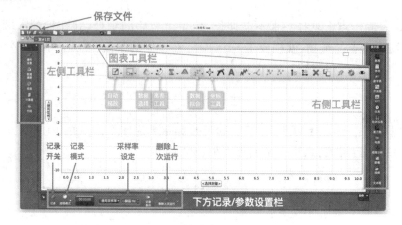

图 26 - 2　Capstone 软件的界面及主要功能按钮

实验步骤

实验仪器连接如图 26 - 3 所示,按以下步骤进行实验.

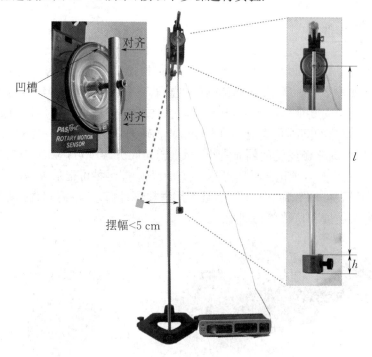

图 26 - 3　实验仪器连接图

（1）检查 A 形大底座的水平;检查竖杆、横杆,要求两杆固定牢固.

（2）选择 60 cm 长的摆杆,一端固定在转动传感器滑轮配件上,注意使杆体刚好镶入最外层转盘的凹槽中(见图 26 - 3),将黄铜摆锤固定在另一端,注意使摆锤下端刚好与杆端保持齐平.

(3) 将转动传感器固定在横杆上,调节位置及角度,使摆锤竖直下垂并可自由摆动.

(4) 用卷尺测量杆长 l(从转动传感器转轴测量至摆锤上端),用游标卡尺测量摆锤高度 h,记录在表 26 - 1 中,则实际摆长为 $L = l + \dfrac{h}{2}$.

(5) 将转动传感器连接至 550 型数据采集器 P1 端口,打开数据采集器开关,打开计算机和 Capstone 软件,在 Capstone 软件中打开左侧工具栏"硬件设置",检查端口自动识别是否正常.

(6) 在 Capstone 软件界面右侧工具栏选择"图表",拖至空白页面上. 图表纵轴选择"角",单位使用"度",横轴选择"时间",并在下方记录／参数设置栏将转动传感器的采样率设置成 50 Hz.

(7) 在 Capstone 软件界面下方记录／参数设置栏将记录模式设置为"连续模式". 让单摆处于竖直位置,然后轻拉摆锤,使单摆偏转一定角度,注意摆幅不要超过 5 cm(可用卷尺辅助判断).

(8) 松手让单摆开始摆动,确定摆动稳定后,点击 Capstone 软件界面下方的记录开关,并观察"图表"中自动记录的数据点,可点击图表工具栏的自动缩放按钮,方便观察数据变化. 记录约 10 个周期后停止,记录的数据如图 26 - 4 所示. 点击左侧工具栏中的"数据摘要",双击上次运行数据名称(默认文件名为"运行 1""运行 2" 等),用参数(摆长 L) 对其进行重新命名.

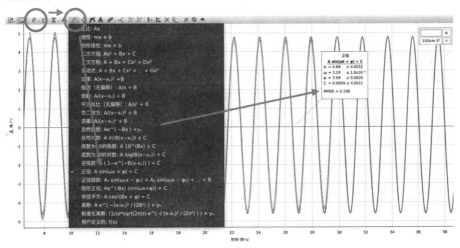

图 26 - 4　用 Capstone 软件内置拟合工具测量单摆的摆动周期

(9) 点击 Capstone 软件界面左上角保存文件按钮,保存文件. 然后不要关闭此文件,分别更换 70 cm,80 cm,90 cm,100 cm 长的摆杆,重复上述测量. 注意,所有数据均存储于当前这一个文件中,可通过点击图表工具栏中的数据选择按钮,显示某组或多组数据. 所有数据测量完后,保存文件并复制到 U 盘或移动硬盘中.

(10) 用电子天平称量每根摆杆的质量 m_0,同时将每根摆杆的长度 l 记录在表 26 - 2 中.

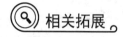 **数据记录与处理**

1. 单摆角频率的测量

用 Capstone 软件打开上述文件. 在图表工具栏中用数据选择按钮选择某个摆长的数据. 点击数据拟合按钮,用其中的"正弦"函数对数据进行拟合. 注意,如果拟合效果不佳,可利用图表工具栏中的高亮工具按钮选中部分周期重新进行拟合. 从拟合结果的参数框中读取此摆长下单摆摆动的角频率 ω,将摆长和角频率的测量结果填入表 26-1. 然后完成对其他摆长下单摆的分析和测量,将结果依次填入表 26-1.

表 26-1 单摆摆长及对应角频率的测量数据

l_i /cm	h /cm	$L_i = \left(l_i + \dfrac{h}{2}\right)$ /cm	ω_i /(rad·s^{-1})	$g_i = L_i\omega_i^2$ /(m·s^{-2})	$\overline{g}$ /(m·s^{-2})	$\Delta g_i = \lvert g_i - \overline{g}\rvert$ /(m·s^{-2})	$\overline{\Delta g}$ /(m·s^{-2})

2. 用计算法处理数据

用式(26-4)根据表 26-1 中的数据计算 g 及平均绝对偏差,将计算结果填入表 26-1. 最终测量结果表示为

$$g_1 = \overline{g} \pm \overline{\Delta g}.$$

3. 用作图法处理数据

由式(26-4),可得

$$L = \frac{g}{\omega^2}. \tag{26-5}$$

若以 L_i 为纵坐标、$\dfrac{1}{\omega_i^2}$ 为横坐标,逐点描出 $\left(L_i, \dfrac{1}{\omega_i^2}\right)$,可得一条直线,此直线的斜率即为重力加速度 g 的数值. 最终测量结果记为 g_2. 查询当地的重力加速度标准值 g_0,计算上述两个测量结果的相对误差:

$$E_1 = \left\lvert \frac{g_1 - g_0}{g_0} \right\rvert \times 100\%, \quad E_2 = \left\lvert \frac{g_2 - g_0}{g_0} \right\rvert \times 100\%.$$

相关拓展

表 26-2 摆杆长度及质量的测量数据

摆杆长度 l/cm				
摆杆质量 m_0/kg				

上述分析都将本实验中的摆杆质量忽略,视为理想无质量杆,但其实本实验的摆杆仍具有一定质量,而且摆锤也不能视为一理想质点,整个摆具有一定的质量分布. 接下来我们分析摆杆的质量对结果的影响. 由于轻质摆杆和摆锤在摆动过程中相互位置不变,在物理上可视为一刚体系统,称为"物理摆". 根据刚体力学的基本原理分析本实验的模型,受力分析如图 26-5 所示,摆角为 θ,摆锤的质量为 m,轻质摆杆质量为 m_0. 摆锤的体积足够小,可近似视为一质点,其质心到转轴的距离为 L.

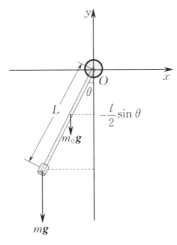

图 26-5　物理摆模型示意图

忽略阻尼的影响,则该刚体系统相对 O 点所受转动力矩为

$$M = -mgL\sin\theta - m_0 g \frac{l}{2}\sin\theta, \qquad (26-6)$$

该刚体系统相对于过 O 点且垂直于 Oxy 面的转轴的转动惯量为

$$J = mL^2 + m_0 \frac{l^2}{3}, \qquad (26-7)$$

转动方程为

$$M = J\frac{\mathrm{d}^2\theta}{\mathrm{d}t^2}. \qquad (26-8)$$

将式(26-6)与式(26-7)代入式(26-8)得

$$\frac{\mathrm{d}^2\theta}{\mathrm{d}t^2} + \frac{g}{\dfrac{mL^2 + m_0\dfrac{l^2}{3}}{mL + m_0\dfrac{l}{2}}}\sin\theta = 0. \qquad (26-9)$$

定义等效摆长 L_{eff} 为

$$L_{\mathrm{eff}} = \frac{mL^2 + m_0\dfrac{l^2}{3}}{mL + m_0\dfrac{l}{2}}, \qquad (26-10)$$

则式(26-9)可简写为

$$\frac{\mathrm{d}^2\theta}{\mathrm{d}t^2} + \frac{g}{L_{\mathrm{eff}}}\sin\theta = 0. \qquad (26-11)$$

当摆角 θ 较小（小于 $5°$）时，$\sin\theta \rightarrow \theta$，式$(26-11)$ 可近似为

$$\frac{\mathrm{d}^2\theta}{\mathrm{d}t^2} + \frac{g}{L_{\mathrm{eff}}}\theta = 0. \qquad (26-12)$$

从数学形式上看，式$(26-12)$ 与小摆角单摆的方程一致，因此其解的形式也是相同的，从而其角频率为

$$\omega = \sqrt{\frac{g}{L_{\mathrm{eff}}}}. \qquad (26-13)$$

将实验采用的各参数值代入式$(26-13)$，可从理论上计算小摆角物理摆的角频率值.

利用式$(26-10)$ 和式$(26-13)$，可进一步修正有质量杆的作用下的实验结果. 试定量说明摆杆质量对本实验结果的影响.

附　　录

附录 1　TBS1102C 型数字示波器

1. 简介

TBS1102C 型数字示波器为双通道数字示波器,其采样率为 $1\,\text{GSa}\cdot\text{s}^{-1}$,能同时显示两个电信号,便于比较观察两个信号的大小、频率和相位关系.

2. 特点

(1) 带宽有 50 MHz,70 MHz,100 MHz,200 MHz 四档可选.

(2) 所有通道上的采样率均为 $1\,\text{GSa}\cdot\text{s}^{-1}$,每个通道均可实现高达两万点的记录长度,捕获速率高达 5 000 个波形/秒.

(3) 支持 32 种自动测量.

(4) 触发类型包括边沿(Edge)、欠幅(Runt)和脉冲宽度(Pulse Width)触发.

(5) 波形频谱分析的 FFT 分析,可帮助查找内嵌在主要信号中的不必要信号的频率.

(6) 提供 USB 2.0 主机端口,可用于快速轻松地将屏幕图像、仪器设置参数和波形存储至 U 盘,也可以用于安装固件更新和从已保存文件中加载波形.

(7) 提供 USB 2.0 设备端口,使用 TekVISA 连接以及其他支持 USBTMC 的远程连接工具可将示波器连接到计算机上,并通过计算机控制示波器.

(8) 提供各功能帮助,即在进入大部分示波器设置菜单时显示图形和简短文本描述.

(9) 提供课件,即针对示波器的教学说明.

3. 前面板说明

TBS1102C 型数字示波器的前面板如图 A1 - 1 所示,主要分为显示屏区域、测量区域、工具区域、竖直区域、水平区域和触发区域,共 6 个区域.

(1) 显示屏区域.

① 保存(Save):将指定数据文件保存至 U 盘的一种快捷方法.该按钮只能将文件保存至 U 盘,无法将信息保存至参考或设置内存,或从 U 盘中调出文件.

② 软键:显示屏右侧软键的功能会根据显示的菜单而改变.如果有"返回"键选项,则按相应的软键返回.

③ USB 端口:将屏幕图像、仪器设置参数和波形存储至 U 盘,也可以安装固件更新和从已保存文件中加载波形和设置;使用 TekVISA 连接以及其他支持 USBTMC 的远程连接工具通过计算机控制示波器.

④ 菜单打开/关闭(Menu On/Off)：可用于打开/关闭菜单、消息和其他屏幕项.

（2）测量区域.

① 通用(Multipurpose)：可选择并单击菜单或其他选项、移动光标、为菜单项设置数字参数值.此旋钮具有两个功能，选择功能：旋转旋钮可选择一个菜单项；单击功能：按下此旋钮可运行所选择的菜单项.

② 光标(Cursors)：光标是放在波形上用于手动测量的屏幕上的垂直线和水平线.该按钮可在打开和关闭间切换，决定是否在屏幕上显示光标.光标读数显示其位置或其穿过波形的位置的值，还可以显示两个光标位置间差值的绝对值，使用光标可以进行手动测量.注意：X-Y模式中光标不可用.

③ 缩放(Zoom)：可缩小、放大波形.缩放显示包括两部分，上半部分将显示整个波形记录和波形缩放部分在整个波形记录中的位置和大小；下半部分将显示波形缩放视图.

④ 测量(Measurement)：用于打开测量选择菜单.读数显示选定的测量，分为自动测量和手动测量，每次最多可选择显示六个记录.

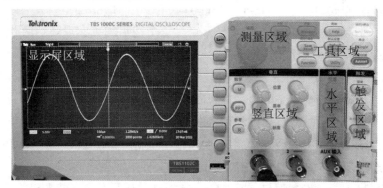

图 A1-1　TBS1102C型数字示波器前面板

（3）工具区域.

① 帮助(Help)：可在进入大部分示波器设置菜单时，显示图形和简短文本描述.

② 运行/停止(Run/Stop)：开始信号/波形采集(按钮变为绿色).示波器重复进行采集，直到再次按下该按钮停止采集，或按下(单次)按钮.

③ 默认设置(Default Setup)：清除当前示波器设置，并加载出厂定义设置.可快速重置示波器至已知状态，然后开始新的测量.

④ 单次(Single)：进行单次信号/波形采集.

⑤ 功能(Function)：可进行较小的光标位置调整，按功能按钮以在对光标位置进行粗调和微调之间切换.功能按钮的微调按钮灵敏度还可实现垂直位置和水平位置旋钮、触发电平旋钮的细微调整，以及通用旋钮的调整操作.

注　也可以通过按住通用旋钮在细调和粗调之间切换.

⑥ 辅助功能(Utility)：通过此按钮进行示波器语言显示、时间、校准和诊断、配置等功能的设置和查询.

⑦ 自动设置(Autoset):采集并显示波形的快速方式.可清除当前示波器设置,并加载出厂定义设置.自动将触发类型设置为边沿,将门限电平设置为信号电平的 50%,并分析输入信号和调节示波器采集、水平和垂直设置,以显示 5 到 6 个波形周期.可快速重置示波器至已知状态,然后开始新的测量.

(4) 竖直区域.

① 数学(M):通过侧面菜单可设置参数以创建并显示数学波形,或从显示器上移除/显示数学通道波形.

② FFT:打开 FFT 屏幕,通过侧面菜单设置 FFT 显示参数.FFT 是基础的频谱分析功能,帮助查找内嵌至主要信号中的不必要的信号频率.

③ 参考(R):此按钮可打开包含控件的侧面菜单,以在屏幕上显示/移除参考波形.

④ 垂直位置(Vertical Position):可为每个通道的波形调整垂直位置.

⑤ 菜单(Menu):选择要显示的波形,或打开用于设置通道 1 或 2 输入参数的菜单选项.每个通道的设置均是独立的.

⑥ 垂直标度(Vertical Scale):使用此旋钮可为通道 1 或 2 设置垂直标度.

(5) 水平区域.

① 水平位置(Horizontal Position):该旋钮可将触发点位置相对于采集波形记录向左或向右调整.按下水平位置旋钮,可将触发点恢复至屏幕中心.

② 采集(Acquire):可打开用于设置采集模式和调整记录长度的菜单.

③ 水平标度(Horizontal Scale):可更改采样率.

(6) 触发区域.

① 触发菜单(Trigger menu):可设置示波器在没有或有触发事件的情况下的行为方式,通过打开侧面菜单进行触发设置.

② 触发电平(Trigger level):可调节触发电平.使用此控件时,触发电平在水平线上显示.按触发电平旋钮将触发电平设置为 50%(波形的垂直中点).

③ 强制触发(Vertical Scale):此按钮会强制执行一个立即触发事件.

附录 2　DSOX 1202A 型数字示波器及 TFG 6920A 型函数信号发生器

一、DSOX 1202A 型数字示波器

图 A2-1 所示为 DSOX 1202A 型数字示波器面板.表 A2-1 对其主要的按键进行了介绍.示波器的按键较多,可以在多次使用中进行熟悉.

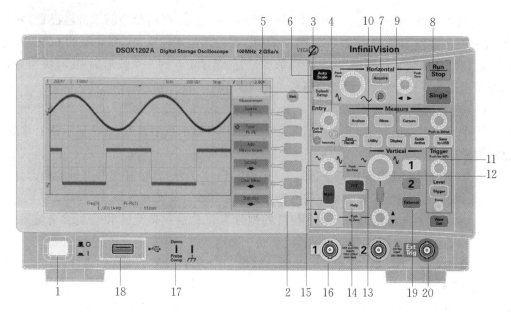

图 A2-1　DSOX 1202A 型数字示波器面板

表 A2-1　DSOX 1202A 型数字示波器各按键功能介绍

序号	名称	功能
1	电源开关	按一次打开电源,再按一次关闭电源
2	软键	这些按键的功能会根据显示屏上该按键旁边显示的菜单栏的变化而改变.如果在软键菜单层级结构中使用"返回"键则可返回;在层次结构顶部使用"返回"键则将关闭菜单,改为显示示波器信息
3	亮度调节键（Intensity）	按下此按键使其亮起.此按键亮起时,旋转选项旋钮可调整波形亮度
4	选项旋钮（Entry）	此旋钮用于从菜单中选择菜单项或更改值.选项旋钮的功能随着当前菜单和软键选择而变化.当选项旋钮符号🔄显示在软键上时,就可以使用选项旋钮选择值.有时,按下选项旋钮可启用或禁用选择.另外,按下选项旋钮还可以使弹出的菜单消失
5	默认设置键（Default Setup）	按下此按键可恢复示波器的默认设置
6	自动定标键（Auto Scale）	当按下自动定标键时,示波器将快速确定哪个通道有活动,并且它将打开这些通道并对其进行定标以显示输入信号

序号	名称	功能
7	水平和采集控件 （Horizontal）	水平和采集控件包括： （1）水平定标旋钮：旋转下方符号为 ∿∧ 的旋钮可调整时间灵敏度设置.该旋钮下方的符号表示此旋钮具有使用水平定标缩小或放大波形的效果.按下水平定标旋钮可以在微调和粗调之间切换. （2）水平位置旋钮：旋转下方符号为 ◀▶ 的旋钮可水平平移波形数据.可以看见在触发之前（顺时针旋转旋钮）或触发之后（逆时针旋转旋钮）所捕获的波形.如果在示波器停止（不在运行模式中）时平移波形,则看到的是上次采集中获取的波形数据. （3）采集设置（Acquire）键：按下此按键可打开"采集"菜单,可在其中选择"正常""X－Y"和"滚动"时基模式,启用或禁用缩放,以及选择触发时间参考点.另外,还可以选择"正常""峰值检测""平均"或"高分辨率"采集模式. （4）缩放（◎）键：按下此按键可将示波器显示拆分为正常区和缩放区,而无须打开"采集"菜单
8	运行控制键	当此按键是绿色时,表示示波器正在运行,即符合触发条件,正在采集数据.此时按下此按键可以停止采集数据. 当此按键是红色时,表示数据采集已停止.此时按下此按键可以开始采集数据. 要捕获并显示单次采集（无论示波器是运行还是停止）,请按下单次（Single）键.此按键在示波器触发前保持黄色
9	测量控件 （Measure）	（1）分析（Analyze）键：按下此按键可访问分析功能,具体如下. ① 触发电平设置. ② 测量阈值设置. ③ 视频触发的自动设置和显示. ④ 显示由模拟通道输入组成的总线,其中通道 1 是最低有效位,通道 2 是最高有效位. ⑤ 启用串行总线解码. ⑥ 参考波形. ⑦ 波罩测试. ⑧ 数字示波器. ⑨ 在具有内置波形发生器的型号上进行频率响应分析. （2）测量（Meas）键：按下此按键用于对波形进行自动测量,包括频率、周期、峰峰值、占空比、相位等. （3）光标（Cursors）键：按下此按键可打开菜单,以便选择光标模式和源. （4）光标旋钮：按下该旋钮可从弹出菜单中选择光标.在弹出菜单关闭（通过超时或再次按下该旋钮）后,旋转该旋钮可调整选定的光标位置

序号	名称	功能
10	工具键	工具键包括： （1）保存/调用（Save/Recall）键：按下该按键可保存示波器设置、屏幕图像、波形数据或波罩文件，或者调用设置、波罩文件或参考波形. （2）系统设置（Utility）键：按下该按键可访问"系统设置"菜单，以便配置示波器的 I/O 设置、使用文件资源管理器、设置首选项、访问服务菜单并选择其他选项. （3）显示（Display）键：按下该按键可访问菜单，可在其中启用余辉、调整显示网格（格线）亮度、为波形添加标签、添加注释以及清除显示. （4）快捷操作（Quick Action）键：按下该按键可执行选定的快速操作，包括测量所有快照，打印、保存、调用、冻结显示等. （5）保存到 USB（Save to USB）键：按下该按键可将文件快速保存到 USB 存储设备
11	触发控件 （Trigger）	（1）电平（Level）旋钮：旋转此旋钮可调整选定模拟通道的触发电平. 按下此旋钮可将电平设置为波形值的 50%. 如果使用 AC 耦合，按下此旋钮会将触发电平设置为约 0 V. 模拟通道的触发电平的位置由显示屏最左侧的触发电平图标 T▶指示（如果模拟通道已打开）. 模拟通道触发电平的值显示在显示屏的右上角. （2）触发（Trigger）键：按下此按键可选择触发类型（边沿、脉冲宽度等）. （3）强制（Force）键：强制触发发生（在任何通道上）并显示采集结果. 此按键在"正常"触发模式下很有用，在该模式下，只有满足触发条件时才会进行采集. 在此模式中，如果没有发生任何触发（即显示"触发？"指示信息），则可以按此按键以强制进行触发，并查看输入信号
12	垂直控件 （Vertical）	（1）模拟通道开/关键：使用这些按键打开或关闭通道，或访问软键中的通道菜单. 每个模拟通道都有一个通道开/关键. （2）垂直定标旋钮：使用下方符号为 ∿ 的旋钮可以调节选定模拟输入通道的垂直灵敏度. 按下垂直定标旋钮可以在微调和粗调之间切换. 扩展信号的默认模式相对于通道的接地电平，但是可将此设置更改为相对于显示屏的中心位置扩展. （3）垂直位置旋钮：使用右侧符号为 ⬍ 的旋钮可以调节显示屏上选定模拟输入通道波形的垂直位置. 在显示屏右上方瞬间显示的电压值表示显示屏的垂直中心和接地电平 ⬍ 图标之间的电压. 如果垂直扩展被设置为相对地扩展，它也表示显示屏的垂直中心的电压
13	（FFT）键	可用于访问 FFT 频谱分析功能

序号	名称	功能
14	帮助键 （Help）	打开"帮助"菜单,在此菜单中,可以显示概述帮助主题,选择语言,并选择可在演示端上显示的相应的文本描述
15	数学函数控件 （Math）	(1) 数学运算(Math)键:可用于访问数学运算(加、减等)波形函数. (2) 垂直定标旋钮:使用上方符号为 ∿ ∿ 的旋钮可以调节选定模拟输入通道的垂直灵敏度(与使用模拟通道垂直控件相同). (3) 垂直位置旋钮:使用左侧符号为 ♦ 的旋钮可以调节显示屏上波形的垂直位置(与使用模拟通道垂直控件相同)
16	模拟通道输入	将示波器探头或 BNC 电缆连接到这些 BNC 连接器.模拟通道输入的阻抗为 1 MΩ.此外,没有自动探头检测,因此必须正确设置探头衰减才能获得准确的测量结果
17	演示/探头补偿、 接地端子	(1) 演示/探头补偿端子:此端子输出"探头补偿"信号,可使探头的输入电容与所连接的示波器通道匹配.示波器还可以在此端子上输出演示信号. (2) 接地端子:对连接到演示/探头补偿端子的示波器探头使用接地端子
18	USB 主机端口	用于将 USB 海量存储器或打印机连接到示波器的端口.连接 USB 兼容的海量存储器(闪存驱动器、磁盘驱动器等)可以保存或调用示波器设置文件和参考波形,或保存数据和屏幕图像.要进行打印,可连接 USB 兼容打印机.在有可用的更新时,还可以使用 USB 端口更新示波器的系统软件. 注意,在拔出 USB 海量存储器之前必须将其弹出,否则将该设备连接到装有 Windows 操作系统的计算机时,会将其标记为需要维修(即使没有对该设备造成有害影响).另外,请勿将主计算机连接到该端口.如果要连接主计算机,请将其连接到示波器后面板上的设备端口
19	外部键 （External）	按下此按键可设置外部触发输入选项
20	外部触发输入	外部触发输入 BNC 连接器

二、TFG 6920A 型函数信号发生器

仪器面板如图 A2－2 所示.

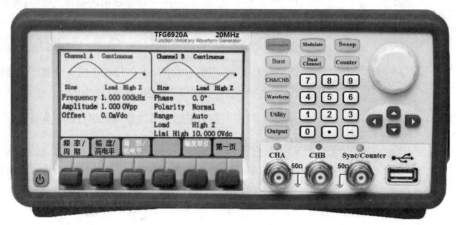

图 A2－2　仪器面板图

1. 按键说明

本仪器共有 32 个按键，26 个按键有固定的含义，用符号【】表示. 其中，10 个长按键用作功能选择，小键盘 12 个键用作数据输入，左右箭头【◀】【▶】键用于左右移动旋钮调节的光标，上下箭头【▲】【▼】键用作频率和幅度的步进操作. 显示屏的下方还有 6 个空白键，称为操作软键，用符号〖〗表示，其含义随着操作菜单的不同而变化. 各按键说明如下.

【0】【1】【2】【3】【4】【5】【6】【7】【8】【9】键：数字输入键.

【·】键：小数点输入键.

【一】键：负号输入键，在输入数据允许负值时输入负号，其他时候无效.

【◀】键：白色光标位左移键，数字输入过程中的退格删除键.

【▶】键：白色光标位右移键.

【▲】键：频率和幅度步进增加键.

【▼】键：频率和幅度步进减少键.

【Continuous】键：选择连续模式.

【Modulate】键：选择调制模式.

【Sweep】键：选择扫描模式.

【Burst】键：选择猝发模式.

【Dual Channel】键：选择双通道操作模式.

【Counter】键：选择计数器模式.

【CHA/CHB】键：通道选择键.

【Waveform】键：波形选择键.

【Utility】键：通用设置键.

【Output】键：输出端口开关键.

空白键(6个):操作软键,用于菜单和单位选择.

2. 显示说明

仪器的显示屏分为四个部分:左上部为 CHA 通道的输出波形示意图和输出模式、波形和负载设置;右上部为 CHB 通道的输出波形示意图和输出模式、波形和负载设置;中部显示频率、幅度、偏移等工作参数;下部为操作菜单和数据单位显示.

3. 基本操作

(1) 通道选择:按【CHA/CHB】键可以交替选择两个通道,被选中的通道,其通道名称、输出模式、输出波形和负载设置的字符变为绿色显示.使用菜单可以设置该通道的波形和参数,按【Output】键可以开启或关闭该通道的输出信号.

(2) 波形选择:按【Waveform】键,显示出波形菜单.

(3) 占空比设置:如果选择了方波,要将方波占空比设置为 20%,可按下列步骤操作.

① 按〖占空比〗软键,占空比参数变为绿色显示.

② 按数字键【2】和【0】输入参数值,按〖%〗软键,绿色参数显示 20%.

此时,仪器按照新设置的占空比参数输出方波.此外,也可以使用旋钮和【◀】【▶】键连续调节输出波形的占空比.

(4) 频率设置:如果要将频率设置为 2.5 kHz,可按下列步骤操作.

① 按〖频率/周期〗软键,频率参数变为绿色显示.

② 按数字键【2】【·】【5】输入参数值，按〖 kHz〗软键,绿色参数显示为 2.500 000 kHz.

此时,仪器按照设置的频率参数输出波形.此外,也可以使用旋钮和【◀】【▶】键连续调节输出波形的频率.

(5) 幅度设置:如果要将幅度(电压峰峰值)设置为 1.6 V,可按下列步骤操作.

① 按〖幅度/高电平〗软键,幅度参数变为绿色显示.

② 按数字键【1】【·】【6】输入参数值，按〖 Vpp〗软键,绿色参数显示为 1.600 0 Vpp.

此时,仪器按照设置的幅度参数输出波形.此外,也可以使用旋钮和【◀】【▶】键,连续调节输出波形的幅度.

附录3　迈克耳孙干涉仪的结构及调整

迈克耳孙干涉仪有多种多样的形式,下面以图 A3-1 所示的结构图为例对其进行介绍.铸铁底座 2 下有三个调节螺钉 1,用来调节台面 4 的水平.台面上装有螺距为 1 mm 的精密螺杆 3,螺杆的一端与齿轮系统 12 相连接.转动手轮 13 或微动鼓轮 15 都可以使螺杆转动,从而使连接在螺杆上的反射镜 M_1 镜 6 沿导轨 5 移动. M_1 镜的位置及移动的距离可从装在台面一侧的毫米标尺(图中未画出)、读数窗 11 及微动鼓轮共同读出.手轮分为 100 格,它每转 1 格, M_1 镜就平移 $\frac{1}{100}$ mm(由读数窗读出).微动鼓轮每转一周,手轮随之转过 1 格. 微动鼓轮也分为 100 格, 所以微动鼓轮每转过 1 格, M_1 镜平移 10^{-4} mm, 还可估读一位至 10^{-5} mm. 这样, 将毫米标尺、读数窗和微动鼓轮上的读数相加, 就可得到 M_1 镜移动的距离. M_2 镜 8 是固定在镜台上的. M_1 和 M_2 镜的背面各有三个螺钉, 可调节镜面的倾斜度. M_2 镜台下还有一个水平方向的拉簧螺丝 I 和垂直方向的拉簧螺丝 II, 其松紧可使 M_2 镜台产生一个极小形变, 从而可对 M_2 镜的倾斜度做更精确的调节. 分束镜 G_1 9 和补偿镜 G_2 10 的位置和方向都完全固定, 分束镜 G_1 的后表面为半反射面, 镀有银或其他介质膜. 手轮前方可安装观察屏, 用来观察干涉条纹.

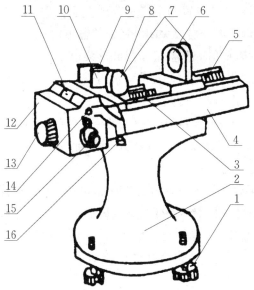

1—调节螺钉; 2—铸铁底座; 3—精密螺杆; 4—台面; 5—导轨; 6— M_1 镜; 7—螺钉; 8— M_2 镜; 9—分束镜 G_1; 10—补偿镜 G_2; 11—读数窗; 12—齿轮系统; 13—手轮; 14—拉簧螺丝 I; 15—微动鼓轮; 16—拉簧螺丝 II.

图 A3-1 迈克耳孙干涉仪结构图

图 A3-2 所示为相应的实物图, 调整迈克耳孙干涉仪的具体方法如下.

(1) 调整水平.

将干涉仪放置在工作台上, 使导轨尽量与工作台前边缘垂直. 借助水准仪或目视观察, 调节底座调节螺钉, 使仪器水平.

(2) 调整光路.

① 转动手轮将反射镜 M_1 调至 50 mm 附近某一位置, 使 M_1 和 M_2 镜到分束镜 G_1 上反射膜的距离大致相等.

② 点亮氦氖激光器, 调节其高度和倾角, 使激光束沿水平方向垂直于导轨入射到分束镜 G_1 的中部. 这时在观察屏上能看到分别由 M_1 和 M_2 镜反射的两个圆形最亮光斑 (视场中还有其他较暗的光斑, 调整时可忽略).

③ 反复调节 M_1 和 M_2 镜背后的螺钉, 使两个圆形最亮光斑完全重合, 这时 M_1 和 M_2 镜大致垂直. 此时观察屏上出现非定域干涉条纹.

图 A3 - 2　迈克耳孙干涉仪实物图

④ 仔细调整拉簧螺丝Ⅰ,Ⅱ的松紧,使条纹更清晰、完整.

⑤ 若眼睛上下或左右晃动观察时看到有条纹"冒出"或"缩进",则需要通过拉簧螺丝Ⅰ,Ⅱ细调 M₂ 镜的角度,直到眼睛晃动观察时无条纹移动,说明 M₁ 和 M₂ 镜完全垂直.

（3）调整读数系统.

转动微动鼓轮时,手轮会随之转动;但转动手轮时,微动鼓轮并不随之转动.因此,测量时在读数前必须校零,方法如下:将微动鼓轮沿某一方向(如顺时针方向)旋转至读数为零,然后沿同一方向旋转手轮使指示线正对某一刻度.为了避免空程误差,校零后在整个测量过程中只能沿同一方向转动微动鼓轮控制 M₁ 镜移动,不能反方向转动,更不能直接转动手轮,而且开始测量前应将微动鼓轮按原方向转动若干周,直到干涉条纹稳定移动后方可开始计数测量.

附录 4　测微目镜

测微目镜可用来测量微小距离(长度),其结构如图 A4 - 1 所示.旋转测微器鼓轮,可推动活动分划板左右移动.活动分划板上刻有双线和叉丝,其移动方向垂直于目镜的光轴.固定分划板上刻有短的毫米标度线.测微器鼓轮上有 100 个分格,每转一圈,活动分划板移动 1 mm,因此,鼓轮每转过一分格,活动分划板移动 0.01 mm.

测微目镜的读数方法与螺旋测微器相似,双线和叉丝交点的位置的毫米数由固定分划板上读出,毫米以下的位数由测微器鼓轮上读出.它的测量不确定度为 0.01 mm,可以估读至 0.001 mm.例如,在图 A4 - 2 中,读数是 3.415 mm.它是固定分划板上的标度读数 3 mm 与测微器鼓轮上的读数 0.415 mm 之和.

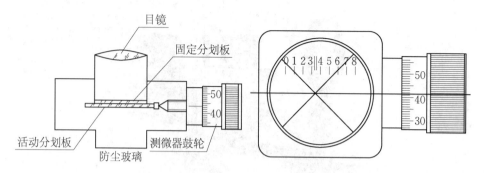

图 A4‑1　测微目镜结构图　　　　图 A4‑2　测微目镜的读数方法

使用时,应先调节目镜,看清楚叉丝,然后转动测微器鼓轮,推动活动分划板,使叉丝交点或双线与被测物的像重合,便可得到一个读数.转动测微器鼓轮,使叉丝的交点或双线移到被测物像的另一端,又可得一个读数.两个读数之差,即为被测物的尺寸.

注意:

(1) 测量时,应缓慢转动测微器鼓轮,而且测微器鼓轮应沿一个方向转动,中途不能反转,避免产生空程误差.

(2) 移动活动分划板时,要注意观察叉丝指示的位置,不能移出毫米标度线所示的范围(通常为 0~8 mm).

附录5　力学基本测量仪器

1. 游标卡尺

游标卡尺是一种常用的测长精密仪器,用它可测量长度、深度、内径和外径等.

游标卡尺的外形如图 A5‑1 所示.

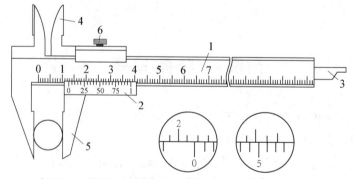

1—主尺;2—游标;3—尾尺;4—内量爪;5—外量爪;6—紧固螺钉.

图 A5‑1　游标卡尺

(1) 内量爪:用来测量物体内部长度或内径.

(2) 外量爪:用来测量物体的长度或外径.

(3) 紧固螺钉:测量时用于固定游标,便于读数.

(4) 游标:是一可在主尺上移动的标有刻度的副尺.按精度分,有 10 分度、20 分度和

50 分度等. 20 分度游标卡尺,其不确定度为 0.05 mm;50 分度游标卡尺,其不确定度为 0.02 mm. 常用的是 50 分度游标卡尺.

游标卡尺读数原理如下:

设主尺分度值为 a,游标有 n 格,每格分度值为 b,游标的总长等于主尺的 $n-1$ 个分格的长度,即有

$$a(n-1)=nb, \tag{A5-1}$$

$$b=\frac{n-1}{n}a. \tag{A5-2}$$

由此得主尺的分度值 a 与游标的分度值 b 之差为

$$a-b=a-\frac{n-1}{n}a=\frac{a}{n}, \tag{A5-3}$$

这个差值称为该游标卡尺的游标分度. 例如,对 50 分度游标卡尺,$a=1$ mm,$n=50$,则游标分度为 $\frac{1}{50}$ mm=0.02 mm,游标分度通常刻在游标上.

用游标读数时,在主尺零线与游标零线左边主尺最近分度线之间读出毫米以上长度 L_0;毫米以下长度 ΔL 由此分度线到游标零线之间读出,即在游标上找到第 k 条线与主尺分度线最为对齐,即

$$L=L_0+\Delta L=L_0+k\frac{a}{n}. \tag{A5-4}$$

如图 A5-2 所示,毫米以上整数部分 $L_0=9$ mm,游标上第 8 根分度线正好与主尺分度线对齐,游标分度为 0.1 mm,故得物体长度为

$$L=L_0+\Delta L=(9+8\times0.1)\ \text{mm}=9.8\ \text{mm}.$$

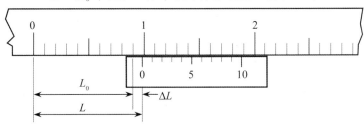

图 A5-2　游标卡尺读数示例

使用游标卡尺前要检查其零点是否正确. 若不正确,应记下初始读数,用其对测量值进行修正.

使用游标卡尺时,要一手拿物体,一手持尺. 注意保护内、外量爪不被磨损. 读数时轻轻将物体卡住即可,不要用太大力推游标,不能用游标卡尺测量粗糙的物体,以免磨损内、外量爪.

2. 螺旋测微器

螺旋测微器精密度比游标卡尺高. 常用它来测量薄板的厚度、金属丝及小球直径等. 螺旋测微器的外形如图 A5-3 所示,主要由尺架、测微螺杆、固定套筒(主尺)、微分筒(副尺)、棘轮旋柄、锁紧装置和测砧组成. 固定套筒上标有毫米刻度,微分筒周界上标有 50 个

等分刻度. 当微分筒旋转一周时, 测微螺杆正好沿轴线移动一个螺距, 即 0.5 mm. 微分筒转过 1 格(1 个等分刻度), 则测微螺杆沿轴线移动 $1 \times \dfrac{0.5}{50}$ mm＝0.01 mm, 即螺旋测微器的分度值为 0.01 mm, 估读到 0.1 格即 0.001 mm＝1 μm. 故有时也称它为千分尺, 不确定度约为 4 μm.

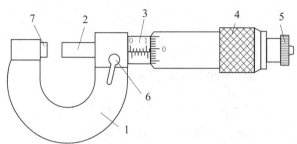

1—尺架；2—测微螺杆；3—固定套筒；4—微分筒；5—棘轮旋柄；6—锁紧装置；7—测砧.

图 A5‐3　螺旋测微器

使用螺旋测微器时需注意以下几点.

（1）检查零点. 轻轻转动微分筒, 当测微螺杆接近测砧时, 转动棘轮旋柄, 使测微螺杆缓慢前进. 当测微螺杆刚好接触测砧时, 听到"嗒""嗒"响声即停止旋动棘轮旋柄. 如图 A5‐4 所示, 检查微分筒上的零线是否对准固定套筒上的水平线, 如果对准, 其初(零点)读数为零；如果未对准, 就应读出并记录该零点读数. 当微分筒上的零线在固定套筒的水平线之上时, 零点读数为负, 反之则为正. 读出零点读数后, 以后每一个测量值都要减去该零点读数才能得出真正的测量结果.

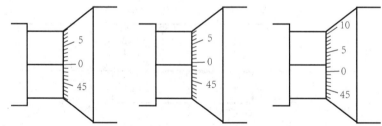

(a) 零点读数为0.000 mm　(b) 零点读数为-0.008 mm　(c) 零点读数为0.018 mm

图 A5‐4　螺旋测微器的初(零点)读数

（2）读数. 将物体放入测砧与测微螺杆间, 转动微分筒使测微螺杆靠近物体, 再转动棘轮旋柄使测微螺杆、物体、测砧贴紧. 读数时先以微分筒前沿为准线, 读出固定套筒的分度数(整 mm 数). 再以固定套筒和水平线为准线, 读出微分筒上的分度数, 要估读到分度值的十分之一, 即0.001 mm. 如图 A5‐5 所示, 如果微分筒前沿未超过 0.5 mm 线(下刻度线), 测量值等于上刻度线数的毫米数加上微分筒读数；如果微分筒前沿已超过下刻度线, 则测量值等于上刻度线数加上 0.5 mm, 再加上微分筒上的读数.

（3）测量物体时不要压得太紧, 一般听到第二声"嗒"响声时, 就要停止转动棘轮旋柄. 仪器用毕, 要让测砧与测微螺杆留有一定空隙, 以免热膨胀时损坏仪器.

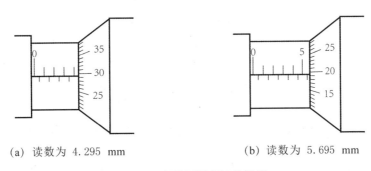

(a) 读数为 4.295 mm　　　　　　　　(b) 读数为 5.695 mm

图 A5－5　螺旋测微器读数举例

3. 物理天平

物理天平是测量物体质量的仪器,其外形如图 A5－6 所示.天平横梁有 3 个刀口,中间刀口(主刀口)安放在中间刀垫上,中间刀垫由玛瑙或硬质合金钢制成,镶嵌在可升降的支架上,左右两端刀口用来安装托盘.横梁下方装有一指针,当横梁摆动时,指针尖端就在支柱下方的标尺前左右摆动.标尺下方有一制动旋钮,可使横梁上升或下降.横梁下降时,制动架就会把它托住,以免磨损主刀口.横梁两端有两个平衡螺母,用于天平空载时调整平衡.横梁上装有游码,用于 1 g 以下质量的称衡.支柱左边的托板,用于盛放暂不需称衡的物体.

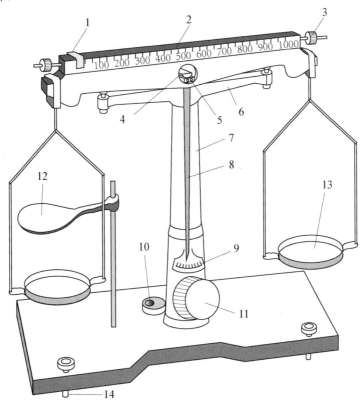

1—游码;2—横梁;3—平衡螺母;4—主刀口;5—刀托;6—制动架;7—支柱;8—指针;9—标尺;
10—水准仪;11—制动旋钮;12—托板;13—托盘;14—底脚螺钉.

图 A5－6　物理天平

物理天平的规格可用下列两个参数表示.

（1）称量：天平允许称衡的最大质量.

（2）感量：当天平平衡时，为使指针从标尺的平衡位置偏转一个分度，在一端需加的最小质量. 天平感量可在铭牌上查到. 感量越小，天平灵敏度越高.

注意：

（1）调支柱竖直. 使用前，应调天平底脚螺钉，使底座上水准仪中的气泡居中，支柱竖直.

（2）调零. 天平空载，把游码移到零位置，转动制动旋钮，支起横梁，指针应在标尺中央（零点）或在中央附近做对称摆动. 如果指针指向某一边，应降下横梁，调节横梁两端的平衡螺母，直到支起横梁时，指针指向标尺中央或在中央附近做对称摆动.

（3）称衡. 将待测物体放在左托盘，砝码放在右托盘. 取砝码必须用镊子，严禁用手. 放、取砝码和物体，移动游码或调天平平衡时，都必须将横梁放下. 当左、右两托盘质量相差较大时，切勿把横梁升满，待到差不多平衡时，再升满. 当支起横梁，指针指向标尺中央或在中央附近做对称摆动时才可读数.

（4）天平的托盘必须按号码放置，不要与其他组天平的托盘搞错.

（5）在忽略砝码与游码不准引起的误差情况下，单次测量时，天平的仪器误差常取感量的一半.

附录 6　测量不确定度

1. 测量不确定度

1992 年，国际标准化组织以及国际计量局等多个国际组织制定了具有国际指导性的《测量不确定度表示指南》，并于 1993 年联合发表. 我国的计量标准部门也已明确指出应采用不确定度作为误差数字指标的名称，批准发布了《JJF 1059.1—2012 测量不确定度评定与表示》.

测量不确定度是指由于测量误差的存在而对被测量值不能肯定的程度，它表征被测量的真值在某个量值范围的一个客观的评定，是一个描述尚未确定的误差的特征量.

测量不确定度分为 A 类不确定度和 B 类不确定度.

（1）A 类不确定度.

把绪论中叙述过的 n 次测量的算术平均值 $\overline{x}$ 的标准偏差式（0-13）作为 A 类标准差，记为

$$u_A = \sigma_{\overline{x}} = \frac{\sigma_x}{\sqrt{n}} = \sqrt{\frac{\sum_{i=1}^{n}(x_i - \overline{x})^2}{n(n-1)}}. \qquad (A6-1)$$

对于有限次测量的结果，要保持同样的置信概率，可把 A 类标准差乘以一个大于 1 的因子 t，在 t 分布下，A 类不确定度记为

$$\Delta_A = t_p u_A. \qquad (A6-2)$$

要使测量值落在平均值附近,具有与正态分布相同的置信概率 $p=0.683$,置信区间要扩大为 $[-\Delta_A,\Delta_A]$,即 $[-t_p u_A, t_p u_A]$,t_p 与测量次数有关(见表 A6 - 1).

表 A6 - 1　不同置信概率下不同测量次数的 t_p 值

p	n										
	3	4	5	6	7	8	9	10	15	20	∞
0.68	1.32	1.20	1.14	1.11	1.09	1.08	1.07	1.06	1.04	1.03	1.00
0.90	2.92	2.35	2.13	2.02	1.94	1.86	1.83	1.76	1.73	1.71	1.65
0.95	4.30	3.18	2.78	2.57	2.46	2.37	2.31	2.26	2.15	2.09	1.96
0.99	9.93	5.84	4.60	4.03	3.71	3.50	3.36	3.25	2.98	2.86	2.58

例 1　测量某一长度,得到 9 个值:42.35 mm,42.45 mm,42.37 mm,42.33 mm,42.30 mm,42.40 mm,42.48 mm,42.35 mm,42.29 mm.求置信概率分别为 0.68,0.95,0.99 时,该测量列的平均值、标准偏差以及 A 类不确定度.

解　由式(0 - 3)得 9 次测量的长度的算术平均值为

$$\bar{x}=\frac{1}{n}\sum_{i=1}^{n}x_i=\frac{1}{9}\sum_{i=1}^{9}x_i=\frac{x_1+x_2+\cdots+x_9}{9}\approx 42.369\text{ mm}.$$

由式(0 - 12)得 9 次测量中某一次测量的标准偏差为

$$\sigma_x=\sqrt{\frac{\sum_{i=1}^{n}(x_i-\bar{x})^2}{n-1}}=\sqrt{\frac{\sum_{i=1}^{9}(x_i-\bar{x})^2}{9-1}}$$

$$=\sqrt{\frac{(x_1-\bar{x})^2+(x_2-\bar{x})^2+\cdots+(x_9-\bar{x})^2}{9-1}}\approx 0.064\text{ mm},$$

且 9 个测量值的偏差均小于 $2\sigma_x$.

由式(A6 - 1)得 A 类标准差为

$$u_A=\sqrt{\frac{\sum_{i=1}^{n}(x_i-\bar{x})^2}{n(n-1)}}=\frac{0.064}{\sqrt{9}}\text{ mm}\approx 0.021\text{ mm}.$$

根据表 A6 - 1 计算 A 类不确定度 Δ_A(t 分布的 t_p 数值表,有些资料用自由度 ξ 代替测量次数 n,对于一个物理量的测量,$\xi=n-1$).

查表 A6 - 1 并计算,得

$$p=0.68,t_p=1.07,\Delta_A=t_p u_A=1.07\times 0.021\text{ mm}\approx 0.022\text{ mm}.$$

$$p=0.95,t_p=2.31,\Delta_A=t_p u_A=2.31\times 0.021\text{ mm}\approx 0.048\text{ mm}.$$

$$p=0.99,t_p=3.36,\Delta_A=t_p u_A=3.36\times 0.021\text{ mm}\approx 0.070\text{ mm}.$$

(2)B 类不确定度.

测量中凡是不符合统计规律的不确定度统称为 B 类不确定度,记为 Δ_B.其中单次测量的 B 类标准差记为 u_B.

通常情况下,因为 $\Delta_{估}$ 比 $\Delta_{仪}$ 小得多,所以单次测量结果的 B 类不确定度为 $\Delta_B=\Delta_{仪}$,测量值与真值的误差在 $[-\Delta_{仪},\Delta_{仪}]$ 内的置信概率为 1.而在有些情况下,$\Delta_{估}$ 较大,不可忽略，此时单次测量结果的 B 类不确定度取为 $\Delta_B = \sqrt{\Delta_{估}^2 + \Delta_{仪}^2}$.

另外，对质量指标服从正态分布的产品，仪器的误差在 $[-\Delta_{仪}, \Delta_{仪}]$ 范围内是按一定概率分布的. 误差大于三倍标准差的概率不到 0.3%，所以，u_B 为 $\frac{\Delta_{仪}}{3}$，一般写成 $u_B = \frac{\Delta_{仪}}{C}$，$C$ 称置信系数.

在正态分布条件下，测量值的 B 类不确定度记为 $\Delta_B = k_p u_B = k_p \frac{\Delta_{仪}}{C}$，$k_p$ 称为置信因子. 置信因子 k_p 与置信概率 p 的关系如表 A6-2 所示.

表 A6-2　k_p 与 p 的关系表

p	0.500	0.683	0.900	0.950	0.955	0.990	0.997
k_p	0.675	1	1.65	1.96	2	2.58	3

一些仪器的质量指标在 $[-\Delta_{仪}, \Delta_{仪}]$ 范围内服从均匀分布或三角分布. 表 A6-3 列出了几种常见仪器的最大允许误差 $\Delta_{仪}$ 与置信系数 C，以及误差分布函数所对应的仪器名称或来源.

表 A6-3　几种常见仪器的最大允许误差与置信系数

误差分布类型	正态分布	三角分布	均匀分布
图形			
测量值误差在 $[-u_B, u_B]$ 内的置信概率 p	0.68	0.74	0.58
置信系数 C	3	$\sqrt{6}$	$\sqrt{3}$
仪器名称或来源	米尺、螺旋测微器、物理天平、秒表	两个独立的极限相同的均匀分布之和构成三角分布	量化误差（数字式仪表、游标卡尺等）；投影误差（安装调整不垂直、不水平、不对准等）；空程误差；频率误差；数值凑整误差等

（3）合成标准不确定度.

测量值的合成不确定度为

$$U = \sqrt{\Delta_A^2 + \Delta_B^2},\qquad (A6-3)$$

经 $t_{0.68}$ 因子修正后（$p=0.68$），合成标准不确定度为

$$U_{0.68} = \sqrt{(t_p u_A)^2 + u_B^2} = \sqrt{(t_p u_A)^2 + \left(\frac{\Delta_仪}{C}\right)^2}. \tag{A6-4}$$

通常实际测量次数在 $6 \leqslant n \leqslant 10$ 条件下，式(A6-4)为

$$U = \sqrt{\sigma_x^2 + \Delta_B^2} = \sqrt{\sigma_x^2 + \Delta_仪^2 + \Delta_估^2} \quad (p > 0.95). \tag{A6-5}$$

由以上计算公式的推导过程可知，置信概率和不确定度通常只取两位有效数字，不确定度的首位数字大于等于 3 时，也可只取一位有效数字.

测量结果表示为

$$x = \overline{x} \pm U,$$

$x = \overline{x}\left(1 \pm \dfrac{U}{\overline{x}}\right) = \overline{x}(1 \pm U_r), U_r = \dfrac{U}{\overline{x}}$ 取一位或两位有效数字，用百分数表示.

几个符号的物理意义及定义式汇总如表 A6-4 所示.

表 A6-4　几个符号的物理意义及定义式汇总

符号	$\Delta_仪$	$\Delta_估$	u_B	Δ_B
物理意义	仪器的最大允许误差，单次测量结果的 B 类不确定度	估计读数最大允许误差	单次测量结果的 B 类标准差	B 类不确定度
定义式	与仪器有关	与仪器有关	$u_B = \dfrac{\Delta_仪}{C}$	多次测量 $\Delta_B = k_p u_B$ $= k_p \dfrac{\Delta_仪}{C}$ 单次测量 $\Delta_B =$ $\begin{cases} \Delta_仪 & (\Delta_估 < \Delta_仪) \\ \sqrt{\Delta_估^2 + \Delta_仪^2} & (\Delta_估 > \Delta_仪) \end{cases}$
分布	仪器指标在 $[-\Delta_仪, \Delta_仪]$ 范围内服从正态、均匀或三角分布	误差在 $[-\Delta_估, \Delta_估]$ 中与 $[-\Delta_仪, \Delta_仪]$ 中分布性质相同，有 $u_B = \dfrac{\Delta_仪}{C}$	测量误差在 $[-u_B, u_B]$ 内的置信概率 $p = 0.68, 0.58, 0.74$	正态分布，k_p 称置信因子（见表 A6-2）

符号	u_A	Δ_A	U
物理意义	A 类标准差，当测量次数趋于无穷时的 A 类不确定度	A 类不确定度	测量值的合成标准不确定度
定义式	$u_A = \sigma_{\overline{x}} = \dfrac{\sigma_x}{\sqrt{n}} = \sqrt{\dfrac{\sum\limits_{i=1}^{n}(x_i - \overline{x})^2}{n(n-1)}}$ $\xrightarrow{n \to \infty} \Delta_A$	$\Delta_A = t_p u_A$	$U = \sqrt{u_A^2 + u_B^2}$ $U_{0.68} =$ $\sqrt{(t_p u_A)^2 + \left(\dfrac{\Delta_仪}{C}\right)^2}$
分布	正态分布	t 分布（见表 A6-1）	在 $[-\Delta_B, \Delta_B]$ 范围内服从正态分布 $u_B = \dfrac{\Delta_B}{\sqrt{3}}$

2. 标准不确定度的传递与合成

常用的函数不确定度传递公式与绪论表 0‐2 中的误差传递公式相同. 表中各量的 σ_N 值可以理解为测量列标准偏差、A 类不确定度或合成不确定度，所用公式皆相同. 不同的测量次数采用不同的 t 因子，但合成时各测量值要具有相同的置信概率.

例 2　用流体静力称衡法测固体密度，公式为

$$\rho = \frac{m}{m - m_1} \rho_0.$$

已知测量数据如表 A6‐5 所示.

表 A6‐5　测量数据记录表

序号	1	2	3	4	5	6	7	8	9
m/g	52.953	52.959	52.961	52.950	52.955	52.950	52.949	52.954	52.955
m_1/g	33.555	33.559	33.550	33.548	33.559	33.553	33.550	33.560	33.559

假设已知天平最大允许误差为 0.01 g，实验期间水温在 15.0～16.5 ℃ 范围内波动，水密度 $\rho_0 = (0.999\,03 \pm 0.000\,12)\ \mathrm{g/cm^3}$，$\Delta \rho_0$ 服从正态分布. 求：

(1) 测量结果的不确定度表达式；

(2) 测量结果及其 A 类不确定度，$p = 0.95$ 时的合成不确定度.

解　(1) 取对数

$$\ln \frac{\rho}{\rho_0} = \ln \frac{m}{m - m_1},$$

求偏微分

$$\frac{\partial \rho}{\rho} = \frac{\partial m}{m} - \frac{\partial (m - m_1)}{m - m_1} + \frac{\partial \rho_0}{\rho_0},$$

合并同类项

$$\frac{\partial \rho}{\rho} = \frac{\partial m}{m} - \frac{\partial m}{m - m_1} + \frac{\partial m_1}{m - m_1} + \frac{\partial \rho_0}{\rho_0}$$

$$= \partial m \left(\frac{1}{m} - \frac{1}{m - m_1} \right) + \frac{\partial m_1}{m - m_1} + \frac{\partial \rho_0}{\rho_0}$$

$$= \frac{-m_1 \partial m}{m(m - m_1)} + \frac{\partial m_1}{m - m_1} + \frac{\partial \rho_0}{\rho_0},$$

系数取绝对值并改成不确定度符号，得

$$\frac{u_\rho}{\rho} = \left| \frac{m_1}{m(m - m_1)} \right| u_m + \left| \frac{1}{m - m_1} \right| u_{m_1} + \left| \frac{1}{\rho_0} \right| u_{\rho_0},$$

最后利用标准差公式，可得不确定度表达式为

$$\left(\frac{u_\rho}{\rho} \right)^2 = \left[\frac{m_1}{m(m - m_1)} u_m \right]^2 + \left(\frac{1}{m - m_1} u_{m_1} \right)^2 + \left(\frac{1}{\rho_0} u_{\rho_0} \right)^2.$$

（2）先根据式（0-3）求得 $\overline{m}=52.954\text{ g}$，$\overline{m_1}=33.555\text{ g}$；再按 $\overline{\rho}=\dfrac{\overline{m}}{\overline{m}-\overline{m_1}}\rho_0$，求得 $\overline{\rho}=2.727\,0\text{ g/cm}^3$.

由式（0-12），得 $\sigma_m=0.004\,1\text{ g}$，$\sigma_{m_1}=0.004\,7\text{ g}$，由于 m_1 和 m 各 9 次测量，$p=0.68$，$t_{0.68}=1.07$，得

$$\Delta_A(m)=1.07\times\frac{0.004\,1}{\sqrt{9}}\text{ g}=0.001\,5\text{ g},$$

$$\Delta_A(m_1)=1.07\times\frac{0.004\,7}{\sqrt{9}}\text{ g}=0.001\,7\text{ g}.$$

实验期间 ρ_0 的最大变化 $\Delta\rho_0$ 为 $\pm0.000\,12\text{ g/cm}^3$. 假设温度起伏随机性，$\Delta\rho_0$ 服从正态分布，取 $p=0.68$，则 ρ_0 的标准差为 $u_{\rho_0}=\dfrac{\Delta\rho_0}{3}=0.000\,04\text{ g/cm}^3$. 代入推导出的公式，得

$$\left[\frac{\Delta_A(\rho)}{\overline{\rho}}\right]^2=\left[\frac{33.555}{52.954\times(52.954-33.555)}\right]^2\times0.001\,5^2$$

$$+\left(\frac{1}{52.954-33.555}\right)^2\times0.001\,7^2+\frac{1}{0.999\,03}\times0.000\,04^2$$

$$\approx1.2\times10^{-8},$$

得

$$\frac{\Delta_A(\rho)}{\overline{\rho}}=1.1\times10^{-4},$$

则 ρ 的 A 类不确定度为

$$\Delta_A(\rho)=0.000\,3\text{ g/cm}^3,$$

$$\rho=(2.727\,0\pm0.000\,3)\text{ g/cm}^3\quad(p=0.68).$$

设天平测量值在最大允许误差内服从正态分布，按公式（A6-4），合成标准不确定度为

$$U(m)=\sqrt{0.001\,5^2+\left(\frac{0.01}{3}\right)^2}\approx0.003\,6\quad(p=0.68),$$

$$U(m_1)=\sqrt{0.001\,7^2+\left(\frac{0.01}{3}\right)^2}\approx0.003\,7\quad(p=0.68),$$

$$u(\rho_0)=0.000\,04\text{ g/cm}^3\quad(p=0.68).$$

代入不确定度传递公式，得到

$$\frac{U(\rho)}{\overline{\rho}}=2.3\times10^{-4},$$

$$U(\rho)=0.000\,6\text{ g/cm}^3\quad(p=0.68).$$

可见，仪器（天平）的最大允许误差使合成标准不确定度显著增大。

由合成不确定度公式（A6-3）可知，当置信概率 p 为 0.95 时，有 $U_{0.95}=\sqrt{\Delta_A^2+\Delta_B^2}\approx2U_{0.68}$，即

$$U(\rho)=0.001\ 2\ \text{g/cm}^3 \quad (p=0.95).$$

最终测量结果表示为

$$\rho=(2.727\ 0\pm0.000\ 6)\ \text{g/cm}^3 \quad (p=0.68),$$

$$\rho=(2.727\ 0\pm0.001\ 2)\ \text{g/cm}^3 \quad (p=0.95).$$

图书在版编目(CIP)数据

大学物理实验/朱道云，庞玮，吴肖主编. 一2版. 一北京:北京大学出版社，2024.2
ISBN 978-7-301-34828-4

Ⅰ. ①大… Ⅱ. ①朱… ②庞… ③吴… Ⅲ. ①物理学—实验—高等学校—教材 Ⅳ. ①O4-33

中国国家版本馆 CIP 数据核字(2024)第 023763 号

书　　　　名	大学物理实验（第二版）
	DAXUE WULI SHIYAN (DI-ER BAN)
著作责任者	朱道云　庞　玮　吴　肖　主编
责任编辑	张　敏
标准书号	ISBN 978-7-301-34828-4
出版发行	北京大学出版社
地　　　址	北京市海淀区成府路 205 号　100871
网　　　址	http://www.pup.cn
电子邮箱	zpup@pup.cn
新浪微博	@北京大学出版社
电　　　话	邮购部 010-62752015　发行部 010-62750672　编辑部 010-62765014
印 刷 者	湖南省众鑫印务有限公司
经 销 者	新华书店

787 毫米×1092 毫米　16 开本　15 印张　345 千字
2020 年 2 月第 1 版
2024 年 2 月第 2 版　2024 年 2 月第 1 次印刷

定　　　价　59.80 元